制冷与空调技术专业教学资源库建设项目系列教材

食品冷藏与冷链技术

主　编　鲍　琳　周　丹
参　编　孙于庆　刘群生
主　审　隋继学

机 械 工 业 出 版 社

本书是基于国家级教学资源库项目——制冷与空调技术专业教学资源库开发的纸数一体化教材。该项目集合了国内20余家院校和几十家制冷企业，旨在为国内制冷与冷藏技术专业教育建设优质的教学资源。

本书针对制冷空调类、食品类专业高等教育的特点，以培养学生使用制冷设备的能力、应用食品冷藏和冷加工技术的能力为目的，将制冷设备的使用方法与食品低温贮藏原理、食品冷藏及冷加工技术、农产品冷藏及冷加工技术、水产品冷藏及冷加工技术、食品冷链的经典内容及最新成果优化组合。本书共分9个模块，内容包括食品冷藏基础知识、食品冷却冷藏技术、食品冻结冷藏技术、食品冷链产业概况、食品冷却与冻结装置、食品冷库及管理、食品冷链运输与销售、食品冷链信息技术及典型食品冷链。

本书可作为高等院校能源与动力工程专业、制冷与空调类专业、食品类专业、农产品加工及贮藏专业、水产品加工及贮藏专业的教材，也可作为相关专业技术人员及广大社会从业人员的业务参考书及岗位培训教材。

本书通过植入二维码技术，提供了丰富的教学素材。为便于教学，本书配套有课程标准、电子教案、助教课件、电子图片、教学视频、微课、动画、习题库及答案等教学资源，选择本书作为教材的教师可登录网站 http：//218.13.33.159：8000/rms/，注册并免费下载。

图书在版编目（CIP）数据

食品冷藏与冷链技术/鲍琳，周丹主编．—北京：机械工业出版社，2019.7（2022.6重印）

制冷与空调技术专业教学资源库建设项目系列教材

ISBN 978-7-111-63191-0

Ⅰ.①食… Ⅱ.①鲍… ②周… Ⅲ.①食品冷藏—高等学校—教材 ②冷冻食品—物流管理—高等学校—教材 Ⅳ.①TS205.7 ②F252.8

中国版本图书馆CIP数据核字（2019）第140704号

机械工业出版社（北京市百万庄大街22号 邮政编码100037）
策划编辑：齐志刚 责任编辑：刘良超
责任校对：刘志文 封面设计：张 静
责任印制：常天培
固安县铭成印刷有限公司印刷
2022年6月第1版第4次印刷
184mm×260mm · 15.25印张 · 373千字
标准书号：ISBN 978-7-111-63191-0
定价：49.80元

电话服务	网络服务
客服电话：010-88361066	机 工 官 网：www.cmpbook.com
010-88379833	机 工 官 博：weibo.com/cmp1952
010-68326294	金 书 网：www.golden-book.com
封底无防伪标均为盗版	机工教育服务网：www.cmpedu.com

前　言

本书是基于国家级教学资源库项目——制冷与空调技术专业教学资源库开发的纸数一体化教材。该项目集合了国内20余家院校和几十家制冷企业，旨在为国内制冷与空调技术专业教育建设优质的教学资源。

在制作优质教学素材资源的基础上，资源库建设项目构建了12门制冷与冷藏技术专业核心课程，本书就是基于素材和课程建设，以纸质和网络数字化多种方式呈现的一体化教材。纸质版教材和网络课程及数字化教材配合使用：纸质版教材更多是对课程大纲和主要内容的条理化呈现和说明，更多详细的内容将以二维码的方式指向网络课程相关内容；网络课程的结构和内容与纸质版教材保持一致，但内容更为丰富、素材呈现形式更为多样，更多地以动画和视频等动态资源辅助完成对教材内容的介绍；数字化教材则以电子书的方式将网络课程内容和纸质版教材内容进行了整合，真正做到了文字、动画、视频及其他网络资源的优化组合。

本书分为食品冷藏基础知识、食品冷却冷藏技术、食品冻结冷藏技术、食品冷链产业概况、食品冷却与冻结装置、食品冷库及管理、食品冷链运输与销售、食品冷链信息技术及典型食品冷链9个模块。

本书旨在使学生掌握食品低温贮藏及加工的方法和相关的原理，掌握食品冷库及管理方法，掌握食品冷藏运输与销售设备的使用方法，会合理使用冷库及运输和销售设备，能够结合实际对食品进行冷加工和贮藏，并了解食品冷链产业的概况和现代化的冷链信息管理技术，具备常见典型食品的低温贮藏和冷加工的能力。本书重点强调培养学生的食品冷藏技术的使用能力，编写过程中力求体现以下特色：

（1）执行新标准　本书依据最新教学标准和课程大纲要求编写而成，结合当前我国制冷空调类专业、食品类专业、农产品加工及贮藏专业、水产品加工及贮藏专业的发展及行业对高等院校人才的实际要求，对接职业标准和岗位需求，以典型岗位工种的技能标准为依据，以学生的能力培养为核心，将制冷设备使用方法与食品低温贮藏原理、食品冷藏及冷加工技术、农产品冷藏及冷加工技术、水产品冷藏及冷加工技术的经典内容和最新成果有机结合，力求贴近生产，强调实际、实用。

（2）体现新模式　本书依托制冷与空调技术专业国家教学资源库平台，借助现代信息技术，融合多种教学资源，并以数字化的形式呈现，利于教师和学生充分利用现代科技手段进行更加灵活的教与学，满足教育市场需求，提高教学、学习质量。同时，本书按照知识、能力、素质的内在联系排布模块内容，符合人的认知规律和学习特点。

（3）配套资源　本书配套数字课程网站，配套有课程标准、电子教案、助教课件、电子图片、教学视频、微课、动画、习题库及答案等多形态、多用途、多层次的丰富的教学资源，信息量大、适用面宽，并建有课程网站，供访问者学习和使用。

（4）特色鲜明　本书的资源开发兼顾学生终生发展和职业岗位迁移能力的培养，力求充分体现现代食品、农产品、水产品等冷藏及冷加工技术的知识内涵，符合教学改革方向，较好地体现了实用、实际、实践的“三实”原则。

本书在内容处理上主要有以下几点说明：①本书以知识模块、学习任务的形式进行内容排布，并安排一系列实训任务，有利于增强学生对职业岗位的认识，缩短专业知识和工程实践的空间距离；②本书继承了国内教材内容结构清晰、表述精练的传统，图文并茂，易于读者认知；③本书借助现代信息技术，配套了数字课程网站，同时在书中主要知识点和技能点旁边插入了二维码资源标志，读者可通过网络途径观看相应的动画、微课和视频等，不仅能帮助读者更好地理解和掌握知识和技能，而且还能增强读者的学习兴趣，提升自主学习的能力；④本书建议学时为70~120学时（70学时以上含有实习实训教学）。

全书共9个模块，具体编写分工如下：河南牧业经济学院鲍琳编写模块一、模块四、模块六及附录，河南牧业经济学院周丹编写模块五，河南牧业经济学院刘群生编写模块七及模块八，郑州工程技术学院孙于庆编写模块二、模块三及前言，鲍琳、周丹共同编写模块九。全书由鲍琳和周丹任主编，河南牧业经济学院隋继学担任主审。

本书在编写过程中，得到了余华明、祁小波等老师的帮助，在此对他们表示衷心的感谢！在编写过程中，编者参阅了国内外出版的有关教材和资料，在此一并表示衷心的感谢！

本书结合专业教学资源库的建设，运用了全新的呈现形式，使教学更加多元化，与互联网结合紧密，这是一种新的尝试，故书中难免出现不妥之处，恳请读者批评指正。

编　者

目　录

模块一 食品冷藏基础知识

学习目标

了解食品的化学成分。

了解微生物污染食品的途径。

了解由酶引起食品变质的原因及非酶因素引起食品变质的原因。

掌握非活性食品和活性食品的低温冷藏原理。

学习任务一 食品的变质

重点及难点

重点： 由酶引起食品变质的原因；非酶因素引起食品变质的原因。

难点： 微生物污染食品的途径。

苹果的腐败变质

食品变质是指食品发生物理变化，以及在以微生物为主的作用下所发生的腐败变质，包括食品成分与感官性质的各种酶性、非酶性变化及夹杂物污染，从而使食品降低或丧失食用价值的一切变化。

引起食品变质的主要因素包括生物因素、化学因素、物理因素及其他因素。食品变质的原因主要包括微生物、酶及其他非酶因素。

一、由微生物引起的变质

微生物是导致食品腐败变质的主要原因。微生物在食品内生长繁殖，致使食品发生变质。

食品中含有大量的水分和多种营养成分，最适于细菌、霉菌和酵母菌等微生物的生长繁殖。微生物在生长繁殖过程中可以分泌出各种毒害物质和酶类物质，这些物质促使食品发生分解，并破坏细胞壁，透入细胞内部，将细胞中的高分子物质分解为低分子物质。所以，微生物的存在，特别是腐败微生物的存在，是食品变质的主要原因。

1. 微生物污染食品的途径

（1）内源性污染　凡是作为食品原料的动植物体，在生长过程中由于其本身带有的微生物而造成食品的污染，称为内源性污染，也称第一次污染。

（2）外源性污染　食品在生产加工、运输、贮藏、销售及食用过程中，通过水、空气、人、动物、机械设备及用具等而发生微生物污染，称外源性污染，也称第二次污染。

2. 微生物引起食品腐败变质的条件

加工前食品中存在一定种类和数量的微生物。微生物污染食品后，能否导致食品的腐败变质，以及变质的程度和性质如何，是受多方面因素影响的。一般来说，食品发生腐败变质，与食品本身的性质、污染微生物的种类和数量及食品所处的环境有着密切的关系，而这三者之间又是相互作用、相互影响的。

（1）食品的氢离子浓度　各种食品都具有一定的氢离子浓度。酸碱度一般都用氢离子浓度的负对数即 pH 表示。pH 小，表示氢离子浓度高，呈酸性；相反，pH 大，表示氢离子浓度低，呈碱性。pH 对微生物的生命活动影响很大。在最低或最高 pH 环境中，微生物虽然尚能生存和生长，但生长非常缓慢，而且容易死亡，因此食品 pH 的高低是制约微生物生长，影响食品腐败变质的重要因素之一。

大多数细菌的最适生长 pH 在 7.0 左右，酵母菌和霉菌生长的 pH 范围较宽，因而非酸性食品适合于大多数细菌及酵母菌、霉菌的生长。细菌生长的 pH 下限一般在 4.5 左右，pH 为 3.3~4.0 时只有个别耐酸细菌可生长，如乳杆菌属，故酸性食品的腐败变质主要是因酵母菌和霉菌的生长。

（2）食品的水分活度　水分活度（A_W）是体现食品中水分存在状态的指标，即水分与食品的结合程度（游离程度）。水分活度越高，说明水分与食品结合程度越低；水分活度越低，说明水分与食品结合程度越高。水分活度能反映食品贮藏的安全条件。

各种微生物都有其生长最旺盛的水分活度。水分活度下降，它们的生长率也下降。不同的微生物在生长繁殖时，对水分活度的要求是不同的，即使同一类群的菌种，它们生长发育的最低水分活度也有差异。凡是水分活度小的基质，微生物生长不良，低于一定界限时，微生物的生长就停止。当水分活度接近 0.9 时，绝大多数细菌的生长力都很微弱；当水分活度低于 0.9 时，细菌几乎不能生长。通常，细菌发育最合适的水分活度范围为 0.91~0.98，酵母菌为 0.80，耐盐性细菌为 0.75，耐干性霉菌为 0.65，耐渗透压的酵母菌为 0.81。

各种食品都有一定的水分活度，各种微生物的活动和各种化学及生物化学的反应速度也都与水分活度有关系。因此，食品的水分活度和微生物的生长繁殖有密切的关系，食品的水分活度（见表 1-1）直接影响着食品的贮藏。

表 1-1　某些食品适合微生物发育的水分活度（A_W）

食品名称	水分活度（A_W）	适合微生物
灌肠	0.90	一般细菌
水分含量为 15%~17%的豆类、米	0.80	霉菌、金黄色葡萄球菌
果酱、点心	0.75	耐盐性细菌
面粉	0.65	耐干性霉菌
干果、蜜饯	0.60	耐渗透压的酵母菌

新鲜的食品，如肉类、鱼类、水果、蔬菜等，都含有大量的水分，虽然它们种类不同，但它们的水分活度多数在 0.98~0.99。像这样的水分活度正适合大多数微生物生长。

食品的保藏方法如腌渍主要是在食品中加入盐、糖等电解质，降低食品的水分活度和调节食品的 pH，达到保藏食品的目的。干燥是减少食品中的水分，从而使食品中的电解质浓度升高，水分活度下降，达到保藏食品的目的。

低温冻藏是将食品冻结后，食品中的主要成分水变为冰，而冰的饱和蒸汽压小于水的饱和蒸汽压，所以，冻结后的食品的水分活度即可大大降低，从而达到保藏食品的目的。

（3）食品的渗透压　不同微生物种类对渗透压的耐受能力大不相同。绝大多数细菌不能在较高渗透压的食品中生长，只有少数细菌能在高渗透压环境中生长。将微生物置于低渗透压溶液中，菌体吸收水分发生膨胀，甚至破裂；若将其置于高渗透压溶液中，菌体则发生脱水，甚至死亡。在食品保藏中，蜜饯、果酱和咸菜等就是应用了渗透压的环境因素。

（4）食品的存在状态　完好无损的食品，一般不易发生腐败，如没有破碎和伤口的马铃薯和苹果等可以放置较长时间。如果食品组织溃破或细胞膜破裂，则食品易受到微生物的污染而发生腐败变质。

（5）贮藏温度　温度也是影响食品变质与腐败的一个重要因素，一般微生物在 37.2℃的条件下最适于生长。按微生物适应的温度范围，可将微生物分成不同种类，见表 1-2。

表 1-2　按温度划分的微生物种类及其存在范围

微生物种类	最适温度/℃	生活温度范围/℃	存在场合
嗜冷菌	10~20	−5~30	水中、冷藏品中
嗜温菌（室温）	18~28	10~45	死物寄生菌
嗜温菌（体温）	35~39	10~45	人类病原菌
嗜热菌	50~60	25~80	土壤、温泉中

一般细菌在 100℃可迅速死亡，而带芽孢的细菌要在 121℃、高压蒸汽下经 15~20min 的作用，才会受到抑制或死亡。微生物对低温的抵抗力一般较强，超过其忍受极限的低温能暂时迫使微生物停止其生命活动，抑制微生物的生长繁殖。所以，人们多采用高温处理或冻结冷藏的方法保藏食品。

（6）贮藏环境的气体成分　引起微生物变质的气体很多，一般氧气与其关系最大，控制氧气可抑制大多数微生物生长，有效延长食品保鲜期。

（7）贮藏湿度　水分对维持微生物的正常生命活动是必不可少的。干燥会造成微生物失水，使其代谢停止以至死亡。不同的微生物对干燥的抵抗力是不一样的，以细菌的芽孢最强，霉菌和酵母菌的孢子对干燥也具有较强的抵抗力，按强弱依次为革兰氏阳性球菌、酵母的营养细胞、霉菌的菌丝。

（8）贮藏的其他环境条件　环境中是否含有防腐剂、氧化剂、杀菌剂和辐射，以及污染微生物的数量和种类等，也是影响微生物生长的主要因素。所以保藏食品的过程中，为了防止腐败变质，人们常采用添加防腐剂和杀菌剂等化学试剂的方法。

3. 由微生物引起的不同食品的变质

（1）微生物引起的蔬菜变质　由于新鲜蔬菜中含有大量的水分，并且其 pH 处于很多细菌的生长范围之内，因此，细菌是引起蔬菜变质的常见微生物。由于蔬菜具有相对较高的氧化还原电势并缺乏平衡能力，因而引起蔬菜变质的细菌主要有需氧菌和兼性厌氧菌。

豆芽的变质

（2）微生物引起的水果变质　由于水果的 pH 大多低于细菌生长的 pH 范围，因此，由细菌引起的水果变质现象并不常见。水果的变质主要是由酵母菌和霉菌引起的，特别是霉菌。为避免水果在贮藏过程中被霉菌污染，水果应在其合适的成熟季节收获，并且采摘时避免果实损伤。采摘用具必须卫生，霉变的果实应销毁。低温和高二氧化碳的环境在水果贮运过程中有助于防止水果霉变。但对各种水果要区别对待，因为有些水果对低温和高二氧化碳较敏感。

（3）微生物引起的肉、禽类变质　微生物引起肉、禽类变质现象主要有发黏、变色、长霉及产生异味等。发黏主要是由酵母菌、乳酸菌及一些革兰氏阴性细菌的生长繁殖所引起的。肉、禽类的变色现象有多种，如绿变、红变等，但以绿变为常见。绿变是由过氧化氢（H_2O_2）或硫化氢（H_2S）引起的。能使肉、禽类发生变色的微生物还有产生红色的黏质沙雷杆菌，产生蓝色的深蓝色假单胞菌属及产生白色、粉红色和灰色斑点的酵母菌等。长霉也是鲜肉及冷藏肉中常见的变质现象，如白地霉可产生白色霉斑、草酸青霉产生绿色霉斑等。通常变质的肉、禽类都伴有各种异味的产生，这主要是因乳酸菌和酵母菌作用而产生的酸味及因蛋白质分解而产生的恶臭味等。

（4）微生物引起的蛋类变质　带壳蛋类中常见的腐败微生物有假单胞菌属、小球菌属和沙门氏菌属等细菌，以及毛霉属和青霉属等霉菌。而圆酵母属则是在蛋类中发现的唯一酵母菌。

污染蛋类的微生物首先使蛋白质分解，系带断裂，蛋黄因失去固定作用而移动。随后蛋黄膜被分解成为散黄蛋，产生早期变质现象。散黄蛋被腐败微生物进一步分解，产生硫化氢、吲哚等分解产物，形成灰绿色的稀薄液并伴有恶臭，称为泻黄蛋，此时蛋已完全腐败。有时腐败的蛋类并不产生硫化氢而产生酸臭味，蛋液不呈绿色或黑色而呈红色，并且呈浆状或形成凝块，这是由于微生物分解糖而产生的酸败现象，称为酸败蛋。当霉菌进入蛋内并在壳内壁和蛋白膜上生长繁殖时，会形成大小不同的霉斑，其上有蛋液黏着，称为黏壳蛋或霉蛋。

（5）微生物引起的鱼贝类变质　污染鱼贝类的腐败微生物首先在鱼贝类的体表及消化道等处生长繁殖，使其体表黏液及眼球变得混浊，失去光泽，鳃部颜色变灰暗，表皮组织也因细菌的分解而变得疏松，使鱼鳞脱落。同时，消化道组织溃烂，细菌即扩散进入体腔壁并通过毛细血管进入肌肉组织内部，使整个鱼体组织分解，产生氨、硫化氢、吲哚、粪臭素和硫醇等腐败特征产物。一般来说，当细菌总数达到或超过 1×10^8 个/g 时，从感官上即可判断鱼体已进入腐败期。

二、由酶引起的变质

酶是生物体内的一种特殊蛋白质，能降低反应的活化能，具有高度的催化活性。绝大多数食品来源于生物界，尤其是鲜活食品和生鲜食品，在其体内存在着多种具有催化活性的酶类，因此食品在加工和贮存过程中，由于酶的作用，特别是由于氧化酶类和水解酶类的催化，会发生多种多样的酶促反应，造成食品色、香、味和质地变化。另外，微生物也能够分泌导致食品发酵、酸败和腐败的酶类，与食品本身的酶类一起作用，加速食品腐败变质的发生。

与食品变质有关的酶主要包括脂肪酶、蛋白酶、果胶酶、淀粉酶、过氧化物酶和多酚氧化酶等。因酶的作用引起的食品腐败变质现象中较为常见的是果蔬的褐变、虾的黑变、脂肪

的水解和氧化及鱼类、贝类的自溶作用和果蔬的软烂等。引起食品质量变化的主要酶类及其作用见表 1-3。

表 1-3　引起食品质量变化的主要酶类及其作用

酶的种类	酶的作用
1. 与风味改变有关的酶	
脂氧合酶	催化脂肪氧化，导致臭味和异味产生
蛋白酶	催化蛋白质水解，导致组织产生肽而呈苦味
2. 与变色有关的酶	
多酚氧化酶	催化酚类物质的氧化，形成褐色聚合物
叶绿素酶	催化叶绿醇环从叶绿素中移去，导致绿色消失
3. 与质地变化有关的酶	
果胶酶	催化果胶的水解，导致组织软化
多聚半乳糖醛酸酶	催化果胶中多聚半乳糖醛酸残基之间的糖苷键水解，导致组织软化
淀粉酶	催化淀粉水解，导致组织软化，黏稠度下降

酶的活性受温度、pH 和水分活度等因素影响。如果条件控制得当，那么酶的作用通常不会导致食品腐败变质。经过高温杀菌的食品，酶的活性被钝化，可以不考虑由酶的作用引起的变质。

三、非酶因素引起的变质

在食品存放过程中，除了微生物和酶的作用导致食品腐败变质外，还有非酶作用导致的其他变质，主要包括食品中的营养成分的化学作用、食品本身的生化作用及其他物理作用导致的变质。

1. 氧化作用

当食品中含有较多的不饱和脂肪酸和维生素等不饱和化合物，在贮藏、加工及运输等过程中又经常和空气接触时，氧化作用将成为食品变质的主要因素。氧化作用会导致食品的色泽、风味变差，营养价值降低及生理活性丧失，甚至会生成有害物质。这些变质现象容易出现在干制食品、盐腌食品及长期冷藏而又包装不良的食品中，应予以重视。所以，食品在贮藏过程中应采用低温、避光、隔绝氧气、控制水分或添加抗氧化剂等措施，来防止或减轻脂肪氧化酸败对食品产生的不良影响。

2. 呼吸作用

呼吸作用是指由于水果、蔬菜的固有的呼吸作用的不断加强，而逐渐消耗体内的养分致使食品变质。

以食品是否有生活机能，将食品分为生体食品和非生体食品。生体食品的最大特征是具有呼吸作用，非生体食品无呼吸作用。呼吸作用是生体食品质量降低和变质的主要因素。

黄瓜的干耗

生体食品在收获后，没有营养成分和水分的供给，却由于呼吸作用使体内的营养成分逐渐被消耗，从而易于被微生物侵入；由于呼吸作用而产生水分，降低了果蔬的致密性，造成果蔬萎蔫及蛋类干耗或贴壳；由于呼吸作用产生成分的分解，引起果蔬成熟、过熟和软化等，从而失去正常果蔬的风味；在呼吸的同时还伴有热量的产生，使贮藏环境温度升高，加快了食品成分的变化。另外，由于呼吸作用，使贮藏库中二氧化碳的浓度增高，氧气的浓度下降，又会影响呼吸及正常的生理活动。果蔬在成熟过程中的呼吸作用会产生乙烯气体，加速果蔬的后熟；蛋类在贮藏时放出的二氧化碳使蛋的pH变化，蛋白变稀，加速了蛋的质量变化。

因此，在对食品进行贮藏时，尤其是果蔬的贮藏，应抑制其呼吸作用。

3. 非酶褐变

非酶褐变主要有美拉德反应引起的褐变、焦糖化反应引起的褐变及抗坏血酸氧化引起的褐变等。

由葡萄糖、果糖等还原型糖与氨基酸引起的褐变反应称为美拉德反应，也称羰氨反应。由于褐变与温度、pH、氧、光线和金属离子等有关，因此可以通过降低贮藏温度、调节水分含量、降低食品的pH、使食品变为酸性、用惰性气体置换食品包装材料中的氧气、控制食品中转化糖的含量和添加防褐变剂（如亚硫酸盐）等方法来防止美拉德反应的发生。

4. 其他

害虫和鼠类对于食品保藏也有很大的危害性，它们不仅是食品保藏损耗增加的直接原因，而且由于害虫和鼠类的繁殖迁移，以及它们排泄的粪便、分泌物、遗弃的皮壳和尸体等因素，还会污染食品，甚至传染疾病，因而使食品的卫生质量受损，严重者甚至丧失商品价值，造成巨大的经济损失。此外，机械损伤、环境污染、农药残留、滥用添加剂和包装材料等因素引起的食品变质现象也普遍存在。

经验总结

1）我们在加工食品时，一方面为了保证产品质量，必须抑制酶或破坏、消灭酶，另一方面又要利用酶。

例如，罐头食品工厂生产糖水梨、糖水苹果或马铃薯等罐头时，将原料去皮之后，如果不放入盐水里而暴露在空气中，稍过一些时间，原料表面就会发暗变黑。这是它们本身所含的单宁在氧化酶的作用下促使原料氧化变色。这种变色在生物化学上叫酶褐变，也叫“水果生锈”。再如，生产糖水苹果罐头时，苹果组织中含有的大量气体必须排出，这样才可确保罐头质量。人们把果块放入低浓度的糖水溶液中并置于真空罐中的做法是为了排气。但是，由于抽真空后的糖水中在抽真空及渗透等作用下已有部分酶和单宁等存在，若非连续三班生产，并且又不再经煮沸灭酶即于次日直接使用的话，则用这种糖水制成的罐头就会变黑。

2）罐藏过程中，食品成分与包装容器的反应，如与金属罐的金属离子反应等也能引起食品褐变。用含酸量高的原料做成果汁时容易使罐壁的锡溶出，如菠萝和番茄等。桃和葡萄等含花青素的食品罐藏时，与金属罐壁的锡、铁反应，颜色从紫红色变成褐色。此外，甜玉米、芦笋、绿豆等，以及鱼肉、禽肉加热杀菌时产生硫化物，常会与金属罐壁的铁、锡反应产生紫黑色、黑色物质。单宁物质含量较高的果蔬，也容易与金属罐壁起反应而变色。罐藏这类食品时，应使用涂料罐，以防止变色。

知识拓展

食品变质的味道辨别

1. 酸臭味

例如，粮食、蔬菜、水果、糖类及其制品等富含碳水化合物的食品，变质时主要产生酸臭味。碳水化合物会在微生物或酶的作用下发酵变酸。米饭发馊、糕点变酸和水果腐烂变味就属于这类变质现象。

2. 霉味

受到霉菌污染的食品在温暖潮湿的环境下通常会发霉变质。霉菌通常在含碳水化合物的食品上容易生长。粮食是受霉菌损害最严重的食品。

3. 腐臭味

鱼肉、猪肉、鸡蛋、豆腐和豆腐干等富含蛋白质的食品发生变质时主要以蛋白质的分解为特征，产生腐臭味。

4. 哈喇味

食品中的脂肪被空气中的氧气所氧化，引起化学反应而使食品产生强烈的刺激性气味，造成腐败且产生哈喇味。常见的肥肉由白色变为黄色就属于这类反应。食用油贮存不当或贮存时间过长也容易发生这类变质，产生哈喇味。

食品变质的危害

1. 产生厌恶感

蛋白质在分解过程中可以产生氨、硫化氢、硫醇、吲哚和粪臭素等，以上物质具有蛋白质分解所特有的恶臭；细菌在繁殖过程中能产生色素，使食品呈现各种异常的颜色而失去原有的颜色；脂肪腐败产生的哈喇味和碳水化合物分解后产生的特殊气味，也往往使人们难以接受。

2. 降低食品的营养价值

蛋白质腐败分解后产生低分子有毒物质，因而丧失了蛋白质原有的营养价值；脂肪水解、氧化产生过氧化物，再分解为碳基化合物、低分子脂肪酸与醛、酮等，丧失了脂肪对人体的生理作用和营养价值。

3. 引起中毒或潜在危害

（1）急性毒性　一般情况下，腐败变质的食品常引起急性中毒，轻者多以急性胃肠炎症状出现，如呕吐、腹痛、腹泻和发热等，经过治疗可以恢复健康；重者可在呼吸、循环和神经等系统出现症状，抢救及时可转危为安，如果贻误时机便可危及生命。有的急性中毒，治疗后会使患者留下后遗症。

（2）慢性毒性或潜在危害　有些变质食品中的有毒物质含量较少，或者由于本身毒性作用的特点，并不引起急性中毒，但长期食用往往会造成慢性中毒，甚至可以致癌、致畸和致突变。大量动物试验研究资料表明：食用被黄曲霉毒素污染的霉变花生、粮食和花生油等，可导致慢性中毒、致癌、致畸和致突变。

消 费 建 议

1. 讲究饮食卫生

尽量不吃生鲜或未经彻底加热的鱼、虾、蟹、蛙和水生植物；对肉禽类食品和水产品要高温消毒才能进食；不喝生水、不吃生的蔬菜；不用盛过生鲜水产品的器皿盛放其他直接入口的食品；加工过生鲜水产品的刀具及砧板等必须清洗消毒后方可再使用，生熟食品的砧板和刀具等要严格分开；不吃死的虾、甲鱼、牛蛙和蟹等水产品。

2. 正确选择食品的购买场所

最好到具有经营资格、信誉好、讲诚信的商场、超市购买食品。

3. 注意食品包装标识是否齐全

按照国家有关规定，食品外包装上必须标明商品名称、配料表、净含量、厂名、厂址、电话、生产日期、保质期和产品标准号等内容。

4. 注意查看食品的生产日期或保质期

购买食品时，不仅要认真查看其是否超过保质期，还要认真查看其是否临近保质期。临近保质期的食品也不宜过多购买，以防保质期内食用不完而造成浪费或超过保质期继续食用而危害身体健康。

5. 注意选购已获国家认证并标注有绿色食品、“QS”（食品安全认证）等标志的食品

国家针对绿色食品实行绿色食品使用标志。从 2004 年 4 月 1 日起，国家对米、面、食用油、酱油和醋五类食品实行市场准入，要求此五类食品必须通过“QS”认证，并在外包装上加贴“QS”标志及准入证号，才能上市销售，消费者选购时要注意。

6. 食物中毒要及时就医

如果吃了不洁净的食物，特别是水产品、肉禽类产品，发现有中毒现象时，一定要到医院及时就诊，查清病因，注意防护，防止交叉感染，并向卫生部门报告。

7. 注意提高食品消费安全防范意识

主动索要并妥善保管购物凭据，如出现问题可作为投诉或申诉的重要依据。如果发现购买到假冒伪劣食品，要及时向消费者协会投诉或向工商部门举报，在保护自身利益的同时，便于有关部门及时查处。

任务实训　食品变质的现象

本任务实训以感官鉴定为例。

一、实训目的

通过实训使学生了解生活中常见的延长食物保质期的方法，并开展相关的研究活动；认识生活中变质食物的特征及食物变质的原因；掌握食品变质的主要表现种类及形式。

二、实训内容与要求

实训内容与要求见表 1-4。

表 1-4　实训内容与要求

实训内容	实训要求
实验用食品材料的初始状态	实验用食品材料是新鲜的
食品变质后的感官表现	对不同食品分别进行记录
对实验现象进行比较	得出结论

三、主要材料与设备

米饭、馒头、水果、蔬菜、肉、植物油等变质食品及未变质食品；滴定管（25mL）；高压蒸汽灭菌锅（灭菌）；冰箱（冷藏）；速冻机（速冻）；电热烘箱（干燥）；盘子；保鲜膜等。

四、实训过程

1. 感官鉴定

感官鉴定是以人的视觉、嗅觉、触觉和味觉来查验食品初期腐败变质的一种简单而灵敏的方法。食品初期腐败变质时会产生腐败臭味，发生颜色的变化（褪色、变色、着色、失去光泽等），出现组织变软、变黏等现象。这些都可以通过感官分辨出来，一般还是很灵敏的。

（1）色泽　食品无论在加工前或加工后，本身均呈现一定的色泽，如有微生物繁殖引起食品变质时，色泽就会发生改变。有些微生物产生色素，分泌至细胞外，色素不断累积就会造成食品原有色泽的改变，如食品腐败变质时常出现黄色、紫色、褐色、橙色、红色和黑色的片状斑点或全部变色。另外，由于微生物代谢产物的作用促使食品发生化学变化时也可引起食品色泽的变化。例如，肉及肉制品的绿变就是由于硫化氢与血红蛋白结合形成硫化氢血红蛋白所引起的。腊肠由于乳酸菌增殖过程中产生了过氧化氢，促使肉褪色或绿变。

（2）气味　食品本身有一定的气味，动物、植物原料及其制品因微生物的繁殖而产生极轻微的变质时，人们的嗅觉就能敏感地觉察到有不正常的气味产生。例如，氨、三甲胺、乙酸、硫化氢、乙硫醇和粪臭素等都具有腐败臭味，当这些物质在空气中的浓度为 10^{-11} ~ $10^{-8}mol/m^3$ 时，人们的嗅觉就可以觉察到。此外，食品变质时，其他胺类物质、甲酸、乙酸、酮类、醛类、醇类、酚类和靛基质化合物等也可被人们觉察到。

食品中产生的腐败臭味，常是多种臭味混合而成的。有时也能分辨出比较突出的不良气味，如霉味臭、醋酸臭、胺臭、粪臭、硫化氢臭、酯臭等。但有时产生的有机酸和水果变坏产生的芳香味，人的嗅觉习惯不认为是臭味。因此评定食品质量不是以香味和臭味来划分的，而是应该按照正常气味与异常气味来评定。

（3）口味　微生物造成食品腐败变质时也常引起食品口味的变化。而口味改变中比较容易分辨的是酸味和苦味。一般碳水化合物含量多的低酸食品，变质初期产生酸是其主要的特征。但对于原来酸味就大的食品，如番茄制品，微生物造成酸败时，酸味稍有增加，辨别起来就不那么容易了。另外，某些假单胞菌污染消毒乳后可产生苦味；蛋白质被大肠杆菌、小球菌等微生物作用也会产生苦味。当然，从卫生角度看口味的评定是不符合卫生要求的，而且不同人评定的结果往往不一样，只能做大概比较，为此口味的评定应借助仪器来测试，这是食品科学需要解决的一项重要课题。

（4）组织状态　固体食品变质时，动物、植物性组织因微生物酶的作用，可使组织细胞破坏，造成细胞内容物外溢，这样食品即出现变形和软化，如鱼肉类食品出现肌肉松弛和弹性差，有时组织体表出现发黏等现象；微生物引起粉碎后加工制成的食品，如糕鱼、乳粉、果酱等变质后常引起黏稠、结块等表面变形、湿润或发黏现象。

液态食品变质后会出现混浊、沉淀，表面出现浮膜、变稠等现象；鲜乳因微生物作用引起变质可出现凝块、乳清析出、变稠等现象，有时还会产生气体。

2. 观察结果对比

观察结果对比要求见表 1-5（根据情况也可选用不同种类的蔬菜、水果、肉类等食品）。

表 1-5　观察结果对比要求

食品种类	未变质食物	已变质食物
蔬菜（可以选用芹菜、茄子等）	描述蔬菜未变质的感官表现	描述蔬菜已变质的感官表现
水果（可以选用苹果、梨等）	描述水果未变质的感官表现	描述水果已变质的感官表现
肉类	描述肉类未变质的感官表现	描述肉类已变质的感官表现
米饭	描述米饭未变质的感官表现	描述米饭已变质的感官表现
馒头	描述馒头未变质的感官表现	描述馒头已变质的感官表现
植物油	描述植物油未变质的感官表现	描述植物油已变质的感官表现

3. 探究食品变质的原因及延长食品保质期的方法

（1）腐败变质的控制　腐败变质的控制方法如下：

1）防止微生物污染。

2）杀灭微生物：高温杀菌；微波加热；辐射杀菌。

3）控制微生物繁殖：低温冷藏、冷冻；减少食品水分。

4）提高食品渗透压。

5）使用防腐剂。

（2）不同食品的不同保藏方法及其对产品的影响（见表 1-6）根据实验室的条件选择几种杀菌、控菌、隔菌的方法，观察不同食品的保藏效果（根据情况可以采用不同的保藏方法进行实验，这里以冷藏和冷冻两种方法为例，保藏食品的种类根据情况可自行选定）。

表 1-6　不同食品的不同保藏方法及其对产品的影响

食品种类	保藏方法		不同保藏方法对产品的影响
	冷藏	冷冻	
蔬菜（可以选取青菜、芹菜等）	叙述蔬菜冷藏的温度、处理方法及冷藏时间等	叙述蔬菜冷冻的温度、处理方法及冷冻时间等	叙述蔬菜采用冷藏及冷冻方法后的表现
水果（可以选取梨、苹果等）	叙述水果冷藏的温度、处理方法及冷藏时间等	叙述水果冷冻的温度、处理方法及冷冻时间等	叙述水果采用冷藏及冷冻方法后的表现
肉（可以选取猪肉、鸡肉等）	叙述肉类冷藏的温度、处理方法及冷藏时间等	叙述肉类冷冻的温度、处理方法及冷冻时间等	叙述肉类采用冷藏及冷冻方法后的表现

五、注意事项

1）腐败变质的食品首先是带有使人们难以接受的感官性状，如刺激性气味、异常颜色、酸臭味道和组织溃烂，以及黏液污秽感等；其次是营养成分分解，营养价值严重降低。

2）对食品的腐败变质要及时准确鉴定，并严加控制，但对这类食品的处理还必须充分考虑具体情况，如轻度腐败的肉、鱼类，通过煮沸可以消除异常气味，部分腐烂的果蔬可拣选分类处理，单纯感官性状发生变化的食品可以加工等。然而，人体虽有足够的解毒功能，但在短时间内摄入腐败变质食品的量不可过大。因此应强调指出，一切处理都必须以确保人体健康为前提。

学习任务二　食品冷藏的基本原理

重点及难点

低温冷藏原理

重点：非活性食品低温冷藏原理；活性食品低温冷藏原理。

难点：非活性食品低温冷藏原理；活性食品低温冷藏原理。

食品变质的原因多种多样，采用冷加工的方法可使食品的生化反应速度大大减慢，微生物、酶类及食品基质中的活性受到抑制，使食品可以在较长时间内贮藏而不变质，这就是食品低温贮藏的基本原理。食品在变质过程中产生的矛盾是复杂的，动物性食品变质过程中产生的矛盾和植物性食品因其在性质上的区别而差异很大。

一、非活性食品低温冷藏原理

非活性食品腐败变质的主要原因是微生物的作用和酶的作用。变质过程中产生的主要矛盾是微生物侵入和食品抗病性的矛盾。因为非活性食品没有生命力，它们的生物体与细胞都死亡了，故不能控制引起食品变质的酶的作用，也不能抵抗引起食品变质的微生物的作用，因此对微生物的抵抗力不强，微生物一旦侵入，很快就会繁殖起来，最后使食品变质。因此，降低温度可以减弱生物体内酶的活性，延缓其自身的生化降解反应过程，并抑制微生物的繁殖。这也是低温冷藏食品的基本原理。

1. 抑制微生物的生长繁殖

任何微生物都有一定正常的生长和繁殖温度范围，微生物对温度的适应性见表1-2。在最适温度范围内，微生物的生长和繁殖速度最快。随着温度的降低，微生物的活力减弱，当温度降至其最低生长温度时，其新陈代谢活动几乎停止，处于休眠状态，甚至死亡。

低温导致微生物活力减弱的原因：一方面在低温下微生物的酶活性下降，当温度降至−25～−20℃时，微生物细胞内所有酶反应几乎完全停止；另一方面，微生物细胞内原生质的黏度增加，胶体吸水性下降，蛋白质发生不可逆凝固。

2. 抑制酶的活性

酶是有生命机体组织内的一种特殊蛋白质，具有生物催化剂的使命。酶的活性与温度有密切的关系。温度对酶的活性影响很大，高温可导致酶的活性丧失；低温处理虽然会使酶的活性下降，但不导致其完全丧失活性。一般来说，温度降到-18℃才能比较有效地抑制酶的活性，但温度回升后酶的活性会重新恢复，甚至较低温处理前的活性还高，从而加速食品的变质，故往往需要在低温处理前对食品进行灭酶处理，防止食品品质变坏。

不同来源的酶的温度特性有一定的差异，来自动物（尤其是温血动物）性食品中的酶，酶活性的最适温度较高，温度降低对酶的活性影响较大，而来自植物（特别是在低温环境下生长的植物）性食品中的酶，酶活性的最适温度较低，低温对酶的影响较小。大多数酶的适宜温度为30~40℃，动物体内的酶需稍高的温度，植物体内的酶需稍低的温度。如果温度超过酶的适宜温度，酶的活性开始遭到破坏，当温度达到80~90℃时，几乎所有酶的活性都遭到破坏。

二、活性食品低温冷藏原理

活性食品主要是指新鲜的水果、蔬菜及动物性食品中的各种禽蛋。影响活性食品变质的因素很多，如植物性食品在采收之后脱离了母体，失去了水分和无机物的供应，同化作用基本停止，并且无法进行正常的光合作用，但合成的有机物质仍然是有生理机能的有机体，其利用自身的有机物进行呼吸，在贮藏过程中继续进行一系列复杂的生理活动，包括呼吸、酶催化代谢、蒸发、成熟与衰老、低温伤害和休眠，这些生理活动影响着植物性食品的贮藏性和抗病性，另外还有外源性因素，如微生物的污染与繁殖。因此，必须进行有效的调控。

1. 抑制微生物生长繁殖

植物性食品采收后，不可避免地会遭受微生物的污染，这些微生物在合适的环境条件和营养下会大量繁殖，从而引起食品腐败变质。采用低温冷藏来抑制微生物生长繁殖，可以起到很好的保藏食品的作用。

2. 控制呼吸作用

呼吸作用是植物性食品贮藏中最重要的生理活动，也是产品采收后最主要的代谢过程，它制约和影响着其他的生理过程。合理利用和控制呼吸作用对植物性食品贮藏是至关重要的。

影响呼吸强度的因素很多，主要包括食品的种类、成熟度、食品存放环境的湿度、空气成分和温度。温度是影响食品贮藏过程中呼吸强度的主要因素，在一定温度范围内，随着温度的升高，呼吸强度增强。一般在0℃左右时，酶的活性极低，呼吸很弱，跃变型果实的呼吸高峰得以推迟，甚至不出现呼吸高峰；在0~35℃时，多数产品的温度每升高10℃，呼吸强度增大1~1.5倍；高于35℃时，呼吸作用中的各种酶的活性受到抑制，呼吸强度经初期的上升之后就大幅度降低。

因此，贮藏中应尽可能维持较低的呼吸强度，将果实的呼吸作用抑制到最低限度。不同品种的食品对低温的适应能力各不相同，贮藏中应根据不同种类、品种对低温的耐受性，在不发生冷害的前提下，尽量降低贮藏温度，同时还要保持温度的稳定。

3. 降低乙烯含量

果实停止生长后还要进行一系列变化，逐渐形成固有的色、香、味和质地特征，通常将生理成熟到完熟达到最佳食用品质的过程叫成熟（包括生理成熟和完熟）。果实最佳食用阶段以后的品质劣变或组织崩溃阶段称为衰老。

乙烯是促进果实成熟和衰老的主要激素物质，在食品贮藏过程中，常通过降低温度来避免和减弱乙烯的作用，控制食品后熟和衰老。因为低温贮藏可以降低果实的呼吸强度，减少食品的呼吸消耗。对呼吸跃变型产品而言，降低温度不但可以降低其呼吸强度，还可延缓其呼吸高峰的出现。低温可减少果实中乙烯的产生，而且在低温下，乙烯促进衰老的生理作用也受到强烈的抑制。同时，低温可以抑制食品蒸发失水，还能抑制病原菌的生长。

4. 减少蒸腾

植物性食品尤其果蔬类食品的含水量很高，大多为65%~95%，这使鲜活果实的表面具有光泽并具有弹性，组织呈现坚挺脆嫩的状态，外观新鲜。贮藏过程中，水分的蒸发散失会给果实造成不良影响：一是失重和失鲜；二是破坏果实的正常生理代谢过程，促进呼吸作用，加速营养物质的消耗，削弱组织的耐藏性和抗病性，加速腐烂。影响植物性食品水分蒸发的因素很多，除了表面积、表面结构和细胞持水力等内在因素以外，还有很多外在的贮藏环境条件因素，如空气湿度、空气温度和空气流动等。

要想控制植物性食品水分的蒸发，除了控制果实采后的成熟度及增大环境的相对湿度外，采用稳定的低温贮藏也是防止失水的重要措施。

5. 便于休眠

休眠是植物生命周期中生长发育暂时停顿的阶段，此时新陈代谢降到最低水平，营养物质的消耗和水分蒸发都很少，一切生命活动进入相对静止状态，对不良环境的抵抗力增强，对贮藏是十分有利的。温度是控制休眠的主要因素，降低贮藏温度是延长休眠期最安全、最有效、应用最广泛的一种措施。

6. 预防冷害

冷害是指果实组织在冰点以上的不适宜的低温环境中出现的生理代谢失调现象，是果实贮藏中最常见的生理病害。低温能够减弱果蔬类食品的呼吸作用，延长贮藏期限。但温度又不能过低，过低会引起植物性食品发生生理病害，甚至冻死，即使回升温度，也不能复活。

冷藏品贮藏温度的两大误区

误区1：贮藏温度越低越好。

起源或原产于热带、亚热带的冷敏性果蔬，对低温敏感，不能经受冰点以上的低温，这种冰点以上低温对果蔬造成的伤害称为冷害。

冷害症状表现比较复杂，主要与果蔬的种类、品种、冷敏性和受害程度等多方面因素有关，一般表现为：表面有水浸斑、凹陷斑，表皮或内部褐变，果实不能正常成熟、着色，甚至组织崩溃，产生异味、腐烂和变苦。有时冷害发生后不易觉察，待贮藏温度上升后，其冷害症状逐渐加重。

不同种类的果蔬对冷的敏感性不同。例如，黄瓜在1℃下贮藏第4天，龙眼在0℃下贮藏第14天表现出冷害症状，而桃可在0℃下安全贮藏4周。因此，贮藏温度的高低要根据商品的贮藏特性选定，并非越低越好。

误区2：低温下可以长时间贮藏食品。

温度和水分是可以控制的影响食品保质期的两个主要因素。新鲜的食品在常温下（20℃

左右）存放时，由于附着在食品表面上的微生物和食品内所含的酶的作用，食品的色、香、味会逐渐变差，同时其营养价值也有所降低。如果贮藏时间超过一定限度，食品就会腐败变质，以至于完全不能食用。因此，低温贮藏食品只是抑制食品中微生物的生长繁殖和酶的活性，可以降低非酶因素引起的化学反应的速率，能够延长食品的贮藏期限，但是仍不能长时间贮藏食品。

知识拓展

冰箱贮藏食品须知

很多人把冰箱当成了家里的“食品消毒柜”，认为贮存在冰箱里的食品就是卫生的。其实，冰箱因长期存放食品又不经常清洗，会滋生许多细菌。

1）冰箱常用冷藏室的温度是4~8℃，在这种环境下，绝大多数的细菌生长速度会放慢。但有些细菌却嗜冷，如耶尔森菌、李斯特氏菌等在这种温度下反而能迅速增长繁殖，如果食用感染了这类细菌的食品，就会引起肠道疾病。

2）冰箱的冷冻室里的温度一般在−18℃左右，在这种温度下，一般细菌都会被抑制或杀死，所以在冰冻室存放食品具有更好的保鲜作用。但冷冻并不等于能完全杀菌，仍有些抗冻能力较强的细菌会存活下来，如结核杆菌、伤寒杆菌等，把结核杆菌和伤寒杆菌置于−193℃的液态空气和−250℃的液态氢气中，也冻不死它们。大多数的微生物对低温都有较强的抵抗能力。因此，冷冻尽管可以较长期地保存食品，但是食品中的微生物并没有死去，一旦温度升高，它们仍然会继续生长繁殖。所以，经冰箱贮藏的食品，食用前一定要重新回锅，否则同样会引起肠道传染病，甚至食物中毒。

3）任何食品在冰箱内的贮存时间都不要太长，最好做到随买随吃，因为贮存时间过长，既影响食品的鲜美，又易产生异味。还有一些水果，如香蕉、苹果等，如果放久了也容易变质，一旦变质就会散发出一种对人体有害的气体。冰箱内存放的食品也不要过多，过多会使食品的外部温度低而内部温度高，从而导致变质。

4）即将食用的冷冻食品，如第二天确定要食用的冷冻肉，可在前一天晚上将其从冷冻室取出放于冰箱冷藏室中，利用冷冻食品本身蓄存的冷量维持冷藏室的温度，让冷冻食品慢慢解冻，还可以实现较好的节能效果。

5）冰箱贮藏和冷冻食物的几大禁忌：

① 热的食物绝对不能放入运转着的冰箱内。

② 存放食物不宜过满、过紧，要留有空隙，以利于冷空气对流，减轻机组负荷，延长冰箱的使用寿命，节省电量。

③ 食物不可生熟混放在一起，以保持卫生。按食物的存放时间和温度的要求，合理利用冰箱内的空间，不要把食物直接放在蒸发器表面上，要放在器皿里，以免冻结在蒸发器上，不便取出。

④ 鲜鱼、肉等食品不可以不做处理就放进冰箱。鲜鱼、肉要用塑料袋封装，在冷冻室贮藏。蔬菜、水果要把外表面水分擦干，放入冰箱内的最下面，以零上温度贮藏为宜。

⑤ 不能把瓶装液体饮料放进冷冻室内，以免冻裂包装瓶，应放在冷藏室内或门档上，

以4℃左右温度贮藏为最好。

⑥ 存储食物的冰箱不宜同时贮藏化学药品。

⑦ 面包最好不要放入冰箱：面包在烘烤过程中，面粉中的淀粉直链部分已经老化，这就是面包产生弹性和柔软结构的原因。随着放置时间的延长，面包中的支链淀粉的直链部分慢慢缔合，而使柔软的面包逐渐变硬，这种现象叫变陈。变陈的速度与温度有关，在低温时（冷冻点以上）变陈较快。因而面包放入冰箱中，变硬的速度更快。

模块小结

食品在贮藏期间，品质的降低主要由于微生物侵入、化学和物理变化及酶引起的生化反应等。食品的低温保藏是指降低温度水平或冻结状态，以延缓或阻止食品的腐败变质，达到食品的远途运输和短期或长期贮藏目的的保藏方法。

食品变质的原因主要归纳为微生物、酶及其他非酶生理化学因素。非活性食品变质的主要原因是微生物和酶的作用；活性食品变质的主要原因是呼吸作用。

思考与练习

一、填空题

1. 食品变质的原因主要归纳为________、________及其他非酶生理化学因素。

2. 非活性食品变质的主要原因是________和________的作用。

3. 活性食品变质的主要原因是________。

二、判断题

1. 微生物引起肉类腐败现象主要有发黏、变色、长霉及产生异味等。（　）

2. 食品在贮藏过程中应采用高温、避光、隔绝氧气和控制水分等措施。（　）

3. 引起食品变质的主要因素包括微生物、酶及其他非酶因素。（　）

4. 非酶作用导致的其他变质主要包括食品中的营养成分的化学作用、食品本身的生化作用及其他物理作用导致的变质。（　）

5. 经过热杀菌的加工食品，酶的活性被钝化，可以不考虑由酶的作用引起的变质。（　）

三、选择题

1. 引起微生物变质的气体很多，一般（　）关系最大，控制（　）可抑制大多数微生物生长，有效延长食品的保质期。

A. O_2、O_2　　B. CO_2、O_2

C. O_2、CO_2　　D. N_2、O_2

2. 完好无损的食品，一般（　），如没有破碎和伤口的马铃薯、苹果等，可以放置（　）。

A. 不易发生腐败、较长时间　　B. 容易发生腐败、较长时间

C. 容易发生腐败、较短时间　　D. 不易发生腐败、较短时间

3. 酶的活性受（　）等因素的影响。如果条件控制得当，那么酶的作用通常不会导

致食品腐败，经过热杀菌的加工食品，酶的活性被钝化，可以不考虑由酶的作用引起的变质。

A. 温度、pH、水分活度　　B. 湿度、pH、水分活度

C. 温度、pH、食品　　D. 温度、pH、库房

4. 活性食品主要是指（　　）。

A. 新鲜的水果、蔬菜及动物性食品中的各种禽肉

B. 新鲜的水果、蔬菜及动物性食品中的各种禽蛋

C. 新鲜的水果、蔬菜及动物性食品中的牛肉、羊肉

D. 新鲜的水果、蔬菜及水产品

四、简答题

1. 微生物引起食品腐败变质的条件有哪些？
2. 食品的水分活度与微生物生长之间有什么关系？
3. 低温保藏对酶的影响有哪些？
4. 简述活性食品低温保藏的基本原理。
5. 简述食品品质变化的表现都有哪些。

模块二 食品冷却冷藏技术

学习目标

了解果蔬变温贮藏方法。

了解鲜蛋在冷藏间内的堆码要求与形式。

掌握果蔬气调贮藏的方法。

掌握鲜蛋、肉和禽的冷却冷藏方法。

学习任务一　果蔬的冷却冷藏技术

重点及难点

重点：果蔬出库前的升温；果蔬的气调贮藏。

难点：果蔬采收成熟度的判定；果蔬的变温贮藏。

一、果蔬采收与入库前的准备

1. 果蔬采收

果蔬采收至关重要，既影响原料的产量、品质和商品价值，又影响贮运效果。

为了保证果蔬冷加工产品的质量，果蔬要达到最适宜的成熟度方可采收。果蔬的成熟过程大体可分为绿熟、坚熟、软熟和过熟四个时期。绿熟期的果实已充分长成，但尚未显现出色彩，色泽仍为绿色（绿色品种除外），果肉坚硬，缺乏香气和风味，肉质坚密不松软，适于贮藏和运输。坚熟期的果实已经成熟，肉硬，适用于食用、加工、短期贮藏和运输。软熟期的果实色、香、味已得到充分表现，肉质松软，适于食用和加工，但不宜贮藏和运输。过熟期的果实，组织细胞解体，失去食用和加工价值。蔬菜一般以幼嫩为好，水果宜在坚熟期和软熟期采收。需注意的是，洋葱和土豆则宜在充分长成后再采收。有后熟能力的果蔬，如番茄、苹果、梨和柑橘等可在成熟度在七八成时采收，香蕉采收可更早一些。

正确鉴定果蔬的成熟度是非常重要的，因为它与果蔬的品质、运输和贮藏均有着密切关系。目前鉴定果实成熟度的方法主要有果梗脱离的难易度、主要化学物质的含量、果实的硬度、果实的生长期和果皮颜色等。

（1）果梗脱离的难易度　一些种类的果实，在成熟时，一经振动即可脱落，若不及时采收就会造成大量落果。

（2）主要化学物质的含量　常以总可溶性固形物含量的高低来判定成熟度，或者以可溶性固形物与总酸比来衡量品种的质量，要求糖酸比达到一定比值时才进行采收。

（3）果实的生长期　果实从生长至成熟，大致都有固定的天数，因此，可以计日定成熟度和收获时间，如国光苹果的生长期为160d左右。由于每年的气候条件不同，栽培管理方法不一致，生长期的计算应该以数年的平均数做参考。

山药的愈伤

2. 入库前的准备

刚采收的果实应在产地进行冷却，释放田间热，越快冷却越好，尤其是对那些组织娇嫩、营养价值较高、采后寿命短的呼吸高峰型的果实。例如，采收后24h内冷却的梨，在0℃下，贮藏5周不腐烂变质；但采收后经过96h才冷却的梨，在0℃下，贮藏5周就有30%的腐烂。在我国北方地区，昼夜温差较大，多采用自然冷却方法冷却。

目前，大部分果蔬冷却不在产地冷却，而是将果蔬包装后直接运往冷库进行冷却和冷藏，这就要求在果蔬入库前要进行抽验、整理工作，剔除不能长期贮存的果蔬，如在运输中有机械伤或已经腐烂的果蔬。一般将运到的果蔬按1%~2%的量抽样检验，查明烂耗比例和成熟情况，如果烂耗比例超过冷库保质制度范围，必须将整批货重新挑选包装。如果要长期冷藏，应逐个用纸包裹，然后装箱、装筐。带柄的水果在装箱或装筐时应特别注意，勿使果柄直接接触周围的果实，以免碰破其他水果的果皮。果蔬不论是装箱还是装筐，最好采用骑缝或并列式（每层垫木条）的堆垛方式。在冷藏的过程中，还应经常对果蔬的质量进行检查，对于不能继续进行冷藏的果蔬应及时剔除，以防止引起大批量果蔬腐烂。

二、果蔬的贮藏条件

1. 果蔬的贮藏温度

降低冷藏温度，可以减弱果蔬的水分蒸发和呼吸作用，降低营养成分的消耗，减弱微生物的繁殖能力，从而延长果蔬的贮藏期。一般情况下，果蔬的冷藏温度在0℃左右。对于水果而言，生长在南方或是夏季成熟的果实，适宜较高温度贮藏，否则会影响果实的风味和品质，甚至产生生理病害，不利于贮藏。例如，香蕉在12℃以下贮藏，不能后熟，即使是短期受到低温危害的香蕉，催熟以后，果心仍然发硬、果皮发黑。而在北方生长的秋季和冬季成熟的水果，如苹果、山楂和梨等，一般都能耐受较低的温度，甚至在轻微冻结的情况下，也不损害它们的活体性质。这类水果一般都能在0℃左右贮藏，仅仅以防止冻结为限。因此，果蔬的冷却贮藏应根据不同品种控制其最适贮藏的温度，即使是同一类果蔬，也会由于品种、成熟程度和栽培条件等的不同而有所差异。在进行大量贮藏时，应事先对果蔬的最适温度做好选择试验。在贮藏间，要求贮藏温度稳定，避免温度剧烈波动。

2. 果蔬的贮藏湿度

水分是维持果蔬生命活动和保持新鲜品质的必要条件。在贮藏过程中会发生干耗，一般情况下，如果质量损失达到5%以上，果蔬新鲜度就会明显下降。果蔬的干耗量主要取决于贮藏的条件，其中湿度条件与干耗关系较大，一般相对湿度以85%~95%为宜。如果湿度过高，可减少干耗，但促进了微生物的生长繁殖，果蔬也易腐烂；反之，虽然微生物的危害小，但又会因空气干燥而引起干耗，造成果蔬的质量下降，并且降低了果蔬对病虫害的抵抗能力，不利于果蔬的长期贮藏。因此，在贮藏果蔬时，不仅要保持适当的温度，也要保持适当的湿度。

三、果蔬的变温贮藏

为了提高贮藏质量，减少果蔬在冷藏过程中的生理病害，在贮藏中可以对某些品种采用变温贮藏的方法。例如，鸭梨采收后直接放入0℃冷库迅速降温，很容易发生黑心病，黑心病的发病率高达40.7%左右。将鸭梨进行变温贮藏，即先放在15℃的库内，预藏10d左右，再放置在6℃温度条件下贮藏一段时间，然后每隔半个月降低1℃，一直降到0℃再贮藏，结果表明，可大大减少黑心病的发生。

四、果蔬出库前的升温

果蔬从冷库中直接取出，常常会在表面凝结有水珠，尤其是夏天，凝结的水珠量会更多，俗称“发汗”现象，再加上有较大温差的影响，会促使果蔬呼吸作用大大加强，使果蔬容易变软和腐烂。另外，某些包装材料，如纸板箱，也会受凝结水的损害。经过长期低温贮藏的果实，骤遇高温，色泽会变暗，为了防止结露和使果蔬保持原有品质，在果蔬出库前要进行升温处理。

果蔬出库前升温时，升温间的温度应比果蔬温度高2~4℃，相对湿度保持在75%~80%，当果蔬温度上升到与外界气温相差4~5℃时，才能出库。经过升温后出库的果蔬能较好地保持其原有的品质，利于销售和短期贮存。

五、果蔬的气调贮藏

1. 气调贮藏的生理基础

气调贮藏是在冷藏的基础上，把果蔬放在特殊的密封库房内，同时改变贮藏环境中的气体成分的一种贮藏方法。

在正常的空气中氧的含量（体积分数）为20.9%，二氧化碳的含量为0.03%，如果把空气中的氧含量降低，适当地增加二氧化碳的含量，可以降低果蔬的呼吸强度，其新陈代谢也就减弱了，从而延迟了水果、蔬菜的后熟期。同时，在氧含量较低和二氧化碳含量高的条件下，果蔬产生乙烯的作用减弱，能抑制乙烯的生成，从而延长果蔬的贮藏期。低温可以减弱呼吸作用，从而推迟呼吸高峰的到来，抑制果蔬的衰老和死亡，达到贮藏的目的。

但是环境中氧含量过低会产生无氧呼吸，二氧化碳含量过高会产生中毒，温度太低会引起冷害。所以在气调贮藏中应恰当地掌握每一种果蔬的贮藏温度和气体成分的含量。但气调贮藏的保鲜效果不单取决于贮藏环节，还取决于果蔬采收和销售等采后处理的全过程，贮藏只是其中的一个主要环节。

2. 气调贮藏的特点

气调贮藏是果蔬贮藏的新技术，对有些品种，如苹果、梨、青椒等是最有效的贮藏方法。和其他贮藏方法相比，其效果较好，对动物性食品来说也有一定作用。

1）抑制呼吸作用，减少有机物质的消耗，保持果蔬的优良风味和芳香气味。

2）抑制水分蒸发，保持果蔬的新鲜度。

3）抑制病原菌的滋生繁殖，控制某些生理病害的发生，降低果实的腐烂率。

4）抑制某些后熟酶的活性，抑制乙烯的产生，延缓后熟和衰老过程，长期保持果实硬度，有较长的货架期。

3. 气调贮藏的方式

(1) 自然降氧法（MA 贮藏） 自然降氧法是靠果蔬自身的呼吸作用来降低氧的含量和增加二氧化碳含量的一种贮藏方法。自然降氧法，即普通气调冷藏，指的是最初在气调系统中建立起预定的调节气体浓度，在随后的贮藏期间不再人为调整，而是靠果蔬自身的呼吸作用来降低氧的含量和增加二氧化碳的含量。自然降氧法是依靠果蔬的呼吸作用，使环境中氧气含量下降，二氧化碳的含量上升，又称自发气调贮藏，简称 MA 贮藏。图 2-1 为普通气调贮藏库的示意图。

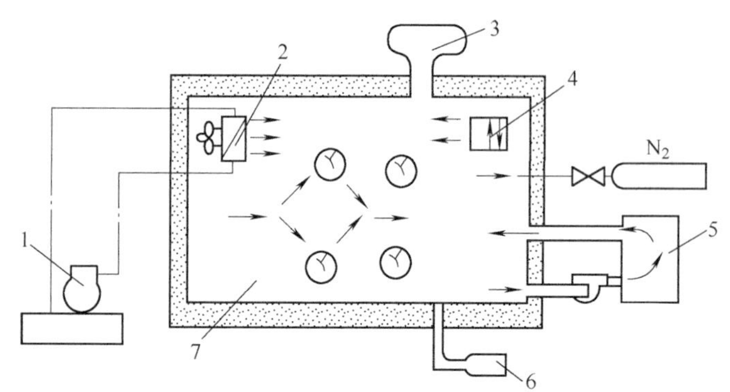

图 2-1 普通气调贮藏库的示意图

1—冷冻机 2—冷却器 3—橡皮囊 4—脱臭器 5—气体洗涤器 6—气体分析仪 7—气调库

此方法工艺简单，降氧设备成本低，适合在经济不发达的地区普遍推广，特别适用于库房气密性好，贮藏的果蔬为一次整进整出的情况。但是其对气体成分的控制不精细；降氧速度慢；需定期补充新鲜空气，以降低二氧化碳的含量和补充氧气；果蔬在贮藏过程中产生的乙烯等气体易在库内积累。自然降氧法是目前在农产品大规模的商业气调贮藏中广泛采用的方法。

(2) 充氮降氧法 充氮降氧是指用充氮的方法置换库内气体以达到降氧的目的。这种方式可实现快速降氧，一般可在 24h 或稍长时间内达到气体浓度规定值。

曾有人采用 0.0329mm 的低密度乙烯塑料薄膜帐密封包裹荔枝后，先抽真空，再充入氮气，置于 5℃环境中贮藏。结果荔枝经 40d 贮藏后，好果率为 70%，糖度仅下降 4.2%。而作为对照，不做任何处理置于 5℃环境中的样品在 13d 内已丧失商品价值。经测试，在贮藏初，帐内氧浓度为 13%～15%，贮藏过程中氧为 8%～10%，二氧化碳含量保持在 3%左右。

(3) 快速降氧法（CA 贮藏） 快速降氧法是在短时间内可以制取二氧化碳与氧气，控制它们的组成，制取氧含量低于 21%的人工空气的方法。该方法在日本等经济发达国家和欧美地区已广泛采用。

该方法是使用气体反应器，通过对丙烷气体的完全燃烧来减少氧气和增加二氧化碳含量的。当气体发生器制出果蔬最适气体组成后，就把这气体送入冷库中，这样的冷库叫机械气调贮藏库，如图 2-2 所示。

快速降氧法与自然降氧法相比有下列优点：

1) 降氧速度快，贮藏效果好，尤其对不耐贮藏的果蔬更加显著。例如草莓，采用自然降氧法贮藏 2～3d，就有坏的；而采用快速降氧法可贮藏 15d 以上，并且果实新鲜、优质。

2) 及时排除库内乙烯，推迟果蔬的后熟作用。

3) 库内气密性要求不高，可减少建筑费用。快速降氧法要求的气密性不像自然降氧法那样高，只要以 2d 的漏气量为一次换气量就可以。而自然降氧法则要求以 50d 内漏气量为一次换气量。由于其气密性要求低，可将普通的高温库改造成 CA 贮藏库，这样气密结构所需的经费就可以减少了。

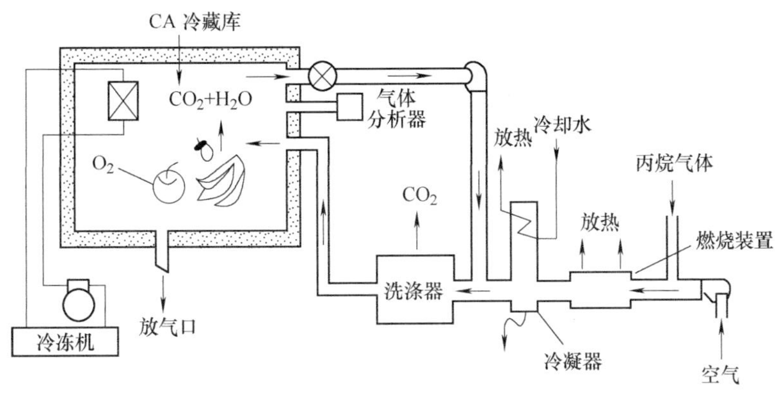

图 2-2　机械气调贮藏库的示意图

（4）减压气调法　减压气调法是在冷藏和气调贮藏的基础上进一步发展起来的一种特殊的气调贮藏方法。其基本原理是在低温的基础上将果蔬放置于密闭容器内，抽出容器内的部分空气，使内部气压下降到一定程度，同时经压力调节器输送进新鲜高湿空气，使整个系统不断地进行气体交换，以维持贮藏容器内压力的动态恒定和一定的湿度环境。由于降低了内部空气的压力，也降低了内环境的氧分压，进一步降低了果蔬的呼吸强度，并抑制了乙烯的生物合成。低压可以推迟叶绿素的分解，抑制类胡萝卜素和番茄红素的合成，减缓淀粉的水解、糖的增加和酸的消耗等过程，从而延缓果蔬的成熟衰老，可以更长时间维持果蔬的新鲜状态。

此方法通过抽真空使水蒸发带走大量热量，可使储物迅速降温达到预冷的目的。果蔬产品每蒸发 1%的水分大致可使自身温度下降 6℃，从 30℃冷却至 5℃，大约需要失水 4%，耗时 30min。只要适当增湿就不会出现失水萎蔫的情况，风味品质也不会受影响。谷物类农产品品温在 30min 内由室温降到 4～8℃，并能得到进一步干燥（脱水 6%左右）。由此可见，在减压贮藏初期，储物，特别是肉制品和谷物类农产品由于减压造成的蒸发失水可起到良好的预冷效果。图 2-3 为真空冷却减压贮藏库的结构示意图。

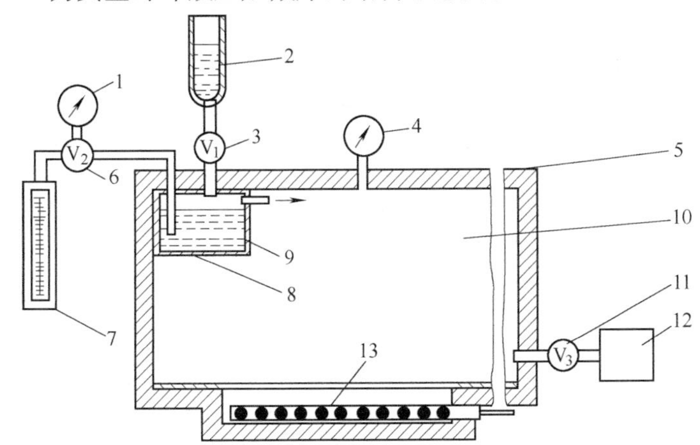

图 2-3　真空冷却减压贮藏库的结构示意图

1—真空度表　2—加水器　3—阀门　4—温度表　5—隔热墙　6—真空调节器　7—空气流量计　8—加湿器　9—水　10—减压贮藏库体　11—真空节流阀　12—真空泵　13—制冷系统的冷却管

此方法既能实现预冷与减压气调的同库并行，又能实现快速降氧，并能迅速排出二氧化碳和乙烯等有害气体，实现超低氧贮藏，有利于鱼、虾、肉防止氧化褐变和农产品种子的抑芽，保鲜效果明显。据报道，有人通过减压贮藏在荔枝保鲜研究上获得突破，可达到60d的保鲜期，好果率在90%以上。

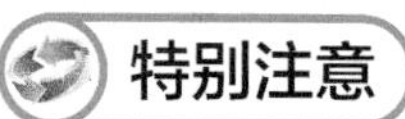

特别注意

几种冷藏后有害的果蔬

白菜、芹菜、洋葱和胡萝卜等的适宜存放温度为0℃左右。黄瓜、茄子和西红柿等的适宜存放温度为7.2~10℃。南瓜适宜在10℃以上存放。

由此可以看出，许多蔬菜是不宜放在冰箱内保存的，否则不仅会使其表面变色，而且还会影响其内在质量。例如，西红柿和黄瓜这类最低适宜温度为7.2℃的蔬菜，置于冰箱内虽可保鲜，但最多只宜存放2~3d。

香蕉属于热带水果，适宜存放温度是12℃左右，而冰箱冷藏室温度一般为0~4℃，所以如果把香蕉放在冰箱中，很容易发生冷害，降低营养，甚至引起腐烂。

知识拓展

果蔬的催熟

1. 催熟的概念

为了延长水果、蔬菜的贮藏期，有许多品种是在未成熟时采收贮藏的，有的品种虽然已经可以食用，但表面色泽较绿，一般也不能认为已经充分成熟，这些品种经过长期贮藏以后，有的已经成熟，但有的品种还未成熟或色泽还较绿。在出库销售之前，人工地造成某些条件，使水果、蔬菜达到成熟或变色的技术措施称为催熟。

2. 催熟的条件

催熟是促使水果、蔬菜中酶的活性加强，而酶的活性与环境条件密切相关，适当高的温度、充足的氧气、潮湿的空气及某些气体成分都能刺激酶的活性，加强对水果、蔬菜的催熟作用。

（1）温度　温度是催熟的重要条件。高温会破坏酶的活性，使水果、蔬菜产生生理病害；低温会抑制酶的活性，达不到催熟的目的。一般温度在21~25℃时催熟效果较好。

（2）乙烯　水果、蔬菜在贮藏过程中会产生乙烯，贮藏环境中即使乙烯的浓度很低，也会促进水果、蔬菜的成熟。为了加速水果、蔬菜成熟，可人工地加入一定浓度的乙烯。

（3）氧　二氧化碳对水果、蔬菜的催熟有抑制作用，而氧则有促进作用。因此，在贮藏环境中适当增加氧的含量，会加速水果、蔬菜的成熟。在气调库中氧的含量较低，而二氧化碳的含量较高。若要催熟，需要将气调库中的气体成分的含量恢复到一般空气的成分含量，即增加氧含量、减少二氧化碳含量，充分发挥氧和乙烯对水果、蔬菜的催熟作用。

（4）湿度　适当的湿度可促进水果、蔬菜的成熟，一般控制在相对湿度为90%比较适宜。湿度过低则会使水果、蔬菜萎蔫，达不到催熟的目的。

3. 催熟的实例

催熟一般在气调库、冷藏库、穿堂或大塑料帐内进行。催熟的品种是部分水果和果菜类，如香蕉和西红柿等。

(1) 香蕉　将香蕉放在温度为20℃左右、相对湿度为85%的密闭室内，通入0.1%乙烯，经1~2d可使香蕉由绿色变成黄色，口味由涩变甜。催熟中要防止二氧化碳含量过高，影响催熟的效果，因此，在催熟中要通风一次，时间为1~2h，再密闭加入乙烯，至香蕉呈现初熟的颜色后取出。

(2) 西红柿　为了贮藏或运输，西红柿一般都在还处于绿色时采收，若在销售时未变成红色，也需要催熟。西红柿后熟的最适宜温度是23~25℃。如果温度过高，果实后熟较快，容易造成腐烂；温度过低则达不到催熟的目的。西红柿催熟的相对湿度为85%左右，如果湿度过低则果实容易皱缩；反之，湿度过高，空气又不流通，果实就会很快生霉腐烂。

催熟时将西红柿放在密闭的室内，温度和湿度控制在以上所要求的标准内，把乙烯通入室内，浓度为2∶2500（乙烯与室内空气的容积比）。每昼夜向室内通入乙烯一次，在每次加入乙烯之前，室内要进行一次通风，果实开始转红即可取出。用这种方法一般4~5d可以使西红柿成熟，而不催熟的则要12~15d才慢慢由绿色转为红色。

任务实训一　苹果的气调贮藏

一、实训目的

通过实训使学生了解气调贮藏的原理；掌握气调贮藏的方法，并能够对苹果进行气调保鲜处理。

二、实训内容与要求

实训内容与要求见表2-1。

表2-1　实训内容与要求

实训内容	实训要求
苹果的挑选	要挑选大小均匀、无机械损伤、无病虫害的苹果
消毒	无致病菌和易腐败微生物
包装	密封，不漏气
冷藏	0℃以下

三、主要材料与设备

苹果、冷藏库、冰箱、保鲜袋等。

四、实训过程

1. 原料的选择与整理

选择大小均匀、无机械损伤、无病虫害的新鲜苹果。

2. 消毒

将选好的苹果用2%~4%的氯化钙浸果3~4min。

3. 包装

将苹果分装入厚度为0.05~0.07mm的聚乙烯保鲜袋内。

4. 冷藏

将包装后的苹果放入冰箱内冷藏，温度为0℃。

5. 记录

观察苹果的色泽和风味的变化情况，做详细记录。

五、注意事项

1）低温库房要进行消毒处理。

2）温度不能过低，防止冷害。

3）一周排气一次，防止乙烯过量，造成苹果保质期缩短。

学习任务二　鲜蛋的冷却冷藏技术

重点及难点

鸡蛋的构造

重点：鲜蛋的冷藏工艺；冷藏蛋出库前的升温。

难点：鲜蛋在冷藏间内的堆码要求与形式。

一、鲜蛋的冷却技术

鲜蛋的冷却是将鲜蛋由常温状态缓慢地降低到接近冷藏温度的降温过程。经过肉眼和光照严格挑选的鲜蛋装箱后送专用冷却间进行冷却。

鲜蛋的冷却应在专用的冷却间进行，也可利用冷库的穿堂、过道等冷却。冷却间采用微风速冷风机，以便使室内空气温度均匀一致并加快降温速度。在冷却时，要求冷却温度与蛋体温度相差不大。

一般冷却间空气温度应较蛋体温度低2~3℃，每隔1~2h把冷却间温度降低1℃，相对湿度为75%~85%，空气流速应为0.3~0.5m/s。一般经过24~48h，蛋体温度降到1~3℃，即可停止冷风机降温，结束冷却工作，将蛋转入冷藏间冷藏。在生产旺季，冷却可在有冷风机的冷藏间进行，要求一批进蛋，逐渐降温。有的冷库在进行鲜蛋挑选、整理过程中就降温冷却，然后再冷藏，质量也能得到保证。另外应特别指出，在母鸡下蛋后的48h内，蛋质量下降最快，因此应将刚下的蛋立即在10℃左右温度下冷却10h，可将质量下降至最低限度，然后再包装、运输并冷藏。

二、鲜蛋的冷藏技术

1. 鲜蛋的冷藏工艺

鲜蛋的冷藏是在冷却的基础上进行的，概括起来主要有三句话：库房要消毒，按质专室存；管理责任明，装卸四个轻；堆垛要留缝，日夜不停风。

（1）库房要消毒，按质专室存　鲜蛋是鲜活商品，它需要新鲜的空气，因此在鲜蛋旺季到来之前，对高温库要进行全面消毒。每到淡季对库房进行全面清扫，用漂白粉或石灰消毒，对冷库垫木等用具进行清洗（用热肥皂水）、消毒、晒干，彻底消灭霉菌。冷藏室吹干风换新鲜空气。鲜蛋进库冷藏前要把库内温度降至-1～0℃，相对湿度为80%～85%，这样有利于保持鲜蛋的质量。

按质专室存，是指高质量的同类食品应用专门冷藏室贮存，这样有利于延长食品的贮藏期。例如，每年三四月份的鲜蛋质量较好（一、二类蛋），就应划定专门冷藏室，贮满为止，不再进出，保持温度、湿度的稳定，有利于贮存期的延长。这类鲜蛋贮存8个月后，一般变质率仅为4%～5%，而非专室贮存的鲜蛋6个月后变质率达7.4%。专室贮藏鲜蛋既有利于保证质量，又有利于其他商品的贮存。

（2）管理责任明，装卸四个轻　冷藏室要有专职管理人员，专职管理人员对冷库性能要心中有数，做到管理工作有条不紊。例如，贮藏时鲜蛋不应与其他有异味的食品（如葱、蒜、鱼类等）一起堆放；鲜蛋也不能与橘子、梨等含水量多的食品并仓，以免鲜蛋湿度高而生霉变质。装卸时要做到四个轻，即做到轻拿、轻放、轻装、轻卸，这样可以大大减小蛋的破碎率。

（3）堆垛要留缝，日夜不停风　鲜蛋在堆装时每隔几箱要留一条缝，堆垛与堆垛之间留一定的距离，保持通风良好，以保证鲜蛋质量。

鲜蛋在冷藏期间，冷藏温度以低于0℃为好。多年来的试验证明，主要可采用两种贮存鲜蛋的温度及湿度：第一种，温度为0～1.5℃，相对湿度为80%～85%，冷藏期为4～6个月；第二种，温度为1.5～2.5℃，相对湿度为85%～90%，冷藏期为6～8个月。在鲜蛋冷藏期间，库温波动在24h内应不超过±0.5℃。冷藏间温度高，吹冷风；温度低，吹热风，保持24h不停风。在整个冷藏过程中，每昼夜应检查库内温度、湿度变化情况不少于两次，同时应注意及时换入新鲜的空气，排除污浊的气体。新鲜空气的换入量一般为每昼夜2～4个库室容积。

目前，在国外鲜蛋是如何保藏的呢？以日本为例，他们主要是加快鲜蛋的周转，周转最快的情况是当天所产的蛋，第二天进行分级处理，第三天可以在市场上出售。在零售店应保存在10～15℃的环境里。当然在日本也有鸡蛋淡旺季，所以如何保藏是十分重要的问题，他们认为鸡蛋生下来应马上降到5℃并在该环境下保存，可保存3个月。但鸡蛋从冷库内拿出来以后，应很快到市场上出售，或者加工成其他的鸡蛋制品，否则很易变质。

2. 鲜蛋在冷藏间内的堆码要求与形式

（1）堆码要求　鲜蛋在冷藏间内的堆码要求如下：

1）堆码时应顺着冷空气循环流动方向，并保证垛位稳固、操作方便和库房的合理使用。

2）垛距墙壁0.3m，距冷风机要远一些，以保证冷风机旁的蛋不冻坏为原则。

3）垛与垛之间的距离为0.25m，箱与箱的间距为0.03～0.05m，垛与库柱的距离为0.1～0.15m。

4）两个垛位的长不超过 8m，宽不超过 2.5m，高不超过冷风机风道出风口的高度。

5）垛与风道间应留有一定的空隙，冷风机吸入口处要留有通道。

6）堆垛时，要考虑到稳固性堆放量。一般木箱堆码高度为 8~10 层；竹筐为 5~7 层，其中每 3 层垫一层码板；纸箱堆码至 2~3 层或 4~5 层时就应加固，垫一层码板。

7）在每个垛位上做好垛的登记工作，便于检查质量。

（2）堆码形式　堆码形式分别有方格式、棋盘式和双品式等，如图 2-4~图 2-6 所示。

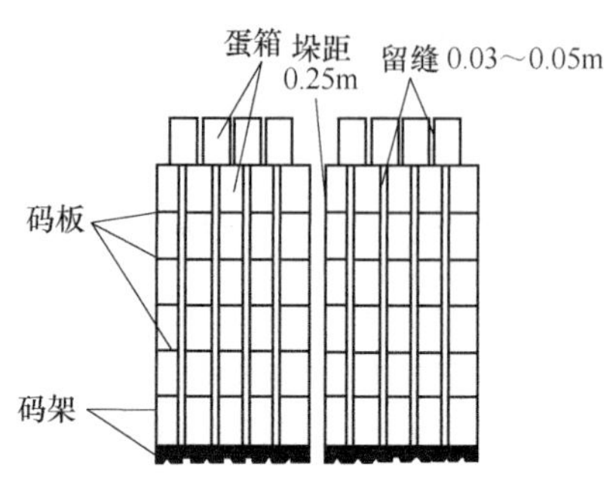

图 2-4　方格式堆码示意图

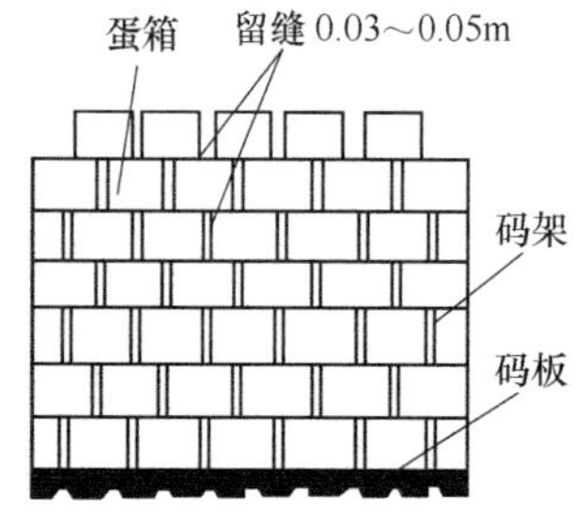

图 2-5　棋盘式堆码示意图

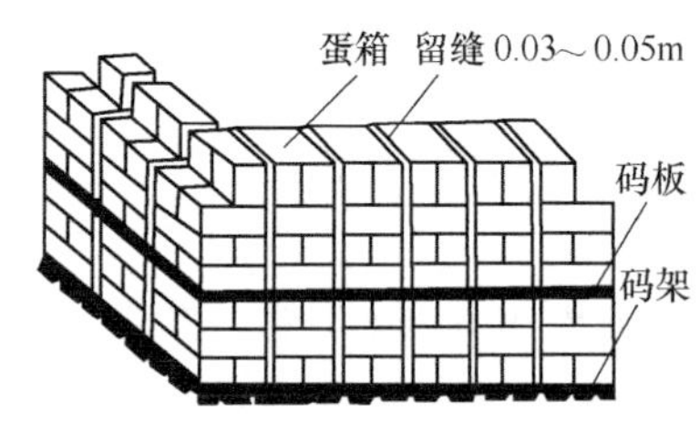

图 2-6　双品式堆码示意图

（3）堆码后的注意事项　堆码后的注意事项如下：

1）应注意按时翻箱和抽检。凡蛋白的黏度越大、蛋黄流动性越小的蛋，越应减少翻箱次数。

2）翻箱的间隔日期应视库室的温度、湿度和蛋的品质情况而定。在−1.5~0℃温度条件下冷藏，要求每月翻箱一次并做好记录。在−2~−1.5℃温度下冷藏，一般每隔 2~3 个月翻箱一次。以纸板箱逐只竖着放置时可以不必进行翻箱工作，但每隔 10~20d 应在每垛中抽检 1%~2%的鲜蛋，鉴定其品质，以确定是否继续保藏。

3. 冷藏蛋出库前的升温

经过冷藏的鲜蛋出库前必须进行升温工作，否则因温差过大，蛋壳表面就会凝结一层水珠，俗称“出汗”。这将使蛋壳外膜被破坏，蛋壳气孔完全暴露，为微生物顺利进入蛋内创造有利条件。蛋壳着水后也很容易感染微生物，这会加速蛋的腐败和蛋大量被霉菌所污染，影响蛋的质量。

冷藏蛋的升温工作最好是在专设的升温间进行，也可以在冷藏间的走廊或冷库穿堂进行。升温工作要根据提货日期，有计划有步骤地进行，一般提前 2~3d 开始进行，掌握足够的升温时间避免升温太快，造成在库内发生“出汗”现象。冷藏蛋升温时应先将升温间温度降到比蛋温高 1~2℃，以后再每隔 2~3h 将室温升高 1℃，切忌库温骤升过高。当蛋温比外界温度低 3~5℃时，升温工作即可结束。

经验总结

鲜蛋码架规格

一般码架规格为：高 0.1m、长 1.5m、宽 1m。每块码架面积为 1.5m^2，由横（短）5 根、纵（长）9 根方木条组成。纵横为上下两层，上层为 9 根纵木条，每根长 1.5m、宽 0.07m、高 0.03m；下层为 5 根横木条，每根长 1m、宽 0.05m、高 0.07m。上层木条之间与下层木条之间的距离均相等。

知识拓展

鲜蛋的质量鉴别

鲜蛋在进行贮藏之前必须经过严格的挑选，应逐个进行质量检查，因为入库冷却冷藏的蛋越新鲜，蛋壳越整洁，则其耐藏性越强。蛋的鲜度鉴定一般采用肉眼和光照鉴定相结合的方法进行。

一、肉眼鉴定

肉眼鉴定分外观鉴定与打蛋鉴定两种。外观鉴定主要是用肉眼鉴别蛋的形状、清洁和完整程度。打蛋鉴定是将蛋打开后，用肉眼鉴别蛋黄和蛋白的特征，并将蛋进行分类，鉴别法见表 2-2。

表 2-2　打蛋肉眼鉴别法

项目	特级	一级	二级
扩散面积	小	普通	较大
蛋黄	圆形、鼓凸	稍扁平	扁平
浓厚蛋白	鼓凸，围着蛋黄有大量蛋白	少量扁平	几乎没有
水样蛋白	量少	量普通	量多

二、光照鉴定

采用光照法鉴别蛋的内容物，可以弥补肉眼鉴定之不足。采用光照鉴定法应是在空气畅通、干燥而清洁的暗室中利用灯光进行。照蛋用的工具俗称照蛋器。

新鲜的蛋以光照透视时，蛋白近于无色或为极微的浅红色，成胶状液包围于蛋黄的四周。这时只能略略看到蛋黄在整个蛋内成为一团朦胧的暗影。如果转动手内的蛋，蛋黄也随之转动。系带位于蛋黄的两端，在光照下呈浅色的条带，这是因为系带本身在蛋内是一种白色的带状物。胚盘位于蛋黄的上面，照视最新鲜的蛋时看不清楚胚盘，或者微显出一个斑点。

照视陈腐不新鲜的蛋时，蛋黄黑暗并接近蛋壳，蛋黄膨胀，气室增大，或者蛋黄膜破裂，使蛋黄的一部分渗入蛋白内，或者蛋黄与蛋白全部相混，这种蛋在光照下其内容物呈一片混浊的状态。国外有的国家采用测定蛋黄系数大小的办法来鉴定蛋的鲜度。

我国鸡蛋产区分布甚广，次蛋名称繁多，为了便于分类，将各类次蛋依照外观和照蛋情况，分别说明如下：

（1）血圈蛋　血圈蛋是指受过精的鸡蛋，因受热而胚盘发育，出现鲜红色小血圈。

（2）血筋蛋（血丝蛋）　血筋蛋是指血圈蛋继续发育扩大而成的蛋，在灯光下透视蛋黄有阴影，气室较大。

（3）血环蛋　受过精的鸡蛋，因受热时间较久，蛋壳发暗，手摸有光滑的感觉，在灯光下透视蛋黄上有黑影，将蛋打开后，蛋黄边缘有血丝，蛋白稀薄，这样的蛋为血环蛋。

（4）孵化蛋（三照蛋、毛蛋、喜蛋）　受过精的鸡蛋经孵化后胚胎发育，壳的颜色呈暗黑色，透视时胚盘呈黑影，将蛋打开后，鸡胚已形成增大，这样的蛋称为孵化蛋。

（5）散黄蛋　鸡蛋贮存过久或受热、受潮后，蛋白变稀，水分渗入使蛋黄膨胀，蛋黄膜破裂，透视时蛋黄散如云状，打开后黄白全部相混，这样的蛋称为散黄蛋。

（6）泻黄蛋　泻黄是由于蛋内微生物作用或化学变化所致。透视时蛋黄与蛋白混杂不分，全呈暗黄色，将蛋打开后蛋黄、蛋白全部变稀且混浊，并带有难闻的气味。

（7）粘壳蛋（贴皮蛋、卷壳蛋、靠黄蛋、顶壳蛋）　鸡蛋经贮存未曾翻动或受潮，蛋白变稀，蛋白相对密度大于蛋黄，使蛋黄上浮，贴于蛋壳上。透视时气室大、粘壳程度轻者，粘壳处带红色，称红粘壳蛋。粘壳程度重者，粘壳处带黑色，称黑粘壳蛋。黑色面积占整个面积1/2以上者，视为重度黑粘壳蛋。黑色面积占整个蛋黄面积1/2以下者，视为轻度黑粘壳蛋。除粘壳外，粘壳蛋蛋黄、蛋白界限分明，无变质、发臭现象。

（8）黑腐蛋（臭蛋、老黑蛋、坏蛋）黑腐蛋是严重变质的蛋，蛋壳呈乌灰色，甚至可因内部硫化氢气体膨胀而使蛋壳破裂。透视时蛋不透光且呈灰黑色，打开后蛋内部的混合物呈灰绿色或暗黄色，并带有恶臭味。

（9）霉蛋　鲜蛋受潮或雨淋后生霉，仅蛋外发霉，内部正常者称为壳外霉蛋。壳外和壳膜内部有霉点，蛋液内无霉点和霉气味，品质无变化者，视为轻度霉蛋。表面有霉点，透视时内部也有黑点，打开后壳膜及蛋液内均有霉点也带有霉气味者，视为重度霉蛋。

（10）虫蛋　虫蛋为有寄生虫的蛋，打开后，蛋白内带有小虫体。有血块者不属虫蛋。

（11）流清蛋（破损蛋、流汤蛋）　流清蛋是指蛋壳受外界力量而破碎，蛋黄流出。破口直径不小于1cm者，视为小口流清蛋。

（12）硌窝蛋（瘪头蛋、瘪嘴蛋、乙头蛋）　硌窝蛋是指受挤压使蛋壳局部破裂凹下成嘴状而蛋膜未破、蛋清不外流的蛋。

（13）裂纹蛋（哑板蛋、哑子蛋）　裂纹蛋是指受压、碰撞，蛋壳裂出长条破缝，将蛋握在手中相碰发出哑板声音的蛋。

任务实训二　鲜蛋的冷藏

一、实训目的

通过鲜蛋的冷藏实训使学生了解鲜蛋在冷藏间的码垛方法；掌握进行鲜蛋保鲜处理的技能。

二、实训内容与要求

实训内容与要求见表 2-3。

表 2-3　实训内容与要求

实训内容	实训要求
原料选择	剔除霉蛋、散黄蛋、破壳蛋
变温	冷却间的温度比蛋体温度低 2~3℃，每隔 2h 降低 1℃，经过 24h，蛋体温度降到 1~3℃
码垛	垛与垛相距 0.25m；箱与箱相距 0.05m；垛与墙相距 0.3m

三、主要材料与设备

新鲜鸡蛋、冷藏库、冰箱、手电筒、自制保鲜袋等。

四、实训过程

1. 原料的选择与整理

严格对鲜蛋进行挑选，剔除霉蛋、散黄蛋和破壳蛋等对长期保藏有影响的次劣蛋。鲜蛋用纸箱包装，要求纸箱坚固、干燥、清洁、无异味、不吸潮，包装好的鲜蛋内外通风。

2. 冷却

冷却间的温度比蛋体温度低 2~3℃，每隔 2h 降低 1℃，相对湿度为 75%~85%，空气流速为 0.3~0.5m/s，经过 24h，蛋体温度降到 1~3℃，此时结束冷却。

3. 冷藏

冷藏库温度为-2.5~-1.5℃，相对湿度为 85%~90%。

五、注意事项

1）库房要经消毒处理。
2）码垛要求：垛与垛相距 0.25m；箱与箱相距 0.05m；垛与墙相距 0.3m。
3）按时换入新气体。

学习任务三　肉的冷却冷藏技术

重点及难点

重点： 肉冷却条件的选择；肉的二阶段冷却工艺；肉在冷藏过程中的质量变化。
难点： 肉冷却条件的选择；肉的二阶段冷却工艺。

一、肉的冷却技术

1. 冷却的目的

牲畜刚屠宰完毕时，体内热量依然存在，故肉体温度保持在 38~39℃。由于肉体内新陈代谢作用大部分仍在进行，并产生一定热量，所以肉体内温度还略有升高。肉体较高的温度和湿润的表面最适宜微生物生长和繁殖。因此，屠宰后肉体内的热量必须迅速排出，快速使肉体的温度降到 0~4℃。

肉类冷却的目的：①可以抑制微生物生长繁殖；②使肉体表面形成一层完整而紧密的干燥膜，这样可以阻止微生物的入侵；③可以减缓肉体内的水分蒸发，延长肉的贮存时间，冷却后的肉一般可以保存 1~2 周。

肉在冷却的同时，也在进行着成熟过程。肉体从原来的弱碱性变为弱酸性，完成成熟过程的肉，肉质嫩而多汁，持水性增强，煮熟后容易咀嚼，肉的风味得到了改善，具有香味和鲜味。

此外，冷却也是冻结的准备过程。整胴体或半胴体的冻结，由于肉层厚度较厚，若用一次冻结（即不经过冷却，直接冻结），常是表面迅速冻结，而内层的热量不易散发，从而使肉的深层产生“变黑”等不良现象，影响成品质量；通过冷却排酸，可延缓脂肪和肌红蛋白的氧化，使肉保持鲜红色泽。

2. 冷却条件

（1）冷却温度　冷却温度的确定主要是从利于抑制微生物生长繁殖的角度来考虑的。肉品上存在的微生物一般有细菌、病原菌和腐败菌三大类。当环境温度降至 3℃时，主要的病原菌如沙门氏菌、金黄色葡萄球菌等均停止生长。将胴体保存在 0~4℃环境中，可以抑制大部分病原菌的生长，保证肉品的质量与安全；若环境温度超过 7℃，病原菌和腐败菌的生长繁殖机会将大大增加，因此将肉类的冷却温度确定为 0~4℃。近十年来，肉类加工逐步实现了现代化，且随着质量卫生意识的加强，肉品的卫生状况日益改善，从节能角度考虑，国际上已将冷却肉的上限温度从 4℃提高到了 7℃。

（2）空气湿度　湿度不仅是影响微生物生长繁殖的因素，而且是决定冷却肉干耗大小的主要因素。在整个冷却过程中，冷却初期冷却介质和肉体之间的温差较大，冷却速度快，表面水分蒸发量在初期的 1/4 时间内占总干耗量的 50%以上。因此，在肉体冷却过程中可将空气的相对湿度大致分为两个阶段：第一冷却阶段（6~8h，约占总冷却时间的 1/4），空气的相对湿度维持在 95%~98%，以尽量减少水分蒸发，由于此阶段时间较短，微生物不会大量繁殖；第二阶段（约占总冷却时间的 3/4），空气的相对湿度维持在 90%~95%，在冷却将要结束时，维持空气的相对湿度在 90%左右。这样既能使肉体表面尽快形成干燥膜，又不会过分干燥。

（3）空气流速　为了提高冷却速度，可增大空气流速，但过高的空气流速也会大大增加肉体表面的水分蒸发及电能消耗。因此，在冷却过程中空气流速以不超过 2m/s 为宜，一般采用 0.5m/s。

3. 冷却的方法与设备

肉体的冷却工艺有一次冷却工艺、二阶段冷却工艺和超高速冷却法。

（1）一次冷却工艺　我国的肉类加工企业普遍采用一次冷却工艺。为了缩短冷却时间，在装鲜肉之前，应将冷却间内的空气温度预先降到-3~-1℃。在大批鲜肉入库的同时，开启干式冷风机，进行供液降温。由于肉体中热量的散发，会使冷却间的空气温度上升，温度升幅不超过 3~4℃。在经过 10h 后，室内温度应稳定在 0~1℃，波动幅度不能太大。

在冷却开始时，相对湿度一般在 95%~98%，随着肉体温度下降和肉体中水分蒸发强度的减弱，相对湿度逐渐降低至90%~92%。冷却间内相对湿度的高低直接影响着肉体的冷加工质量，湿度过高，促进微生物生长繁殖；湿度过低，肉体水分蒸发过多而引起质量下降。

在一定的空气温度和流速下，肉体的冷却时间主要取决于肉体的肥瘦、肉块的厚薄及肉体的表面积大小。猪1/2胴体肉冷却时间一般为24h，牛1/2胴体肉的冷却时间一般为48~72h，羊整腔的冷却时间一般为10~12h，肉体最厚部位（一般指后腿）中心温度降至0~4℃即可结束冷却过程。国际上有些国家要求经屠宰加工后的肉胴体应在1h之内进行冷却，山羊肉和羔羊肉应当在12h内将肉体中心温度冷却至7℃，猪肉、牛肉和小牛肉应当在15~20h内将肉体中心温度冷却到10~15℃。当胴体最厚部位中心温度冷却到低于7℃时，即认为冷却完成。

空气的温度和流速影响着冷却速度和冷却期的食品干耗。在冷却间内肉片之间的空气流速一般为0.5~1.5m/s，其干耗量平均为1.3%。如果将热肉送入-5~-3℃、空气流速为1~2m/s的冷却间内进行冷却，则肉的冷却干耗比在-1℃的冷却间冷却24h要减少15%。

（2）二阶段冷却工艺　在国际上，随着冷却肉消费量的不断增大，各国对肉类的冷却工艺方法均有深入研究，其重点是加快冷却速度和提高冷却肉质量等。其中较为广泛采用的是丹麦和欧洲其他一些国家提出的二阶段冷却工艺，其特点是采用较低的温度和较高的空气流速进行冷却。

二阶段冷却工艺的第一阶段，将畜肉在快速冷却隧道或在冷却间内进行冷却，空气温度降得较低，一般为-15~-10℃，空气流速一般为1.5~2.5m/s，经过2~4h，胴体表面温度在较短的时间内接近冰点，迅速形成干膜，而后腿中心温度还在16~25℃。第二阶段，将冷却间的温度逐步升高至0~2℃，以防止肉体表面冻结，直到肉体表面温度与中心温度达到平衡，一般为2~4℃，冷却间内的空气流速同时随着温度的升高而慢下来。

二阶段冷却工艺的主要优点是：质量优于普通方法，冷却后肉体外观良好，表面干燥，肉味较好，质量损失比普通方法减少40%~50%。对新鲜的猪肉和牛肉，欧洲一些国家的平均质量损失为1%。另外，此工艺提高了冷却间的生产能力，一般比传统的冷却方法提高1.5~2倍。

从经济角度来看，采用二阶段冷却工艺并不节省投资和操作费用，只是降低了肉类在冷却过程中的干耗，减少了细菌污染，并且二阶段冷却工艺会引起牛肉、羊肉冷收缩的问题，使肉体在进一步成熟时也不能充分软化，致使肉体硬化，汁液流失大。因此有的学者认为牛肉和羊肉宜采用慢速冷却或一般快速冷却工艺。但有的学者认为加工周转量较大和加工出口牛肉和羊肉时，也可采用二阶段冷却工艺。

（3）超高速冷却法　超高速冷却法是将库温降至-30℃，空气流速为1m/s，或者将库温降至-25~-20℃，空气流速为5~8m/s，大约4h就可完成冷却。此法能缩短肉类冷加工的时间，减少干耗，缩短吊轨的长度，减小冷却间的面积。

牛屠宰的机器拉皮

二、肉的冷藏技术

1. 冷却肉的冷藏

冷却肉的冷藏要在冷藏间进行，冷藏间基本都采取风冷的形式，分割肉按照不同部位进行真空小包装后放入托盘，然后放入冷藏间的货架进行冷藏，也可以直接用肉钩吊挂在货架上进行冷藏。

冷却肉贮存时应按标示要求，置于-1~4℃的冷藏库中，产品中心温度应保持在0~4℃，相对湿度应保持在85%~90%。相对湿度过高，不利于保证冷却肉贮存时的质量。如果冷藏库采用较低温度，其湿度可大些。贮藏冷却肉的冷藏库应保持清洁、整齐、通风，应防霉、除霉、定期除霜，并符合国家有关卫生要求，库内有防霉、防鼠、防虫设施，并定期消毒。贮存库不应放有碍卫生的物品；同一库内不得存放可能造成相互污染或串味的食品。贮存库内肉品码垛与墙壁的距离应不少于30cm，与地面距离应不少于10cm，与顶棚应保持一定距离，并分类、分批、分垛存放，标识清楚。

为了保证冷却肉在冷藏期间的质量，冷藏间的温度应保持稳定，冷藏间的空气循环要好，空气流速应采用微风速。一般冷藏间内的空气流速为0.05~0.1m/s，接近自然循环状态，以维持冷藏间内温度均匀即可，减少冷藏期间的干耗损失。

冷却肉的冷藏时间按肉体温度和冷藏条件来定。一般来说，在库温0℃左右、相对湿度为90%左右的条件下，猪胴体冷藏时间为10d左右。表2-4为冷却肉冷藏时有关的技术参数，表2-5为国际制冷学会推荐的冷却肉冷藏期限（在实际应用时应将此表所列时间缩短25%左右为好）。

表2-4　冷却肉冷藏时有关的技术参数

库内温度/℃	4	3	2	1	0
相对湿度（%）	72	76	82	87	92

表2-5　国际制冷学会推荐的冷却肉冷藏期限

肉的类别	温度/℃	贮藏期
牛　肉	-1.5~0	4~5周
仔牛肉	-1~0	1~3周
羊　肉	-1~1	1~2周
猪　肉	-1.5~0	1~2周
兔　肉	-1~0	5d
副产品（内脏）	-1~0	3d

2. 肉在冷藏过程中的质量变化

经冷却的肉，在冷却过程中开始成熟，其风味和嫩度等都比热鲜肉好。但由于冷却肉是在0℃条件下贮藏的，嗜冷性微生物仍能继续生长，肉中的酶仍在继续发挥作用，故肉的质量将发生一些变化。

（1）干耗　肉在冷却过程中，最初由于肉体内较高的热量和较多水分，致使水分蒸发得较多、干耗较大。随着温度的降低，肉体表面产生一层干燥膜后，水分蒸发相应减少。肉体的水分蒸发量取决于肉体表面积、肥度、冷却间的空气温度、空气流速、相对湿度、冷却时间等。

为减少干耗，可用植物油、动物油和鱼油制成乙酰化单甘油，用水稀释后喷到肉类表面形成一层保护膜，此法可以使冷却肉的冷却干耗减少60%，并且外观无变化，并能减缓脂肪氧化过程，延长贮藏时间。有条件的企业也可采用特制的湿白布将胴体套装起来，每次使用之后将湿白布清洗、消毒后再使用。

（2）成熟作用　肉类在僵直后的变化过程中，其本身的分解作用是在低温下缓慢进行的，即成熟作用。经过冷藏过程，肉体的成熟作用就完成了，此时肉质软化，味道变佳，香气增强，商品价值提高。但成熟后期，微生物繁殖旺盛，易使肉表面长毛、发黏。

（3）色泽变化　肉在冷却过程中，其表面颜色由紫红色变为亮红色，而后呈褐色，这主要是由于肉体表面水分蒸发，肉汁浓度增大，肌红蛋白形成氧合肌红蛋白所致。当肌红蛋白或氧合肌红蛋白强烈氧化时，生成氧化肌红蛋白。当氧化肌红蛋白的数量超过50%时，肉色变成褐色。

肌肉的颜色由于水分的蒸发和氧化而发暗。如果冷藏时间过长，会使肌红蛋白和血红素呈浅灰色，并使肉体表面发黏。

（4）寒冷收缩现象　采用二阶段冷却工艺易造成肉体产生寒冷收缩现象。当屠宰的肉进行二阶段冷却、肌肉的温度下降太快时，即肉的 pH $<$ 6.2、冷却间温度在-10℃以下时，肌肉会发生强烈的冷收缩现象，致使肌肉变硬。变硬的肉在进一步成熟时也不能充分软化，加热处理后也是硬的。这主要是由于肌肉组织细胞中酶的活性在一定范围内是随着温度的下降而逐渐增强的，当温度在-10℃以下快速冷却时，在酶的作用下，加速了 ATP 的水解，加大了肌肉的收缩。其中牛肉、羊肉易产生寒冷收缩现象，可采用电激方法来防止牛肉、羊肉的寒冷收缩。而对于猪肉来说，不易产生寒冷收缩现象，主要由于其脂肪层较厚、导热性差，pH 比牛肉、羊肉下降快。

（5）肉体内部骨头的腐败　由于肉冷却不充分，中心温度高，又加上断面的血管被细菌侵入并在肉体内大量繁殖，如果冷藏时间过长，极易在肉体内部（股骨和肩胛骨及腰骨周围部分）发生腐败变质，产生臭味，肌肉呈灰白色或黑紫色，呈碱性，但肉的外观有时无异常现象。为此，应特别注意肉在冷却与冷藏期间的质量，冷藏时间不宜过长。

试一试

把买回来的肉，或者吃不完的肉放冰箱里贮存起来是再平常不过的事了，但是就是这极其平常的储肉方式也有讲究，不知道你是否知道冰箱里存肉的这些注意事项：

1）根据吃肉的时间来选择贮存的位置。近期内吃的肉，放在冰箱的冷藏室；长期贮藏的，最好放入冰箱的冷冻室。

2）鲜肉分块，拿取方便。买回来的新鲜肉，先把肉分成小块，分别装入保鲜袋，再放入冰箱。

3）需要冷冻的肉要速冻。采取速冻，可以最大限度地保留肉的原汁原味。

4）冰箱温度不宜过低。一般而言，冷藏室温度不要低于4℃，冷冻室温度不要低于-17.5℃。

5）冰箱里的肉类存放时间不宜超过3个月。肉类即使在冰箱里贮存也会随着时间的加长，产生一些酶、菌和亚硝胺等，这些物质对人的身体都是有害的，有的甚至可能致癌。一般而言，肉贮存在冰箱中最多不要超过 3 个月，否则危害极大。

6）冰箱食物要分类，并且保持冰箱通风。同样是肉类，放在冰箱里也要讲究科学地摆放，保持冰箱的通风，更要防止细菌的滋生，所以要坚持“熟食在上，生食在下”的原则，并且最好都用保鲜袋装起来，以免生食中的细菌侵入熟食中，导致串味。

知识拓展

动物死后的变化

动物死亡后体内继续进行着的生命活动作用，包括一系列的生物化学变化和物理化学变化。这些变化主要有死后僵直、解僵成熟、自溶和腐败四个阶段。

一、肉的僵直

刚屠宰的牲畜，其肌肉呈中性或弱碱性，pH 为 7.0~7.2，并且是松弛的、柔软的和可伸展的，并具有最大的含水量和保水能力。经过一定时间，肌肉即会变得僵硬和收缩，肉的咀嚼感变得比较硬并缺乏汁液，失去肉的风味，这种现象称为肉的僵直。

动物被屠宰以后，由于血液和氧的供应停止，糖原不能像有氧时那样被氧化成二氧化碳和水，而是通过糖酵解使糖原分解成乳酸，致使肉的 pH 下降。在正常有氧的条件下，每个葡萄糖单位可氧化生成 36 个或 38 个 ATP，而在无氧条件下只能生成 2 个 ATP，因而供给肌肉的 ATP 急剧减少。由于肌肉中的 ATP 减少，肌纤维的肌质网体崩溃，使内部保存的钙离子释放出来，导致肌球蛋白纤维粗丝和肌动蛋白纤维细丝结合形成肌动球蛋白，同时肉中的 ATP 在不断减少，使肌肉收缩，并且是不可逆的，这就是死后僵直的原因。肌肉僵直出现的迟早和持续时间的长短与动物种类、年龄、环境温度、牲畜生前生活状态和屠宰方法有关。

二、肉的成熟

肌肉僵直达到顶点之后继续保持一定时间，则粗糙的肉又变得比较柔软嫩化，具有弹性，切面富含水分，有令人愉快的香气和滋味，易于煮烂和咀嚼，而且风味也有极大的改善。肉的这种变化过程称为肉的成熟。

肉在供食用之前，原则上都需要经过成熟过程来改善其品质，特别是牛肉和羊肉，成熟对提高其风味是完全必要的。肉的成熟机理主要存在钙离子学说和酶学说。由于钙离子从肌质网中释放，造成肌原纤维断裂，肌动蛋白和肌球蛋白结合变弱，网状蛋白由不溶变为可溶；由于酶的存在，也使蛋白质分解，这就是肉成熟的原因。

肉的成熟与温度有关，温度高则成熟快，容易造成微生物的生长。家畜从屠宰后的僵直开始到成熟结束的时间越长，肉保持新鲜的时间也越长。延长肉的僵直阶段的持续时间，是肉类保鲜的关键。因此，在家畜屠宰之后，应尽快采取降温措施，迅速冷却，以延长其肉的僵直阶段。

三、肉的自溶

肉在自溶过程中虽有种种变化，但主要是蛋白质的分解，除产生多种氨基酸外，还会放出硫化氢与硫醇等有不良气味的挥发性物质，但一般没有氨或氨含量极少。当放出的硫化氢与血红蛋白结合，形成含硫血红蛋白时，能使肌肉和肥膘出现不同程度的暗绿色斑，故肉的自溶也称变黑。

自溶不同于腐败，自溶过程只分解蛋白质至可溶性氮与氨基酸为止。自溶是承接或伴随着成熟过程进行的，两者之间很难划出界线，同样，自溶和腐败之间也无绝对界线。自溶过程的产物——低分子氨基酸是腐败微生物的良好营养物质，在环境适宜时微生物就大量繁殖导致更严重的后果，可使蛋白质进一步分解到最低的产物。因此在肉成熟时微生物的繁殖是非常有害的，此时保持肉的清洁十分必要。

四、肉的腐败

肉类因受外界因素作用而产生大量的人体所不需要的物质时，称为肉的腐败，包括蛋白质的腐败、脂肪的酸败和糖的发酵等作用。

肉在成熟和自溶阶段的分解产物为腐败微生物的生长、繁殖提供了良好的营养物质，随着时间的推移，微生物大量繁殖的结果，必然导致肉更加旺盛和复杂的分解过程。此时，蛋白质不仅被分解成氨基酸，而且由于氨基酸的脱氨、脱羧、分解作用，被分解成更低的产物，如引哚、甲基引哚、酚、腐胺、尸胺、酪胺、组胺和色胺等及各种含氮的酸和脂肪酸类，最后生成硫化氢、甲烷、硫醇、氨及二氧化碳等，这就是由微生物作用所引起的腐败过程。腐败过程被认为是变质中最严重的形式。

肉类腐败的速度取决于温度的高低、宰前家畜的健康状况和屠宰场的卫生条件等。肉类腐败的原因虽然不是单一的，但主要是微生物造成的。因此，只有被微生物污染，并且有微生物发育繁殖的条件，腐败才能进行。

综上所述，肉从死后僵直开始到成熟结束的时间越长，肉保持新鲜的时间越长。所以，延长死后僵直阶段的持续时间，是肉类保鲜的关键，对保持肉的质量具有重要的意义。因此家畜宰杀后，应尽快采取降温措施，迅速冷却、冻结，以延长其僵直阶段。

学习任务四　禽肉的冷却冷藏技术

重点及难点

重点：禽肉的冷却工艺；禽肉的贮藏。

难点：禽肉的水冷工艺。

一、禽肉的冷却技术

冷却是禽肉生产加工工艺中非常重要的环节。目前，禽胴体预冷方式主要有风冷和水冷两种。风冷主要在欧美国家使用，我国的禽胴体预冷主要采用水冷方式。

近几年新建的屠宰厂大多采用螺旋预冷机，虽然运行成本略高于早期的池式预冷，但便于控制微生物，有利于保证禽肉的品质，预冷时间也应保证在35~40min。无论采用何种方式，都应分成至少两个阶段进行预冷。第一阶段水温可以稍高些，在水中加次氯酸钠消毒液；第二阶段水温应保持在0~4℃，这样才能使预冷后的禽胴体温度不高于7℃。采用螺旋预冷机必须配备制冰机或专用的制冷池。

1. 水冷工艺

以肉鸡为例，肉鸭和肉鹅与此一致。一般采用螺旋推进方式预冷，分前、中、后三道工序。前池温度小于或等于18℃，中池温度小于或等于10℃，后池温度为0~4℃；前池和中池中次氯酸钠的浓度为50~100mg/kg或二氧化氯的浓度为5~10mg/kg，后池不添加次氯酸钠或二氧化氯；预冷总时间在40min以上。

若工厂只有前池和后池两道，前池温度应小于或等于10℃，后池温度为0~4℃；前池中次氯酸钠的浓度为50~100mg/kg或二氧化氯的浓度为5~10mg/kg，后池不添加次氯酸钠或二氧化氯；预冷总时间在40min以上；预冷后胴体中心温度小于或等于7℃。图2-7所示为三阶预冷池设备。

图2-7 三阶预冷池设备

水冷由于具有占地成本和经济成本低、冷却速率高的特点，在国内外肉禽屠宰企业中得到了广泛应用。然而在实际生产中，预冷水的反复利用，会导致其中微生物的数量逐渐增加，进而降低预冷水的胴体清洗效果。

2. 风冷工艺

风冷是一种节约水资源的冷却方法，即将悬挂于钩环上的胴体通过有冷空气循环的大房间1~3h。禽肉可放于架台上冷却，但更有效和常用的方法是将胴体悬挂于钩环上。在风冷过程中，为了加快冷却并防止水分流失，胴体在进入冷却机时暴露在极冷的空气（-8~-6℃）中，而出口处的温度为-4~-1℃。在极冷的空气中会促使冰层的形成，在冷却过程中能够阻止水分的流失。同时，也可在胴体表面喷洒水，当水蒸发时能够吸收热量，促使胴体冷却，提高热交换速度。对湿度的控制也能最大限度地提高空气从胴体中吸收热量和蒸发胴体表面水分的能力，从而达到蒸发冷却的目的。

总之，水冷和风冷这两个冷却系统对禽肉胴体中的微生物状况具有不同的影响。水冷能够将胴体表面的微生物清洗掉，因此胴体中的微生物数量较低。但是在水冷过程中，胴体与胴体之间通过水的广泛接触，病原体（包括细菌）在胴体之间通过水冷介质传播的潜在风险比采用风冷时大得多，因为风冷中胴体之间相对较独立。水冷时有较大的病原体污染风险，这是导致国家之间贸易壁垒的一个主要原因。另外，氯的使用（如冷却机中的水）是另一个影响产品贸易的主要因素。在美国，氯常被用作抑菌物质，但在许多欧洲国家氯是禁止使用的。

二、禽肉的贮藏技术

1. 禽肉包装

禽肉包装方式的选择对禽肉产品的货架期和产品品质具有决定性影响。用于禽肉产品的包装方式主要有真空包装、气调包装、托盘包装和热缩包装。在选择禽肉产品的包装方式之前，首先需要对包装材料进行选择，包装材料是影响禽肉产品货架期的重要因素。

（1）包装材料　根据食品保鲜特点，包装材料对透气性的要求可分为两类：一类为高阻隔性包装材料，可减少包装容器内的含氧量和混合气体各组分浓度的变化；另一类是透气性包装材料，用于生鲜果蔬充气包装时维持其低的呼吸速度。不同包装方式对包装材料的透湿性能要求是相同的，对水蒸气的阻隔性越好越有利于食品的保鲜。表 2-6 为常用塑料薄膜对氮气、氧气、二氧化碳和水蒸气的渗透性。

表 2-6　常用塑料薄膜对一些气体和水蒸气的渗透性

材　料	渗透性［mL/(m² · MPa · d)］			
	氮气（30℃）	氧气（30℃）	二氧化碳（30℃）	水蒸气（25℃，相对湿度 90%）
聚偏二氯乙烯	0.07	0.35	1.9	94
多氯代三氟乙酰丙酮	0.20	0.66	4.8	19
聚苯乙烯聚（酯薄膜 A）	0.33	1.47	10	8700
聚酰胺（尼龙 6）	0.67	2.5	10	47000
非塑化聚氯乙烯	2.7	8.0	6.7	10000
醋酸纤维素	19	52	450	500000
聚乙烯 PE（相对密度 d 为 0.95~0.96）	18	71	230	860
聚乙烯 PE（d 为 0.92）	120	360	2300	5300
聚苯乙烯	19	73	590	80000
聚丙烯	—	150	610	4500

（2）真空包装　真空包装的特点、要求和存在问题如下：

1）真空包装的特点。食品真空包装是把食品装入气密性包装容器，在密闭之前抽真空使密封后的容器内达到预定真空度的一种包装方法。常用的真空包装容器有金属罐、玻璃瓶、塑料及复合薄膜等软包装容器。

2）对真空包装材料的要求如下：

① 阻气性：主要目的是防止大气中的氧重新进入真空包装袋内，避免需氧菌生长。聚乙烯、乙烯—乙烯醇共聚物都有较好的阻气性，若对阻气性要求非常严格，可加一层层铝箔。

② 水蒸气阻隔性：应能防止产品水分蒸发，最常用的材料有聚乙烯、聚苯乙烯、聚丙乙烯、聚偏二氯乙烯等薄膜。

③ 香味阻隔性：应能保持产品本身的香味，并能防止外部的一些不良气味渗透到包装中，聚酰胺和聚乙烯混合材料一般可满足这方面的要求。

④ 遮光性：光线会促使肉品氧化，影响肉的色泽。只要产品不直接暴露于阳光下，通常用没有遮光性的透明膜即可。按照遮光效能递增的顺序，采用的方法有印刷、着色、涂聚偏二氯乙烯、上金、加一层铝箔等。

⑤ 力学性能：包装材料最重要的力学性能是具有防撕裂和防封口破损的能力。

3）真空包装存在的问题。真空包装虽能抑制大部分需氧菌生长，但即使氧气含量降到 0.8%，仍无法抑制好气性假单胞菌的生长。冷冻真空包装肉在低温下冷藏可减少微生物污染，但却没有使微生物的生长停止。和鲜肉包装一样，在产品制备过程中同样存在污染的危险。如果预包装肉在消费前较长时间处于冰点以上温度，细菌则能够在肉中繁殖。

另外，真空包装易造成产品变形和肉汁渗出，感官品质下降，失重明显。国外采用特殊加工的吸水垫吸附渗出的肉汁，可使感官品质得到改善。

（3）托盘包装　托盘包装是指以托盘为承载物，将包装件或产品堆码在托盘上，通过捆扎、裹包或胶粘等方法固定的一种包装方式。

在鲜肉零售进行托盘包装之前，生鲜禽肉通常给人湿黏、有异味、不易贮藏保存的印象。使用PE袋全禽包装和PVC托盘分割禽肉包装后，大大减少了在运送和零售贩卖时造成的二次污染，确实有效地改善了零售生鲜禽肉的卫生条件，这使得包装生鲜禽肉在市场上备受欢迎。虽然托盘包装经济实用、操作方便，是最普遍的冷却禽肉包装方式，但其货架期较短。PE袋全禽包装和PVC托盘分割禽肉包装只有在严格的全程温度控管和小心运送过程下，才能勉强维持其外观和质量，并不能满足零售市场的需要，因为这种包装形式很容易由于一时控管不周而产生消费者及零售商都无法接受的血水外漏现象，保存期也相对较短。

（4）气调包装　气调包装是用阻气性材料将肉类食品密封于一个改变了的气体环境中，从而抑制腐败微生物的生长繁殖及生化活性，达到延长货架期的目的。气调包装既能有效地保全包装食品的质量，又能解决真空包装的不足，使内外压力趋于平衡而保护内装食品，并使其保持包装美观。

肉品气调包装中常用的气体主要为氧气、二氧化碳和氮气。此外，人们还研究了一氧化碳、二氧化碳和氩在气调包装中的应用，但都因为一些性质的限制，还只是处于研究阶段，并未得到真正的应用。

在应用气调包装技术时，根据被包装食品的性能特点，可选用单一气体或上述三种不同气体组成的理想气体充入包装内，以达到理想的保质效果。一般情况下，氮气的稳定性最好，可单独用于食品的气调包装而保持食品的色、香、味；对于那些有一定水分活度、易发生霉变等生物性变质的食品，一般用二氧化碳和氮气的混合气体充填包装；对于有一定保鲜要求的生鲜食品，则需用一定氧气浓度的理想混合气体充填包装。对于同一种薄膜，三种气体的透过比例为氮气∶氧气∶二氧化碳=1∶3∶（15~30），可见氮气是食品气调包装的一种理想气体。

用作充气包装的塑料薄膜，一般要求对氮气、氧气和二氧化碳均有较好的阻透性，常选用以聚对苯二甲酸乙二酯（PET）、聚酰胺树脂（PA）、聚偏二氯乙烯（PVDC）、乙烯—醋酸乙烯共聚物（EVA）等为基材的复合包装薄膜。风味食品也要求包装具备避光及展示效果，常选用以铝箔为基材的复合包装材料。

各种包装材料对气体的渗透速度与环境温度有着密切关系，一般随着温度升高其透气速度也随着加快。气调包装的食品宜在低温下贮存，若在较高温度下贮存，会因透气速度加快而使食品在短期内变质。对生鲜食品或包装后不再加热杀菌的加工食品，应在低温下贮藏和运输。

热封时要注意在包装材料内面的封口部位不要沾有油脂和蛋白质等残留物，确保封口质量。严格控制包装产品的杀菌温度和时间，避免加热过度造成内压升高，致使包装材料破裂和封口部分剥离，或者由于加温不足而达不到杀菌效果。

2. 禽肉贮藏

冷却禽肉主要是在低温条件下贮藏，这样可以抑制微生物的生命活动和酶的活性，抑制脂肪氧化的进程，从而达到贮藏保鲜的目的；低温能保持肉的颜色和状态，简单易行，且冷藏量大，安全卫生。

（1）低温冷藏　冷藏通常是指在0~4℃条件下贮藏，无冻结过程，通常温度降至微生物和酶活力较小的范围。低温可以降低禽肉制品中微生物的繁殖速度，抑制酶的活性（动物性食品），并降低呼吸作用（植物性食品），同时能延缓食品内部组织的生物化学变化。通常低温下保存的禽肉中水会凝结成冰，从而使其保水能力大大增强。低温贮藏对禽肉制品的质量影响很小，工艺已趋成熟，使用面很广。

（2）冰温贮藏　冰温保鲜技术也是近年来低温保鲜的研究热点，即在0℃与食品冻结点之间的温度带内贮藏食品，是相对于常温、冷冻品而言的一种生产加工工艺。

冰温贮藏的机制是：①将食品的贮藏温度控制在冰温带范围内，维持其细胞组织的活体状态；②当食品自身冰点较高时，加入适宜的冰点调节剂使其冰点降低，扩大其冰温带进行贮藏。研究者一致认为冰温保鲜技术是继冷藏和冻藏之后的第三代保鲜技术，是农产品贮藏保鲜技术上的一次革命。冰温保鲜技术并非指水的冰点温度，不同食品的冰点温度不同，因而冰温带也各有差异。所以，若对某种食品进行冰温贮藏，必须研究其合适的“冰温带”及必要的冰温调节技术，只是这样才能进行冰温贮藏，否则所贮藏产品的贮藏品质将不能反映真正的技术价值。

经验总结

冷藏禽肉新鲜度的辨别

经过冷藏的禽肉非常不容易看出其新鲜程度，在鉴别时应注意观察以下几个部位：

1）皮。新鲜的表皮比较干燥，并且是浅黄色或白色的，具有特有的气味；不新鲜的表皮发湿，呈浅灰色或灰黄色，并且有轻度异味；非常不新鲜的表皮特别潮湿，呈暗灰黄色，有的部位带浅绿色，并有发霉味或腐败味。

2）嘴部。新鲜的禽肉，嘴部有光泽，干燥，有的地方有弹性，无异味；不新鲜的禽肉，嘴部失去光泽，无弹性，有异味；非常不新鲜的禽肉，嘴部暗淡，角质软化，口角有黏液，并有腐败的气味。

3）眼部。新鲜的禽肉眼球充满眼窝，角膜有光泽；不新鲜的禽肉眼球部分稍微下陷，角膜无光；特别不新鲜的禽肉眼球全部下陷，角膜暗淡并有黏液。

知识拓展

禽肉的热缩包装和抗菌包装

一、热缩包装

热缩包装是用热收缩塑料薄膜裹包产品或包装件，然后加热至一定的温度使薄膜自行收缩紧贴裹住产品或包装件的一种包装方法。目前，热缩包装技术已在食品包装上被广泛使用，成为很有发展前途的食品包装技术。

1. 热缩包装的形式

按包装后包装体的形态特点，热缩包装分为三种类型。

（1）两端开放式的套筒热缩包装　将包装件放入管状收缩膜或用对折薄膜搭接热封成套筒状，套筒膜两端比包装件长出30~50mm，收缩后包装件两端留有一个圆形小孔。

（2）一端开放式的罩盖式热缩包装　用收缩膜覆盖在装有食品的盒或托盘容器口上，其边缘比容器口部边缘长出20~50mm，经加热收缩，紧紧地包裹容器口部边缘。

（3）全封闭式热缩包装　全封闭式热缩包装可满足包装品的密封、真空和防潮等要求。

2. 热缩包装材料的主要性能要求

（1）热缩薄膜的收缩性能　反映热缩薄膜在加热时各方面尺寸收缩能力的一种特性，一般用收缩率、总收缩率和定向比为指标来表示。

（2）热缩薄膜的收缩温度　热缩薄膜在一定温度范围内才发生收缩，在此范围内其收缩率将随温度升高而增大。收缩温度在一定程度上决定了热缩薄膜的收缩力大小，如果收缩温度太高，薄膜开始的收缩力很大，但在包装存贮期间其收缩力会下降而导致包装松弛。一般当薄膜实际收缩率不超过其潜在收缩率的20%时，能有效防止热缩包装的松弛现象。

（3）热缩薄膜的热封性　热缩包装在加热收缩前，需要先对裹包薄膜搭接边进行热压封合，因此要求热缩薄膜具有良好的热封性，即低的热封温度和足够的热封强度。热缩薄膜的收缩性能、收缩温度范围及热封性主要取决于热缩薄膜的种类、制膜工艺及质量，而这些特性将影响热缩包装的效果和质量，所以应根据被包装物的特性、形体和包装要求正确选择热缩包装的形式。合理选择热缩薄膜是获得满意包装效果的重要保证。

二、抗菌包装

1. 抗菌包装的概念

抗菌包装是指能杀死或抑制食品腐败菌和致病菌的包装，通过在包装材料中增加抗菌剂或采用具有活性功能的抗菌聚合物，使包装材料具有抗菌功能，从而延长食品货架期或提高食品的微生物安全性。包装材料获得抗菌活性后，通过延长食品表面微生物的停滞期、降低微生物的生长速度或减少微生物成活数量来限制或阻止微生物生长。

2. 包装材料抗菌功能模式

在包装材料中增加抗菌剂或应用抗菌聚合材料达到抗菌功能，一般有释放、吸收和固定化三种模式。释放模式让抗菌剂迁移到食品中或包装空隙中来抑制微生物的生长；吸收模式是用抗菌剂从食品系统内去除微生物生长所必需的要素，从而抑制微生物生长；固定化模式并不释放抗菌剂，而是在接触面处抑制微生物生长。对固体食品来讲，抗菌包装盒与食品之间接触的机会较少，所以固定化模式对固体食品的抗菌效果可能不如对液体食品好。

3. 抗菌剂

目前广泛使用的抗菌剂有化学抗菌剂、生物抗菌剂和天然抗菌剂等，均可添加到包装系统中发挥抗菌作用。化学抗菌剂包括有机酸及其盐类（如苯甲酸盐、丙酸盐、山梨酸盐）、杀真菌剂（如苯菌灵）、乙醇等。有机酸及其盐类具有强抗菌活性，最为常用。杀真菌剂苯菌灵和抑霉唑已经被添加到塑料薄膜材料中，并证实其具有抗真菌活性。乙醇具有很强的抗菌和抗真菌活性，但是不能充分抑制酵母生长。

细菌素是一种细菌分泌的抗菌物（通常是多肽），对一些与产生菌亲缘相近的细菌有杀菌作用。乳酸链球菌素是最早被发现的细菌素之一，也是目前唯一可以安全使用的生物性食品防腐剂，能够有效抑制肉毒杆菌的过量繁殖和毒素的产生，现已被商品化开发利用。

一些合成或天然的聚合物也有抗菌活性，紫外线或激光照射能够刺激尼龙结构，使其产生抗菌活性，天然聚合物壳聚糖有抗菌活性，天然植物提取物如柚子籽、桂皮、山葵、丁香等已经被添加进包装系统，并表现出对腐败菌和致病菌有效的抗菌活性。尽管人们已经对抗菌性包装材料进行了大量的试验性研究，但能够商业应用的却非常少，这是因为抗菌剂在和高分子材料热融合挤压时会破坏抗菌活性。

气态抗菌剂能够蒸发而渗透进入内层非气态抗菌剂到达不了的空间。乙醇是一种气态抗菌剂，包装顶隙内的乙醇蒸气能够抑制霉菌和细菌生长（资料来源：徐幸莲主编的《冷却禽肉加工技术》）。

模块小结

果蔬是鲜活产品，组织柔嫩、含水量高、易腐烂变质、不耐贮运。为了延长果蔬的贮藏期限，可采用冷却贮藏和气调贮藏等方法。其中，气调贮藏是常用且效果较好的贮藏方法。

鲜蛋在贮存中，在微生物的作用下会腐败变质。鲜蛋在进行贮藏之前必须经过严格的挑选，入库冷却冷藏的蛋越新鲜，蛋壳越整洁，耐贮藏性越强。为了延长贮藏期，鲜蛋在冷藏前应先进行冷却处理。鲜蛋的冷却应在专用的冷却间进行，也可利用冷库的穿堂和过道等进行。

肉的贮藏方法很多，有物理贮藏和化学贮藏，其中低温贮藏方法是应用最广、效果最好的方法。

思考与练习

一、名词解释

1. 气调贮藏

2. 肉的干耗

二、填空题

1. 冷却保鲜是常用的肉制品保存方法之一，这种方法是将肉制品保藏在________，使肉制品在此温度下进行短期贮藏。

2. 鲜蛋在冷藏前应先进行________处理，然后才能进行低温冷藏，以延长贮藏期限。

3. 鲜蛋在冷藏期间，冷藏温度以低于________℃为好，这样有利于保持蛋的品质。但如果温度过低会使蛋内容物冻结而膨胀，使蛋壳冻裂而损伤。

4. 果蔬贮藏时，水分蒸发的量主要取决于________，尤其是________与蒸发作用关系很大。

5. 气调贮藏是在冷藏的基础上，把果蔬放在________库房内，同时改变贮藏环境中的气体成分的一种贮藏方法。

三、判断题

1. 经过长期低温贮藏的果蔬，骤遇高温色泽也会变暗。为了防止结露和保持原有品质，果蔬出库前应进行升温处理。 （ ）

2. 为了保证冷却肉在冷藏期间的质量，冷藏间的温度应保持稳定，冷藏间的空气循环要好，空气流速应采用微风速。 （ ）

3. 长期贮藏的果蔬应在产地进行冷却，果蔬在采收后越快冷却越好。 （ ）

四、选择题

1. 肉类冷却的短期贮藏保鲜的常用温度是（ ）。

A. −18℃以下　B. 0~4℃
C. 10~15℃　D. 45~30℃

2. 要将鲜猪肉保藏4~6个月，最好的贮藏方法是（ ）。

A. 真空包装贮藏　B. 辐射保藏法
C. −1~0℃的冷藏法　D. −23~−18℃的冻藏法

3. 果蔬入库前的第一步是（ ）。

A. 分级　B. 包装　C. 释放田间热　D. 清洗

4. 一般果蔬贮藏温度是（ ）。

A. 5℃　B. 0℃　C. 10℃　D. −5℃

5. 大多数水果适宜的相对湿度为（ ）。

A. 90%~95%　B. 70%~80%　C. 80%~85%　D. 85%~90%

6. 果蔬出库升温时，只有当果蔬温度上升到与外界气温相差（ ）时才能出库。

A. 4~5℃　B. 1~2℃　C. 0℃　D. 10℃以下

7. 气调贮藏的定义是调整食品环境气体成分的冷藏方法。它是由冷藏、减少环境中的（ ）、增加二氧化碳量所组成的综合贮藏方法。

A. 氦气　B. 氮气　C. 氧气　D. 氢气

8. 为了提高贮藏质量，减少果蔬在冷藏过程中的生理病害，在贮藏中对某些品种采用（ ）方法。

A. 恒温贮藏　B. 减压贮藏　C. 高温贮藏　D. 变温贮藏

五、简答题

1. 果蔬气调贮藏的特点有哪些?

2. 鲜蛋出库前的升温处理方法有哪些?

六、技能题

如何进行鲜蛋的质量鉴别?

模块二 食品冻结冷藏技术

学习目标

了解冷冻肉的概念。
了解冷冻肉的特点及加工方法。
了解水产品微冻保鲜方法。
掌握冷冻肉冻藏期间的质量变化。

学习任务一 肉的冻结冷藏与冷加工技术

重点及难点

重点：肉的冻结方法；冻结肉在冻藏过程中的质量变化。
难点：冷冻肉在冻藏过程中的质量控制。

一、肉的冻结与冻藏技术

冰结晶的成长

1. 冻结方法与设备

（1）肉类冻结的目的 将肉进行快速、深度冷冻，使肉中的大部分水冻结成冰，这种肉称为冷冻肉。冷冻肉比冷却肉更耐贮藏。因为肉类冷却的温度在冰点以上，在这样的温度和湿度条件下，微生物和酶的活动只能受到一定程度的抑制，并不能终止活动。但在实际的工业生产中往往需要肉保存更长的时间，如肉制品加工厂对于原料肉的贮存、肉类的进出口贸易及国内肉类的调节贮存和贸易等，都需要肉有一个较长的保质期。要达到这些目的就必须对肉进行冻结，使其温度降到冰点以下，将肉内的大部分水分冻结，以造成不利于微生物生长繁殖的条件，延缓肉内的各种生化反应，防止肉的品质下降，这就是肉类冻结的目的。

冷冻肉的营养会有所流失。从细菌学观点看，当肉被冷冻到-18℃以下后，大量细菌被冻死，或者其生长繁殖受到抑制，比较卫生、安全。但肉内水分在冻结过程中体积会增加9%左右，这样细胞壁就会被冻裂，在解冻时细胞中的汁液渗漏出来，造成营养随汁液渗出而流失，风味和营养明显下降。

（2）冻结速度 肉类冻结有缓慢冻结、中速冻结和快速冻结三种方式。缓慢冻结的冻结速度为0.1～1cm/h；中速冻结的冻结速度为1～5cm/h；快速冻结的冻结速度为

5～20cm/h。

对于大多数食品来讲，冻结速度为 2～5cm/h 即可保证冻结后品质的优良。实践证明，对于中等厚度的半片猪肉胴体，在 20h 内由 0～4℃冻结至-18℃，冻结质量是好的。从提高肉的冻结质量出发，冻结速度越快，肉体内冰结晶越小，分布越均匀，冰结晶对肉品质带来的不良影响越小，同时干耗损失也较小。

影响肉类冻结速度的因素主要是冻结间内的空气温度、流速、肉体在冻结过程中的初温和终温、肉片的厚薄及脂肪含量等。

（3）肉类冻结的工艺　肉类冻结的工艺通常分一次冻结工艺（也称直接冻结工艺）和二次冻结工艺（也称二阶段冻结工艺）两种。

1）一次冻结工艺。一次冻结工艺是指胴体或热分割产品经凉肉间滴干体表水分后，直接进入冻结间进行冻结的工艺。在肉类加工中，一次冻结工艺是一项比较新的工艺。过去由于受到出口冻肉技术条件的影响，要求肉体必须先经过 24h 的冷却后才能冻结。根据这些要求，必须建冷却间，生产周期长，束缚了生产力的发展。而新的一次冻结工艺不仅效率高，冻结质量也更好。热分割的产品在采用一次冻结工艺时，一般要对产品采用单块包装的形式，并用铁盒冻结，大包装产品尽可能不采用一次冻结工艺，以避免产品出现发闷、变质的现象。

2）二次冻结工艺。二次冻结工艺是指将加工整理后的胴体或热分割产品先在 0～4℃条件下冷却到 4℃以下，然后再送入冻结间进行冻结的方式。采用冷分割生产工艺加工的分割产品，由于分割前胴体的温度已经降到 4℃以下，因而分割后可以直接包装进入冻结间进行冻结。

在实际应用中，一次冻结工艺比较适合于胴体的冻结，二次冻结工艺比较适合分割产品及副产品的冻结。就目前我国的生产情况而言，冻白条肉几乎没有厂家生产，除部分热分割工厂采用一次冻结工艺对分割产品及副产品实行冻结外，大部分厂家，特别是新建的大型屠宰厂基本都采用二次冻结工艺进行产品的冻结。当然两种冻结工艺各有优缺点。表 3-1 给出了一次冻结工艺和二次冻结工艺的损耗对比。

表 3-1　一次冻结工艺与二次冻结工艺的损耗对比

项目	冻结干耗	8 个月冷藏干耗	18 个月冷藏干耗	总计
一次冻结工艺	1.66%	1.93%	2.97%	6.56%
二次冻结工艺 （其中冷却）	2.56% （1.74）	1.42%	2.61%	6.59%

采用一次冻结工艺时，由于胴体未经过成熟，是在死后僵直期时被冻结的，因而在解冻时就易发生解冻僵直，使肌肉发生收缩变形，汁液大量流失，对肉的品质造成不良影响，特别是在快速冷却时极易发生冷缩的牛肉和羊肉，更不能采用一次冻结工艺。对于分割产品和副产品而言，由于冻结时产品温度较高，包装和冻结不当极易导致产品发闷变质，尤其是在夏季气温较高时，这种情况更易发生，因而分割产品或副产品最好采用二次冻结工艺。

随着屠宰技术的发展和人们对肉品品质要求的提高，国内越来越多的工厂都采用冷分割工艺作为屠宰加工的生产工艺，因而一次冻结工艺在国内应用得越来越少。

（4）冻结设备　冻结设备如下：

1）吹风式冻结设备。这种冻结设备在肉类加工业中应用较为广泛，主要是在冻结间内装设落地式干式冷风机，也有采用吊顶式冷风机的。

2）半接触式冻结设备。这种冻结设备主要用于冻结经分割加工后的块状肉类和肉的副产品。一般在冻结间安装格架式蒸发器并配备相应的鼓风设备，也有采用平板冻结器的。

（5）胴体的冻结　胴体冻结间的温度一般要求在-28℃以下，经过 48 h 的冻结后，后腿中心温度可达到国家标准要求的-15℃以下。在冻结时为了减少水分的损失，可以在胴体进入冻结间之前，用特制的聚乙烯方体袋将胴体包裹起来。胴体肉的冻结一般采用不连续冻结，可以采用一次冻结工艺，也可以采用二次冻结工艺。一次冻结工艺与二次冻结工艺相比较，冻结时间缩短大约 50%，而且可以减少大量的搬运工作，从而节省人力。采用一次冻结工艺，除了猪肉不会产生冷收缩外，牛、羊胴体都容易产生冷收缩。

胴体冻结的时间是从肉开始降温到后腿中心温度达到要求温度所需要的时间。我国要求冻肉的中心温度不得高于-15℃，除了特殊的需求外，通常把后腿中心温度达到这一温度视为冻结过程的结束。胴体的冻结速度受胴体品种、冻结间的空气温度、空气流速等多种因素的影响。表 3-2 给出了 70~110kg 的牛半胴体后腿中心温度降低到-8℃时的冻结时间，猪半胴体和羊胴体的冻结时间分别为牛半胴体冻结时间的 80%和 60%。

表 3-2　70~110kg 的牛半胴体后腿中心温度降低到-8℃时的冻结时间　（单位：h）

冻结间空气温度/℃	热鲜肉		4℃冷鲜肉	
	空气自然对流	空气强制对流 $v \geq 0.8$m/s	空气自然对流	空气强制对流 $v \geq 0.8$m/s
-23	—	35	35	28
-26	32	27	26	22
-35	—	23	—	18

胴体的冻结通常在装有吊轨的吹风式冻结间内进行。牛 1/4 胴体、猪半胴体、小牛胴体、羊和羔羊胴体可用单钩或双钩吊挂进行冻结。胴体冻结间按照风机的布置方向可分为纵向吹风式冻结装置和横向吹风式冻结装置。采用纵向吹风的冻结间的空气流速通常为 2~3m/s，实际吹风的断面为冻结横断面的 82%~85%。由冷风机吹出的低温气流遇到吊轨首端的胴体肉后，分别散流在胴体之间。这样吊轨首端的胴体首先被强烈的低温气流吹过，造成整个冻结间胴体肉冻结不均匀，首端和末端冻结时间相差可达 6h。采用横向吹风的冻结间，空气流速通常为 0.5~1.5m/s，实际吹风的断面为冻结横断面的 55%~60%。横向吹风与纵向吹风相比，气流分布比较均匀，先被低温强气流吹过的胴体和最后被散流吹过的胴体，冻结时间相差 1~4h。图 3-1 所示为横向吹风的胴体冻结间的内部情况，图 3-2 所示为横向、纵向吹风胴体冻结间示意图。

2. 冻结肉的冻藏

冻结肉的冻藏是将冻结后的肉送入低温条件下的冷藏库中进行长期贮存。在冻藏过程中，由于冷藏条件和方法不同，冻结肉的质量仍会发生变化。因此，研究和制定冻结肉的冷藏条件对保证肉的质量具有非常重要的意义。我国普遍采用-18℃作为肉品冻结冷藏的温度，空气相对湿度一般要求控制在 95%~98%。在这种条件下可以使肉在较长的保藏期内保持鲜度而不失去其食用和商用价值。

图 3-1 横向吹风的胴体冻结间

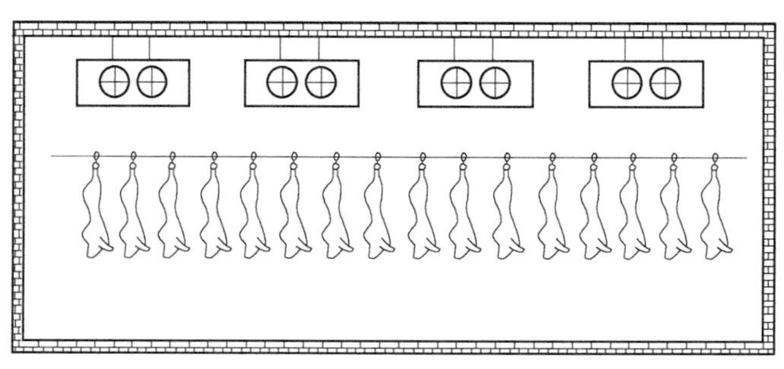

a)

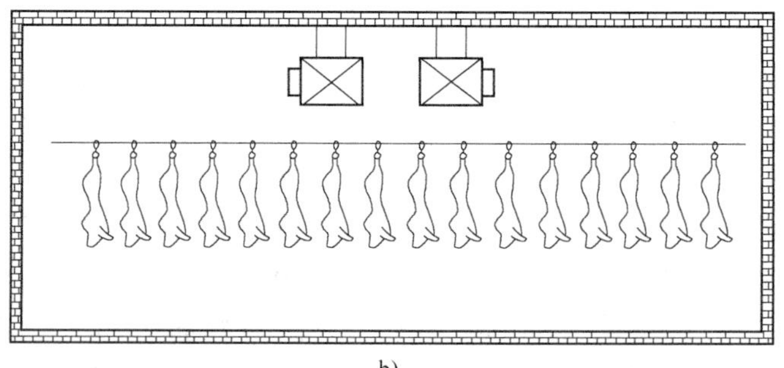

b)

图 3-2 横向、纵向吹风胴体冻结间示意图
a）横向吹风胴体冻结间 b）纵向吹风胴体冻结间

从理论上来讲，肉的保藏温度越低其保质期就越长，但温度越低，运行成本也就越高。因此，要根据生产的实际情况来选择合适的贮藏条件，国外也有采用-20℃或更低的温度作为贮藏温度的。在-20～-18℃条件下，肉组织内由酶引起的变化很缓慢，微生物基本上停止了生命活动，嗜冷菌的生长繁殖也受到抑制，肉的鲜度下降速度非常缓慢，这就保证了肉的质量。但是对于防止由于内部变质、表面恶化而引起的肉品质下降，-20～-18℃还是不

够的。例如，为了抑制脂肪分解酶的活性，必须使冻结肉贮藏的温度更低。近年来，西方一些国家倾向于将冷藏温度控制在-30~-25℃。有资料报道，-30℃冷藏时，冻品的综合受益并不低于-18℃的综合受益，主要原因是干耗量的降低。例如，美国一般采用的冷藏温度为-25℃，低于欧洲一些国家的冷藏温度。日本1971年使用的冷藏温度为-25~-20℃的冷藏间占全国总冷藏能力的61%。目前，日本采用的冷藏温度趋于-30℃，波动范围为±2℃。冷藏间的空气只允许有微弱的自然循环，如采用微风速冷风机，其空气流速应控制在0.25m/s以下，不能采用强烈吹风循环，以免增大冻结肉的干耗。

在向冻结肉冷藏间装货前必须进行清洁、除霜、消毒和去除异味等准备工作。我国冻结肉冷藏间大多数采用顶排管进行降温，一些小型的氟利昂冷库中也有采用冷风机进行降温的。从速冻库出库的肉品中心温度必须达到-15℃以下，从外部调入的分割肉中心温度必须在-8℃以下方可进入冷藏间，否则大量高温度产品入库，将使冷藏间温度发生大的波动，库温恢复到-18℃以下将需要较长的时间。对于温度高于-8℃的产品，必须进入速冻库重新冻结到-15℃以下方可进入冷藏间。

肉类产品的贮藏期限不但和贮藏的温度、湿度条件有关系，而且还和产品的包装形式有直接的关系。纸箱包装的产品比编织袋包装的产品，表面出现风干、氧化的速度要慢得多；采用薄膜小包装的产品比采用方体袋大包装的产品，表面风干、氧化的速度要慢得多；没有包装物的裸装产品，其表面极易出现风干、氧化，使肉的质量状况恶化。例如，用片膜单包的纸箱装里脊肉，在-18℃条件下贮藏12个月后，产品质量基本没有变化，与贮藏10个月的产品没有多少差别。表3-3为常见肉类产品的贮藏期限。

表3-3　常见肉类产品的贮藏期限

类　别	贮藏温度/℃	相对湿度（%）	贮藏期限/个月	备　注
冻猪肉	-12	95~100	3~5	肥度大的猪肉冷藏期还要缩短
	-18	95~100	8~10	
	-20	95~100	10~12	
冻猪分割肉（包装）	-18	95~100	10~12	
冻牛肉	-12	95~100	6~10	
	-18	95~100	10~12	
	-20	95~100	12~14	
冻羊肉	-12	95~100	3~6	
	-18	95~100	8~10	
	-20	95~100	10~12	
冻肉馅（包装、未加盐）	-18	95~100	6~8	
冻副产品（包装）	-18	95~100	5~8	
冻猪油（不包装）	-18	95~100	4~5	
冻猪油（包装）	-18	95~100	9~12	
	-12	95~100	3~4	
冻家禽（镀冰衣）	-18	95~100	6~10	
冻家兔	-18	95~100	5~8	

需要注意的是，冻肉的贮藏期限并不是严格意义上的保质期限。超过贮藏期的肉，并不是不能食用或做工业使用。这个保存期限严格意义上来讲，应该是冻肉的最佳食用贮藏期限。超过保存期限的肉，如果保存不当，可能表层出现风干、氧化的情况较严重，内部水分损失较多，冰晶的成长对细胞的破坏比较严重，但只要其挥发性盐基氮、微生物的指标不超标，就仍然可以食用，只是肉的营养、口感和风味相对变差了一些。

3. 冻结肉在冻藏过程中的质量变化

（1）物理变化　物理变化主要包括肉体硬度、色泽和质量等的变化。

1）硬度。冻结肉在长期冻藏中，由于干燥的作用使肌肉组织逐渐变薄，肌纤维在垂直切断时，彼此容易分开，脂肪呈颗粒状且易碎裂。

2）色泽。肉在冻藏过程中，随着时间的延长，表面颜色逐渐变为暗褐色，主要是因为肌肉组织中肌红蛋白的氧化作用和肉体表面的水分不断蒸发，使色素物质浓度增加所致。同时，脂肪组织也由于氧化作用，由原来的白色逐渐变为黄色。冻藏的温度越低，则颜色的变化越小。在-80～-50℃时变色概率较小。

3）干耗及冻结烧。在冻藏过程中，库外热量进入库内，导致库内温度波动较大，会引起表面水分蒸发，造成冻肉的重量损失，表面肉层组织粗糙。冻结肉表面水分蒸发类似冰的升华过程。在不断发生脱水现象后，肌肉组织形成海绵体，使空气充满其间发生氧化和风味变化，导致肉质坚硬，烹调后呈锯木渣状，肉的鲜味和营养价值大大降低，这种现象称为冻结烧。

冻藏肉的干耗量取决于肉的肥度、冻藏条件和冻藏时间。肉的肥度越大，干耗越小；冻藏温度低，相对湿度大，干耗少；冻藏期越长，干耗越大。当冻藏间的相对湿度为85%～90%，空气为自然循环流动时，不同冻藏温度下的冻结肉干耗量见表3-4。

表3-4　冰结肉在不同冻藏温度下的干耗量（相对湿度为85%～90%，空气自然循环流动）

冻藏温度/℃	不同冻藏期限的干耗量（%）			
	1个月	2个月	3个月	4个月
-8	0.73	1.24	1.71	2.47
-12	0.45	0.70	0.90	1.22
-18	0.34	0.62	0.86	1.00

冻肉的干耗率与冻藏间容积利用率成反比，这是由于绝对干耗损失的量（t/年）与冻藏间内的冻肉量无关，而与冷却排管的表面积和冻肉表面积的蒸发条件有关。当库内的冻肉量较少时，由于外界传入的热量所引起的热交换是不变的，但由热交换所引起的水分蒸发只能从冻肉中来，增加了肉的干耗量。经试验可知，容积利用率为100%、60%、40%时，年干耗量基本上是一样的。图3-3为冻结肉的干耗量与库内相对湿度及容积利用率的关系曲线，从图中可以看出，冻藏间的容积利用率越大，室内空气的相对湿度也越大，则干耗量越低。

冻结肉的干耗量大小也与冻藏间内空气饱和蒸汽压力和肉表面饱和蒸汽压力差等因素有关，并与冻结肉表面的性质，以及临近冻结肉表面的空气流速有关。而空气流速取决于冻藏条件（冻藏间中的温度、排管温度、空气循环系统形式、包装形式及堆垛方法等）。在同一冻藏间内，冻结肉的干耗量也有很大差异，接近外墙或热墙处最大。

（2）化学变化　化学变化如下：

1）脂肪酸的变化。在冻藏过程中，冻结肉中最不稳定的成分是脂肪。脂肪易受氧气和微生物酶的作用而变酸。游离脂肪酸大量增加，外观上颜色开始出现黄点，继而整体变黄，出现强烈的发酵气味，同时，加上紫外光的作用，肉的滋味劣化而带苦涩味。脂肪酸败的程度与冻藏温度有关。例如，在-18℃以下冻藏一年时间不会出现明显变化，而在-8℃下冻藏6个月时，脂肪表面即变成黄色，产生哈喇味。控制好冻藏温度和防止过多氧气进入冻藏间是防止冻肉脂肪酸败的重要措施。

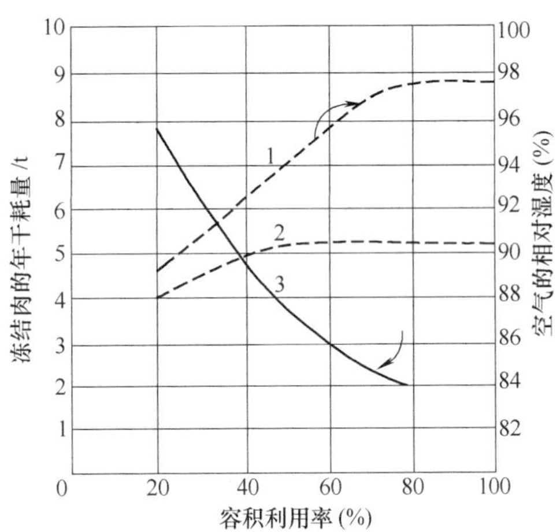

图3-3　冻结肉的干耗量与库内相对湿度及容积利用率的关系曲线

1—相对湿度（%）　2—干耗量（t）　3—干耗率

肉类冻藏中游离脂肪酸的变化与冻结前的处理有关，如屠宰后畜肉分别采用快速冷却和常温下冷却，然后在同一温度下冻结和冻藏，在冻藏中游离脂肪酸的增加量后者比前者明显。

2）肉的褐变。肉的颜色直接影响消费者的选购欲望。肌肉中的肌红蛋白在空气中氧的作用下会变色。当氧化肌红蛋白量超过50%时，肉呈褐色；少于50%则肉呈鲜红色。此外，肉中的血红素也会变，其过程和肌红蛋白一样，屠宰时放血完全则其变化小。

3）蛋白质变性。冻结肉在冻藏时，蛋白质的变性仍在继续。随着蛋白质胶体中水分的外析，蛋白质的质点逐渐地相互集结而凝固，导致肉的质量降低，且冻藏温度越高，贮藏时间越长，蛋白质变性越强。在低温条件下，蛋白质的分解作用是极其微小的。

4）乳酸增多。随着肌肉中糖原的分解，乳酸继续增多，肉的pH减小。贮藏6个月后，肉的pH一般为5.6~5.7。

（3）组织变化　冻结肉在冻藏时的组织变化与冻藏温度和肉在冻结时的条件相关。组织变化主要表现为冰结晶的变化——再结晶。冷藏库内空气的温度波动是引起再结晶的主要原因。当温度升高时，处于肌肉纤维中间的冰晶融化成水，随即透过纤维膜而扩散至纤维的间隙部位。如果冷藏间温度又降低，这部分水即在纤维间隙内重新结成冰晶，从而使原冰晶体积增大。当温度再升高时，纤维内外的小冰晶先融化，融化的水由于蒸汽压的不同而积聚于大冰晶周围。当温度再降低时，这些水即凝结于大冰晶上，使其体积增大。由于大冰晶具有挤压作用，因而使分子的空间结构变形，造成肌肉纤维被破坏。当解冻时，冰结晶所融化成的水又不能被肉体组织吸收，故造成了汁液流失，既降低了肉的营养成分，又降低了肉体质量。为此应尽可能加快冻结速度，尽量降低冻结终温和冷藏温度，并保持冷藏库温度的稳定，避免波动。

另外，冻结肉内的冰晶在冷藏间内随着冷藏温度和相对湿度的变化不断升华，而且时间一长，肌肉纤维内的结晶水都会升华，从而使肌肉纤维分离，出现干脆现象成为纤维状。因此，长久保存的肉没有成熟肉的香味和鲜度，肉质粗糙，其肉汤混浊。因此冻结好的肉在冷藏期间不宜长久存放，要有一定期限。

（4）微生物的变化　冻结肉在低温条件下贮藏时，由于表面水分减少形成干燥条件，可以有效地延缓和抑制微生物的生长繁殖。如果冻结肉在冻藏前已被细菌或霉菌污染，或者冻肉长期在不良的冻藏条件下贮存，冻结肉表面就会出现细菌和霉菌。尤其是在空气不流通的情况下，反复冻融的肉体表面更容易引起霉菌的生长和繁殖。对有霉菌大面积繁殖的冻结肉，必须经过理化和细菌检验，确保没有问题时，方能食用。

二、分割肉的冷加工技术

按照市场销售的要求，将牲畜经过屠宰和加工整理后的肉胴体按部件进行分割加工成的块状肉，称为分割肉。根据国内外市场的需要，猪、牛、羊胴体肉均可分割加工成带骨分割肉或剔骨去皮、去脂肪等不同规格的冷却分割肉或冻结分割肉。发达国家，肉类大都以分割去骨包装或肉糜形式进入市场。

我国对猪分割肉以前是采用热分割工艺，即经过屠宰加工后的猪胴体经晾肉后被直接送入分割肉车间进行分割加工；在国际上较多采用冷分割工艺，即将原料肉冷却到4℃后再进行分割。

1. 冷却分割肉

冷却分割肉的消费在国际上较为普遍，随着我国人民生活水平的不断提高，近几年冷却分割小包装肉的消费需求不断上升。冷却分割肉的生产是将经分割加工后的分割肉送入冷却间进行冷却，冷却间内装有干式冷风机和可移动的货架。冷却间的温度一般要求控制在0~4℃，也可调整为0~2℃。经过20h左右的冷却，肉体温度冷却至4℃左右即可进行包装。经包装后的分割肉放入专用的托盘内由专用车辆运送至设有冷藏陈列柜的食品超市销售。

2. 冻结分割肉

需要长期贮存、出口及远销的分割肉采用低温冻结的方式进行加工。冻结分割肉的生产是将经过冷却的分割肉按照规格进行整修包装后装入纸箱或专用的金属冻盘内送入冻结间进行冻结。肉品的中心温度要求为-15℃。分割肉产品的冻结多数采用铁盘冻结，极少数采取将产品包装好后直接装入纸箱放入冻结间进行冻结。铁盘可以放在冻结架上，也可以在冻结间将肉码成“品”字形的货垛。纸箱包装产品必须放在冻结架上进行冻结，不能直接码成“品”字形的货垛。采用铁盒冻结时，产品冻结完成后，还要将产品从铁盒中取出，然后用纸箱或编织袋包装。采用纸箱冻结时，由于产品一次性包装成型，冻结完成后可直接放入冻结物冷藏间码垛存放。分割肉产品在包装冻结时，可以采用不分块的大包装，即将产品直接放在铺有塑料方体袋的铁盒或纸箱中入库冻结；也可以采用分自然块的小包装，即用聚乙烯膜将分割肉缠裹成圆柱形，然后放入铁盘或纸箱中入库冻结。无论是大包装还是小包装，一般均调整为25kg/件的标准件。图3-4所示为冻结分割肉的自然块包装。

分割肉产品的冻结多数在专门的速冻库内进行，也可以在平板冻结器和速冻隧道中进行。速冻库一般采用吹风冻结装置，冻结间内装设吊顶式冷风机或落地式冷风机。采用平板冻结器可以获得较快的冻结速度，但是由于平板的液压作用，肉在冻结时被压成块状，虽然可以提高冻结的效率和贮藏库的利用率，但是平板冻结后的肉的自然形状变形很大，产品市场认可度不高，对于一些特殊要求的产品无法满足要求，产品售卖的形象较差。

分割肉产品的冻结速度与冻结设备、空气温度和包装形式等多种因素有关系。目前，我

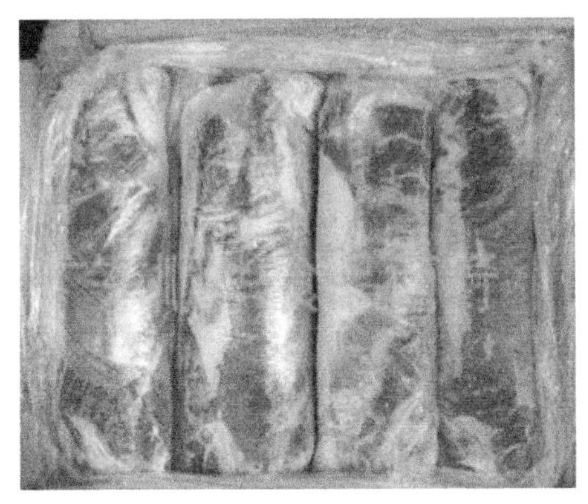

图 3-4　冻结分割肉的自然块包装

国速冻库一般蒸发温度为-38℃、库房温度为-28℃，空气流速为 4～6m/s 或 7～8m/s；平板冻结器和速冻隧道的冻结温度可达-35℃。按照我国关于食品冻结的一般规定，食品冻结结束时产品的中心温度不得高于-15℃，一般 20～24h 即冻结完毕。副产品的冻结，除了猪头等外形特殊的产品采用挂架冻结外，其他产品的冻结方式和分割肉的冻结相同。猪心、猪肝、猪蹄、猪肚和猪肠等都先在副产品冷却间冷却，然后装入纸箱或铁盒进行冻结，对于网油和板油等用水洗过的副产品，一般用铁盒冻结，不易采用纸箱直接包装。板油受售卖习惯的影响，有直接用铁盒冻成块状的，也有采用吊挂冻结的。图 3-5 所示为空气温度、流速、肉块厚度（在铝盘中）与冻结时间的关系。

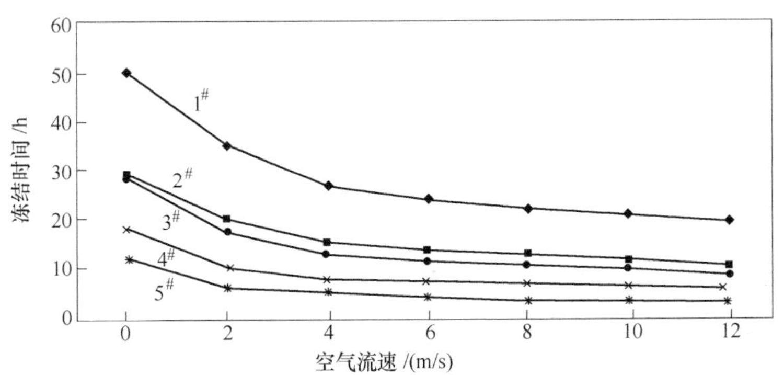

图 3-5　空气温度、流速、肉块厚度（在铝盘中）与冻结时间的关系

注：$1^{\#}$～$5^{\#}$分别表示 20cm、12cm、12cm、7. 5cm、7. 5cm 厚的肉块在-35℃、-20℃、- 35℃、-20℃、-35℃条件下空气流速与冻结时间的关系。

从细菌学角度看，冻结肉要比“热鲜肉”好，因为冷冻过程中细菌会被冻死或被抑制生长繁殖，在卫生方面比较安全。但肌肉中的水分在冷冻时体积会增加 9%，细胞膜将被冻裂，在解冻时细胞中的汁液会渗透出来，造成“汁液流失”。这种汁液中含有营养物质，所以随着汁液的流失，营养物质也会流失。假如解冻后没有及时食用，而再次冻结和解冻，则营养物质的流失就会更严重，风味也会大大地下降。因此，冻结肉虽有较长的保存期，但并不是保存肉的最好方法。

经验总结

猪肉分割

一片白条首先去除小脊肉，然后分成三大段：前腿、中段和后腿。

1）前腿可分为前蹄膀、颈排（俗称小排）、扇骨、圆骨（俗称汤骨）和整个去骨带皮前腿肉（俗称夹心肉）。

2）中段可分为大排、大排里脊、龙骨、五花肉（可分为精切和超值）、烤排（俗称肋排）和带皮肋条。

3）后腿可分为后蹄膀、带皮后腿（可分为精切和超值）、后腿瘦肉、尾骨和筒子骨。

4）猪附件包括猪肝、猪心、猪肚、猪蹄、猪大肠、猪腰、猪舌和猪耳。

5）精品包装猪肉包括：精切带皮前腿、精切梅花肉、精切前腿瘦肉、精切小排块、带皮前蹄膀（以上单品取于前腿部分）；精切大排、精切大排里脊、小里脊肉、精切上五花肉条、精切下五花肉条、精切红烧肉角、回锅肉片、烤排、精切烤排块（以上单品取于中段部分）；精切带皮后腿、精切后腿精肉、精切肉丝、精切肉片（以上单品取于中段部分）；肉糜（可分为50%、85%、95%三种肥瘦掺和比例）。

知识拓展

冷鲜肉和热鲜肉的区别

肉是人们餐桌上最主要的食物之一。市场上经常可以看到热鲜肉、冷鲜肉和冷冻肉三种肉食，并且价格相差悬殊。一般人认为，冷冻肉没有营养且味道差，所以食用的人较少。那么，这几种肉有什么区别呢?

1. 肉类的变化阶段

要想知道冷鲜肉、热鲜肉和冷冻肉的区别，那就必须要知道肉类的变化过程。所有的肉类从宰杀到腐烂都需经过几个阶段，一般来说肌肉组织要经过僵直、后熟、自溶和腐败四个阶段。

（1）僵直期　刚宰杀的畜肉呈弱碱性，此时肌肉组织中的酶类还在继续作用，使肌肉中的糖原和含磷有机化合物分解为乳酸和游离磷酸，肉的酸度增加。当酸度增加到一定程度时，肌肉纤维出现，肉的味道变差，肉汤混浊。

（2）后熟期　僵直阶段过后，畜肉中的酶类继续作用，使蛋白质分解、脂肪氧化，结缔组织变软并具有一定的弹性，从而使肉变嫩、变香，这就是肉类的后熟，在屠宰工业中也称为排酸。在后熟过程中，肌肉表面因蛋白质凝固形成有光泽的膜，有阻止微生物侵入内部的作用。此外，肌肉中形成的乳酸有一定的杀灭细菌和病毒的作用。肉类后熟的快慢与环境温度及肉质有关。环境温度越高，后熟过程越快。一般在4℃下1~3d可完成后熟过程，而常温下猪肉、牛肉和羊肉等畜肉的后熟过程大概只需6~8h，鸡肉等禽肉需4~6h，鱼类由于肌肉纤维细嫩，大概需要2h左右。

(3) 自溶、腐败期　宰杀后的畜肉如果在常温下长时间存放，经过后熟过程，其组织中的酶继续作用，分解蛋白质和脂肪，使畜肉发生自溶，并为细菌等微生物侵入创造条件，最终导致肉类发生腐败，出现颜色、气味变化，失去食用价值。

2. 市场上肉类的区分

(1) 热鲜肉　热鲜肉是指凌晨屠宰，清晨上市，未经任何降温处理的畜肉，也就是人们常在一般菜市场买到的鲜肉。这类肉在常温下运输和销售，后熟所需时间比较短。另外，热鲜肉在运输、销售过程中会受到多方面的污染，利于微生物大量繁殖，保质期较短。

(2) 冷鲜肉　冷鲜肉也叫冷却肉，是指严格执行检疫制度，宰杀后的畜胴体迅速冷却，使温度降为0~4℃，并在后续的加工流通和分销过程中始终保持该温度冷藏的生鲜肉。由于冷鲜肉在运输、销售过程中始终保持低温，因而有效抑制了微生物的生长繁殖，延长了保质期。冷鲜肉从处理到销售的整个过程需要2d左右，其肉自然后熟，因此口感好、肉质鲜，而且无须解冻即可直接烹饪，减少了解冻时营养物质的流失。冷鲜肉一般只能在具有冷藏条件的超市、市场销售，运输和销售成本较高，因此价格比热鲜肉高。

(3) 冷冻肉　冷冻肉是将宰杀以后的鲜肉送入冰柜中迅速冷冻，一般在−18℃以下。冷冻肉虽然细菌较少，食用比较安全，但是食用时需要解冻，会导致营养成分流失，并且口味不如热鲜肉，更别说赶上冷鲜肉的口味了。

3. 肉类的选择

经过上面三种肉的比较会发现：

1) 安全性上，冷冻肉>冷鲜肉>热鲜肉。

2) 营养性上，冷鲜肉>热鲜肉>冷冻肉。

3) 后熟上，热鲜肉>冷鲜肉>冷冻肉。

4) 价格上，冷鲜肉>热鲜肉>冷冻肉。

所以在条件允许的情况下建议选用冷鲜肉。现在在国外，冷鲜肉的市场占有率已经在90%以上，我国也正在推行冷鲜肉，现在冷鲜肉在我国的市场占有率在25%左右，热鲜肉较多。

4. 注意事项

1) 平时早上买的热鲜肉多半是在凌晨刚宰杀的，在购买时已经在室温下存放了很长时间，基本完成了肉的后熟，这样的肉买回去可以直接做成菜肴，口感很好。若要存储，也应放在冰箱冷藏室，4℃以下保存，不宜保存太长时间。

2) 鱼肉的后熟时间比较短，从市场买回即可烹饪。

3) 在冰箱中存储的肉类，为保证营养价值和口感，建议买回来一周内吃完。

任务实训一　肉类的二次冻结加工

一、实训目的

通过实训要求学生掌握二次冻结工艺。

二、实训内容与要求

实训内容与要求见表3-5。

表 3-5　实训内容与要求

实训内容	实训要求
原料处理	中心温度低于-15℃，分割为 100~159g 的小块
保鲜处理	保藏温度为-18℃
质量检测	按照微生物检测国家标准进行

三、主要材料与设备

冷却间、冻结间、冷藏间、原料猪肉、包装机。

四、实训过程

1. 鲜肉的分割

将胴体分割成 100~159g 的小块，包装好。

2. 冷却

将分割的小块肉，在冷却间以 0~4℃冷却 24h。

3. 冷冻处理

将冷却的肉块置于冻结间进行冻结，温度要求在-28℃以下，时间为 48h，中心温度冷冻至-15℃以下。

4. 冷藏

将包装后的样品放在-18℃以下的库中进行冷藏。

5. 检测

样品在冷藏期间，每隔 7 天进行一次感官评定和微生物指标的测定，以检测冷冻肉的保鲜效果。

五、注意事项

1）用于冷冻肉加工的生猪应来自非疫区，并持有产地动物防疫监督机构出具的检疫证明。应严格执行宰前检验、宰后检验，采用科学的屠宰工艺，在低温环境下进行分割加工。

2）感官指标评定一般包括肉品的色泽、气味、弹性、持水力和肉汤透明度等项目的检测，一般在有经验的人员或专业人员指导下进行打分评定，避免由于主观因素的影响，给实验结果带来较大差异；微生物指标检测包括细菌总数和大肠杆菌的测定，检测方法参照相应国家标准。

学习任务二　水产品的冻结冷藏技术

重点及难点

重点：水产品的微冻保鲜技术；鱼的冻结工艺；冻鱼在冻藏期间的变化。

难点：冻鱼在冻藏期间的质量控制。

鱼的微冻保鲜技术

一、水产品的微冻保鲜技术

水产品的微冻保鲜是指将水产品的温度降至略低于其细胞汁液的冻结点，并在该温度下进行保藏的一种保鲜方法。微冻时，水产品表层会有一层冻结层，故又称为过冷却或部分冻结。

鱼类的冻结点根据鱼的种类不同而不同，大致如下：淡水鱼为-0.5℃，淡海水鱼为-0.75℃，洄游性海水鱼为-1.5℃，底栖性海水鱼为-2℃。从各国对不同鱼类采用的不同的微冻方法来看，鱼类的微冻温度大多为-3～-2℃。

微冻保鲜的基本原理是低温能抑制微生物的生长繁殖，抑制酶的活性，减缓脂肪氧化，解冻时鱼体汁液流失少、鱼体表面色泽好。

根据过去的冻结理论，-3～-2℃在-5～-1℃最大冰晶生成带内，低温保藏食品时应快速通过这一温度区域，否则容易引起冻害，造成食品品质下降。根据大量研究发现，微冻食品的冻害并不严重，因为介质温度为-3℃，被冻鱼的温度一般只降至-2℃左右，对于冻结点高的淡水鱼，用冻结率计算公式计算可知，此时有75%左右的水结成冰，而对冻结点低的海水鱼只有0～25%的水分冻结成冰，所以当鱼体中大部分水分尚未冻结时，其冻害并不严重。据英国托里（Torry）研究所微冻保藏鳕鱼的试验报告：

1）温度在-1.1℃时，鱼体中1/3水分冻结，冰的形成不明显，很适于制作鱼片和熏鱼，保藏20d后食用质量满意。

2）温度在-2℃时，鱼体中1/2水分冻结，肌肉组织有轻微损伤，适于制作鱼片和熏鱼，保藏26d后食用质量良好。

3）温度在-3℃时，鱼体中3/4水分冻结，肌肉组织有些损伤，不适于制作鱼片和熏鱼，保藏35d后食用质量尚可。

由此可见，若能根据鱼的种类选择适宜的微冻温度，使鱼体的冻结率保持在1/3～1/2，就可减少因水分冻结而对肌肉组织造成的不良影响。

微冻的另一个问题是，鱼肉蛋白质的冷冻变性。对此，目前各国还有不同的看法，如德国联邦食品防腐研究中心的巴特曼认为，贮藏温度略低于冻结点，就会因慢冻对肌肉组织造成破坏，使汁液流失量增加，其重要原因是蛋白质的冷冻变性。但日本东海区水产研究所的内山均认为，-3℃时鱼肉蛋白质并不容易变性，因为鱼肉中主要的盐类是氯化钾，氯化钾与水的共晶点在-11℃附近。据报道，微冻保鲜的保鲜期可达到一般冷却的1.5～2倍，根据鱼的种类的不同大致在20～27d。

微冻保鲜技术有多种方式，以下进行简单介绍。

1. 冰盐混合微冻

冰盐混合物是一种有效的制冷剂。当盐掺在碎冰中时，盐就会在冰中溶解而产生吸热作用，使冰的温度降低。冰盐混合在一起，在同一时间内会发生两种吸热现象：一种是冰融化而吸收融化热，另一种是盐溶解而吸收溶解热，因此，在短时间内能吸收大量的热，从而使冰盐混合物的温度迅速下降，比单纯冰的温度要低得多。

冰盐混合物温度的高低取决于掺入盐的量。当掺入3%的食盐时，微冻温度可达到-3℃。东海水产研究所利用冰盐混合物微冻梭子蟹，其保鲜效果较好。操作方法是：一层梭子蟹（约10cm厚）加一层碎冰（约5cm厚），再均匀掺入冰重2%的渔用盐。在鱼箱或鱼舱的面冰上，应逐日补充适当的冰和盐。此法的保鲜期可达 12d 左右，比一般碎冰冷却及冰藏保鲜期延长 1 倍以上。

2. 低温盐水微冻

盐水微冻船的主要装置有盐水微冻舱、保温鱼舱和制冷系统。由于盐水的传热系数大，一般为 350~580W/(m^2·K)，而空气仅为 11.6~58W/(m^2·K)，因此低温盐水微冻的速度很快。

我国南海拖网渔船上对渔获物进行低温盐水微冻保鲜，其操作工艺是：在船舱内预制浓度为 10~12°Be 的盐水，用制冷机降温至-5℃。渔获物经冲洗后装入放在盐水舱内的网袋中进行微冻，盐水温度会有所回升，继续冷却到盐水温度-5℃时微冻结束，此时鱼体中心温度为-2~-1.5℃。将微冻鱼移入预冷到-3℃左右的鱼舱，并维持鱼舱温度在-3℃±1℃。每次微冻后的盐水要测定浓度，以便补充盐分。盐水污染严重时，要及时更换清洁的盐水。采用此方法，鱼体含盐量总体是增加的，增加量与浸泡时间及盐水浓度有关。

3. 吹风冷却微冻

吹风冷却微冻的速度较慢，但国内外都有应用实例。苏联采用的微冻方法是：将鱼放入吹风式速冻装置中，吹风冷却的时间与空气温度、鱼体大小和品种有关，当鱼体表面微冻层达 5~10mm 厚时即可停止冷却。此时，表面微冻层的温度为-5~-3℃，鱼体深厚处的温度为-1~0℃，尚未形成冰晶。然后将微冻鱼装箱，置于-3~-2℃的冷藏室内微冻保藏。

我国广州渔轮厂生产的微冻拖网渔船的保鲜方法是：鱼类装箱后用冷风冷却至-2℃，然后在-2℃的舱温下微冻保藏。

二、水产品的冻结冷藏技术

经过冷却或微冻的鱼类，酶和微生物的作用虽已受到一定的抑制，但并未终止，还以相当的速度在继续进行。冷却或微冻的鱼类都不能长期贮藏，保存期一般不超过 20d。因此，冷却或微冻一般都用于鲜鱼的运输、加工和销售前的暂时贮藏。为了长期贮藏鱼类，必须将鱼体的热量散去，使其温度降到-18~-15℃，使鱼体内大致有 90%的水分冻结成冰，即冻结加工。在一定范围内，鱼体温度越低，越有利于长期贮存。

冻鱼的质量主要取决于原料的新鲜度、冻结的方法、冻结的速度、冻藏条件、冻藏时间及解冻方法等。因此，在鱼类冷冻时应注意这些问题。

鱼的冰藏动画

1. 鱼的冻结

（1）冻前的清洗和整理　鲜鱼在冻结前必须经过挑选和整理。清洗时，首先挑去已腐败变质和有机械损伤的鱼和杂鱼，然后将鱼放在 3~4℃的清洁水中清洗，以清除鱼体上的黏液和污物。清洗时要轻拿轻放，在水中停留的时间不得过长。鱼清洗完后就要整理，对于装盘的鱼，必须经过整理。整理得是否平直整齐，将影响鱼的质量和损耗。不整齐的鱼不仅堆装困难，而且相互缠绕，在销售过程中易断头、断尾，损耗要增加 10%左右。

（2）冻结方法及鱼在冻结时的变化　将鱼体的温度降至-18℃可贮藏 2~3 个月，降至-30~-25℃可贮藏 1 年。水被冻结成冰后，鱼体内的液体成分约 90%变成固体，使得大多数化学反应及生化变化不能进行或不易进行。因此，若使鱼类保鲜时间较长，就要采用合适的冻结方法，具体有以下几种：

1）吹风冻结法。吹风冻结法是利用空气作为介质来冻结鱼类的一种方法，其装置有管架式鼓风和隧道式送风两种。前一种装置用来冻结鱼块，后一种装置用来进行单体鱼冻结。

2）盐水冻结法。用盐水作为介质来冻鱼类，分为接触式冻结和非接触式冻结两种。由于与盐水接触会改变水产品的质地与味道，因此此法只能用来冻结加工罐头的原料鱼。

①接触式冻结。接触式冻结即将鱼浸在盐水里或向鱼喷淋盐水进行冻结，分沉浸式和喷淋式，所用盐水是饱和氯化钠溶液。沉浸式冻结盐水的温度为-18℃；喷淋式冻结盐水的温度为-20℃。此法的优点是冻结速度快，耗冷量少，冻结时间一般为1～3h，无干耗；缺点是鱼肉含盐量高，鱼体变色，成型不规则，外观差。

②非接触式冻结。将鱼放在容器中，再将容器放入低温的盐水中，使鱼体与盐水不直接接触的冻结方法。

非接触式冻结法的优点是冻结速度比吹风冻结法快，冻结时间短，没有干耗，质量好，又避免了盐分渗入鱼体；缺点是与盐水接触的所有容器、设备都会受到腐蚀，使用寿命短，操作麻烦。

（3）鱼体冻结时的变化　鱼体在冻结过程中存在不同程度的物理变化、组织变化和化学变化，致使冻结鱼体发生风味变化。

1）冷冻引起鱼体肌肉硬度的变化。鱼肉冷却到0℃左右不会有太大变化。温度进一步下降，肌肉中的水分开始冻结，肉质变硬。鱼肉在冻结温度以下保鲜，其肉中的水分逐渐结成冰晶，如果缓慢冻结，细胞外生成量少、个大的冰晶。在后续的冻藏过程中，小个体冰晶不断融化或升华，数量减少，大粒冰晶则长为更大的冰晶。这些冰晶不断膨胀，会破坏肌肉组织细胞，加剧冻结过程中蛋白质的变性，使肉质硬化。

2）品质变化。水冻结成冰以后，体积大约增加8.7%。鱼经过冻结后，鱼体组织内的水结成冰，体积膨胀，鱼的冻结体积的变化使肌肉细胞组织结构因水分结冰而受到不同程度的破坏，可能带来组织的损伤，损伤程度依冰晶大小、数量和分布情况而异，也与冻结速度有关系。冻结速度快，冰晶细小、分布均匀，主要分布在细胞内；反之，形成的冰晶则是少数柱状或块状的大冰晶，冰晶大部分在细胞间形成。冰晶的大小是影响水产品质量的一个重要因素，也是造成汁液流失的直接原因。冻结还会造成水分蒸发，使鱼体产生干耗，重量减轻。由于鱼体内血红素被破坏及光线对冰晶的折射，也会使鱼体色泽鲜明。

3）蛋白质的冷冻变性。在冻结过程中，细胞内外的水—冰饱和蒸气压差使得细胞外的游离水先冻结，由于渗透作用和水蒸气的扩散作用，使得剩余在细胞内的水溶液脱水和浓缩。这样就使剩下的细胞内的溶液pH改变、盐类的浓度增加，使胶质状态成为不稳定状态。如果冻结速度慢，这种状态持续时间长，则会使细胞中的蛋白质产生冷冻变性。

（4）冻鱼的脱盘和镀冰衣　冻后的鱼应立即进行脱盘、镀冰衣，然后进行冻藏。冻后处理也必须在低温、清洁的环境下进行，并具有良好的给排水条件。

1）冻鱼脱盘。脱盘方法现在大多采用浸水融脱法，即将鱼盘放在一个装有常温水的水槽中，使鱼盘浮在水中，使鱼块与盘间冻粘的部分融化脱离，之后立即将盘反转，倾倒出鱼块。有些冷库采用机械脱盘装置。它是可以移动的翻盘机，可将经过水槽后的鱼盘推到脱盘机的台板上，由翻板的旋转动作将鱼盘翻到滑板上，使鱼和盘分离。

2）镀冰衣。脱盘后的鱼块在进入冻藏间之前必须立即镀冰衣，其目的是使鱼体与外界空气隔绝，以减少干耗，防止鱼体产生冰晶生化、脂肪氧化和色泽消失等变化。镀冰衣用水必须清洁卫生，水温控制在0~4℃。

2. 鱼的冻藏

鱼类经过冻结后，若想长期保存其鲜度，需要在低温下贮藏，即冻藏。在冻藏过程中，受温度、氧气、冰晶和湿度等因素的影响，冻结的品质还会发生氧化干耗变化，因此水产品的冻藏保鲜工作值得重视。只有质量好的、干净的冻鱼经过镀冰衣后，方能进入冻藏间长期贮藏。

冻藏温度对冻品品质的影响极大，温度越低，品质越好，贮藏期越长。但是需要考虑设备的耐受性及经济效益及冻品所要求的保鲜期限，一般冻藏温度设置在-30~-18℃。我国的冷库一般是在-18℃以下，相对湿度为98%~100%。有些国家冷库温度是-30℃。

经过冻结加工后，其死后变化的速度大大减缓，这是冷冻鱼类得以长期保藏的根本原因。但鱼体的变化没有完全停止，即使将冻鱼贮藏在最适宜的条件下，也不可能完全阻止其死后变化的发生和进行，而且这些变化的量，随着时间的积累而增加。冻鱼在冻藏期间的变化主要有干耗、冰晶成长、色泽变化和脂肪氧化等。

（1）干耗　鱼类冻藏过程中的干耗，是由于冻藏间中鱼品表面温度、室内空气温度和盘管表面温度三者之间存在着温差，因而形成了水蒸气压差而出现了表面干燥现象。

鱼类在冻藏中所发生干耗，除了会造成经济上的损失外，更重要的是引起冻鱼品味和质量下降。一般以镀冰衣、包装和降低冻藏温度等来减少干耗；也有的在冻鱼堆垛上盖一层塑料薄膜，再覆帆布，在帆布上浇一层水，使其表面形成一层冰衣，相对减少鱼体水分的蒸发（升华）。

（2）冰晶成长　鱼经过冻结以后，鱼体组织内的水结成冰，体积膨胀。冰晶的大小与冻结速度有关，冻结速度快，冰晶细小，分布也均匀。但在冻藏过程中，往往由于冻藏间的温度波动，使冰晶长大。

冰晶长大往往会挤破细胞原生质膜，解冻时使鱼体汁液流失，营养成分损失。为防止冰晶长大，在贮藏过程中要尽量使温度稳定，冻藏间要少开门，进出货要迅速，尽量避免外界热量的传入。

（3）色泽变化　鱼类一经冻结，其色泽有明显变化，冻藏一段时间以后，色泽变化更为严重。例如，黄花鱼的姜黄色变成灰白色，乌贼的花斑纹变为暗红色。鱼类变色的原因包括自然色泽的破坏和新的变色物质的产生两个方面。自然色泽的破坏表现为红色鱼肉的褪色，如冷冻金枪鱼的变色；产生新的变色物质，如白色鱼肉的褐变等。上述变色不仅使商品外观不佳，而且会产生臭气，使鱼肉失去香味，营养价值也下降。

鱼类变色反应的机制是复杂的，具体有如下几种变化：

1）还原糖与氨化合物反应造成的褐变，也称美拉德反应。这个反应通过一系列的中间体、配糖物、紫外光吸收物和荧光物质聚合产生褐变的类黑精（Melanoidin）。例如，鳕鱼是由于鱼死后肉中核酸系物质反应生成核糖，然后与氨化合物反应造成褐变。

核酸系物质分解产生核糖的美拉德反应在-30℃以下冻藏环境中是能够防止的。鱼的鲜度对核酸系的褐变也有很大的影响，pH小于6.5时褐变可以延缓，在此状态下的冻鱼贮藏可防止褐变出现。庸鲽肉排，特别是在血合肉附近的褐变，可用0.01%~0.02%丁基羟基茴香醚（BHA）或0.01%~0.02%二丁基羟基甲苯（BHT）或二者的混合分散液进行冻前的浸渍处理来防止。

2）酪氨酸酶的氧化造成虾的黑变。虾类在冻结及冻藏时，其头、胸、足和关节处会发生黑变，这与鱼类经过冻结产生的黑变是同类现象，其原因主要是氧化酶（酚酶和酚氧化酶）使酪氨酸产生黑色素造成的。

防止黑变的办法是煮熟，使酶失去活性，然后冻结；或者去内脏、头、壳和血液，水洗后冻结；或者用水溶性抗氧化剂浸渍后冻结及使用真空包装等。

3）血液中蛋白质的变化造成的变色。金枪鱼肉在-20℃下冻藏两个月以上，其肉色变化为：红色→深红色→红褐色→褐色。这种现象是鱼肉中肌红蛋白氧化产生氧化肌红蛋白的结果。氧化肌红蛋白的生成率与鱼肉的温度、氧的分压、含盐量和 pH 均有关系。只有当冻藏温度降到-35℃以下，才可达到防止金枪鱼肉变色的目的，冻藏一年后氧化肌红蛋白的生成率为 20%~35%。为此，日本将金枪鱼放在-35℃以下冻藏。

另外，对不同的海水鱼可以进行不同的处理。例如，在海上冻结的鱼片，常在切断面上出现褐变，要是去头、去尾，再向血管中注入海水，则可防止褐变。如果是鳕鱼，可去内脏，鲷等红色鱼可去尾部血管，这是防止变色的简单做法，在海上都可以做到。

4）旗鱼类的绿变。冻旗鱼类为浅红色，在冻藏时变为绿色。还有金枪鱼、黑皮旗鱼也是如此，把鱼切开时，在脊骨处可以看到绿变，这种肉有异臭，并且发酸，严重时有似阴沟的臭气。这是由于鱼鲜度下降，细菌繁殖产生硫化氢，并与血红蛋白、肌红蛋白在贮藏中产生硫络血红蛋白与硫络肌红蛋白造成的，目前尚无防止办法，只能注意冻前的保鲜工作，防止鱼鲜度下降。

5）红色鱼的褪色。有些鱼的体表有红色素，在冻结和冻藏时会发生褪色现象，如绿鳍鱼、带纹红鲉、红鱼等。大麻哈鱼、龙虾也能看到有此褪色现象，其受光线的影响大。脂溶性红色色素在脂酶的作用下，使不饱和脂质产生二次氧化造成此现象。至于褪色机理，在本质上还未清楚。

防止褪色的方法：用不透紫外光的玻璃纸包装，或者用 0.1%~0.5%抗坏血酸钠、山梨酸钠混合液浸渍或用此液镀冰均有效果。

（4）脂肪氧化　鱼按含脂量分为多脂鱼和少脂鱼。多脂鱼多为洄游性鱼类，肌红蛋白多；少脂鱼多为底栖性鱼类。鱼体脂类分为组织脂肪和贮藏脂肪，主要是甘油三酯，还有一些特别脂类，如磷酸甘油酯、鞘脂类、固醇类等。在脂酶和磷脂酶的水解作用下，少脂鱼主要以磷脂水解为主，多脂鱼则还有甘油三酯的水解。水解结果产生游离脂肪酸。而鱼类的脂肪酸多为不饱和脂肪酸，即使在很低温度下，也不会凝固。同时，在长期冻藏中，脂肪酸往往在冰的压力作用下由内部转移到表层，因此很容易与空气中的氧气作用，产生酸败。脂肪氧化产物又往往与蛋白质的分解产物，如氨基酸、盐基氮及冷库中的氨共存，从而加强了酸败作用，此现象称为油烧。油烧反应因反应物质和反应条件不同而异。要防止冻鱼在冻藏过程中发生脂肪氧化，一般可采用以下措施：

1）避免和减少与氧的接触。镀冰衣和装箱都是有效方法，也是减少干耗和变色的有效方法。

2）冻藏温度要低，而且要稳定。许多试验证明，即使在-25℃也不能完全防止脂肪氧化，只有在-35℃以下才能有效地防止脂肪氧化。因此库温要稳定，避免冰晶长大产生内压，使游离脂肪酸由内部向表层转移。

3）使用抗氧化剂，或者抗氧化剂与防腐剂两者并用。

4）防止冻藏间漏氨。

总之，冻鱼在冻藏中的冻藏温度应低于-18℃。为了减少鱼类在冻藏期的脂肪氧化、变色、干耗及冰晶成长，除了采取镀冰衣、装箱和使用抗氧化剂等措施外，应把冻藏温度降到更低一些为好；库温要保持稳定，尽量少开门，进出货要迅速，以免外界热量传入库内。对于散装冻鱼，最好每隔1~2个月镀一次冰衣。

经验总结

如何解冻鱼肉

冰箱成为家庭生活不可或缺的电器，如今很多人买来肉类、鱼类食品后都会放进冰箱，方便以后食用。冻结的肉类、鱼类在食用之前要拿出来解冻，制作各种美食。您是怎样解冻鱼肉的呢？

一般会有这样几种情况：① 放在冷水里解冻；②放在热水里，融解速度快些；③提前从冷冻室取出来，放在冷藏室里自然缓慢解冻；④放在微波炉里，快速解冻。哪一种方法是最佳选择呢？

冻鱼解冻需要经过三个吸热阶段。冰的传热效率比较高，空气比水传热慢，因此放在室温的水中解冻，要比直接把冻鱼放在室温下的空气中快一些，但是蛋白质会热变性，造成持水力下降，传热效率也会下降，肉变得发干发硬，可溶性物质溶出较多，鲜美的味道丧失严重，还存在鱼肉的安全性及微生物繁殖的问题。解冻过程中产生的汁液是微生物的良好培养基。

因此，通过比较，用热水解冻是最糟糕的；用冷水解冻比用热水会稍微好一点；放在冷藏室中解冻是最理想的方法。

知识拓展

冻鱼的挑选与鉴别

挑选冻鱼，就是要分清楚冻鱼是否新鲜，新鲜程度如何；另外一点，就是了解变质鱼（腐败鱼）的基本特征。下面主要介绍冻鱼的鉴别。

冻鱼质量的优劣不如鲜鱼那么容易识别。对于解冻的鱼，可先按识别鲜鱼的方法挑选，但应低于鲜鱼挑选标准。冰柜中的冻鱼，一般体表都会有冰霜，但仍然可以从外观鉴别好坏，可先把冰霜去掉，这样就能看清楚冻鱼的体表。

1. 鱼眼

眼球凸起、黑白分明、洁净无污物者为优；眼球下陷、眼球上有一层白朦者为次；死后冰冻的鲜鱼，眼球不突出，但仍透明。上乘的冰冻带鱼，眼睛是黄色的，而死后冰冻的带鱼，眼睛是白色或白朦的。

2. 体表

活鱼或死亡时间较短而冰冻的鱼，鱼鳍平直且紧贴鱼体，鱼鳞无缺，鳞片上附有冻结的黏液层，天然色泽鲜明而不混浊；鱼体结实、色泽发亮、洁白无污物、肌体完整。很多海水鱼的鱼鳞特别细小，无法从鱼鳞上鉴别，则要观察体表整体是否完整，有无划痕或缺失。死亡时间较长而冰冻的鱼，鱼体发胀，颜色灰暗或泛黄，鳞体不完整，无光泽，有污物。重复冰冻的鱼，鱼皮、鱼鳞色暗。

3. 鱼肛门

鱼肛门是选择冻鱼的一项主要指标。鱼体表面最易变质的是肛门，因为鱼肠道微生物较多（尤其是底层鱼，如泥鳅、鲶鱼和比目鱼等），死亡时间过长，鱼肠道就会腐烂。如果鱼体内部不新鲜，鱼肛门会表现松弛、腐烂、红肿、突出、面积大或有破裂。而鲜鱼的肛门完整无裂，外形紧缩，无黄红混浊颜色。

4. 冰冻的分割鱼

如果是有头的去鳞或去内脏的整鱼，可以按照上述方法鉴别；如果是没有头部或尾部的鱼，同时又去了内脏，多数都是死亡时间过长的鱼，或者已经就是腐败鱼，当然，也有新鲜的。如果要鉴别这类鱼的新鲜度，那就要看刀截面了。有些鱼，尤其是海水鱼（如龙利鱼）容易腐烂，所以鲜鱼也会去头、去鳞、去内脏，再分割冷冻。但这类鱼也有劣质鱼，还是要看鱼肉的刀截面。对于一些大型海水鱼、半海水鱼，多数都是分割成小块后冷冻包装（如鳕鱼、鲟鱼和巴沙鱼等），还要根据肉质来鉴别。

5. 0℃冰冻鱼

有一些高档鱼（如金枪鱼、石斑鱼、三文鱼、箭鱼），如果冷冻温度过低，会影响鱼肉的品质，通常都是在0℃冰块中冷冻。但在销售时都是分割开的。要鉴别肉质的优劣，也得看刀截面。一些冷冻鱼和冰冻鱼，如龙利鱼（比目鱼）、鲶鱼、草鱼（鲩鱼）、大头鱼（鳙鱼）等含有较高浓度的氯霉素（防腐剂），吃起来有味道。如果喜欢吃这类鱼，最好还是使用重口味的调料。

6. 鱼肉的刀截面

首先，鱼肉和鱼皮应是紧密相连的；其次，要仔细看刀截面。冷冻的分割鱼，刀截面整齐划一，则是鲜鱼；如果刀截面不整齐，很模糊，边缘有冻融小块，肉质松紧不一，则是劣质鱼。有些去头又去内脏的鱼是在冷冻之前处理的，刀截面看不出新鲜度，则需要通过鱼肛门、鱼皮和鱼鳞来鉴别。

学习任务三　禽类的冻结冷藏技术

重点及难点

重点： 禽类的冻结；禽类的冻藏。

难点： 禽类的冻结。

一、禽类的冻结技术

冷却后的禽肉，若要进行长期保藏，必须在较低的温度下进行冻结。禽肉的冻结方式在我国分吹风冻结和不冻液喷淋与吹风式相结合冻结两种，大部分采用吹风冻结法。

（1）吹风冻结　吹风冻结是指利用强制循环的流动冷空气使放在镀锌的金属盘内且经过冷却的胴体冻结。冻全禽时，如果是用塑料袋包装的，可放在带尼龙网的小车或吊篮上进行吹风冻结。没有包装的禽肉大部分放在金属盘内冻结，脱盘后再镀冰衣冻藏。分割禽也用金属盘冻结，然后脱盘包装。装盘时将禽的头颈弯回插入翅下，腹部朝上，使胴体平整地排列在盘内。

冻结禽肉时，冻结间的温度一般为-25℃或更低，相对湿度为85%~90%，空气流速为2~3m/s。在相同的条件下，冻结的时间与禽的种类及采用的方法有关，一般鸡比鸭、鹅等快些，在铁盘内比在木箱内或纸箱中快些。鸡、鸭和鹅在采用不同的冻结方法时的冻结时间见表3-6。禽类冻结终了时的胴体温度，一般在肌肉最厚部位处达到-10℃即可。

表3-6　鸡、鸭和鹅在采用不同冻结方法时的冻结时间

冻结时间 / 禽的种类	冻结方法	
	装在铁盘内	装在箱内（木箱或纸箱）
鸡	11h	24h
鸭	15h	24h
鹅	18h	36h

现在国外冻结禽肉是在空气温度为-40~-35℃、空气流速为3~6m/s的条件下进行的，冻结时间的长短随禽体大小和包装材料的不同而异。图3-6所示为吹风冻结器中去除内脏的禽体冻结时间与禽体质量的关系。冻结禽肉的条件为：空气温度为-38℃，空气流速为4~6m/s，最初禽体温度为7℃左右，最后禽体的中心温度为-20℃。

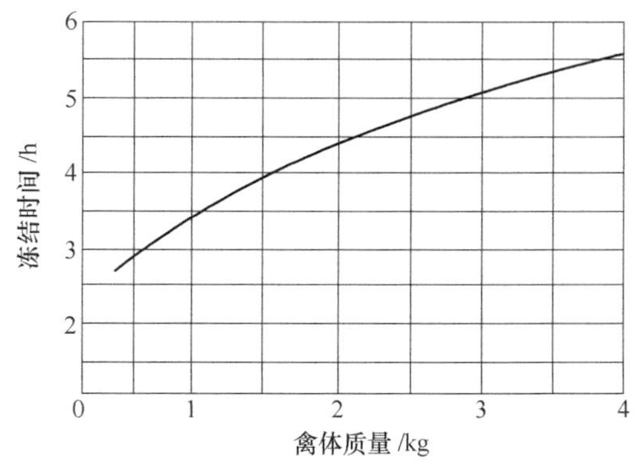

图3-6　吹风冻结器中去除内脏的禽体冻结时间与禽体质量的关系

（2）不冻液喷淋与吹风式相结合的冻结　不冻液喷淋与吹风式相结合的冻结工艺主要分为三个部分：第一部分，为了保持禽胴体本色，袋装的禽胴体进入冻结室后，首先用-28℃的强冷风吹10min左右，使禽胴体表面快速冷却，起到固定色泽的作用；第二部分，用-25~-24℃的40%~50%乙醇溶液喷淋5~6min，使禽胴体表面层快速冻结，这不仅使禽胴体外表呈现乳白色或微黄色的明亮色调，使制品色泽美观，还可缩短冻结周期；第三部分，在冻结间内用-28℃的空气吹风冻结2.5~3h。三个部分形成了一条适应大量且连续生产的禽胴体冻结流水线，如图3-7所示。

在禽类冻结的工艺上采用不冻液喷淋与吹风式相结合的冻结方法，由于不冻液在喷淋时和禽胴体接触，低温的乙醇溶液能迅速吸收禽胴体的热量，可使禽胴体表面快速冻结，不仅解决了禽胴体的外观质量问题，还进一步缩短了冻结时间，提高了冻结装置的生产效率。

快速冻结后，不仅制品外观色泽佳，而且内在质量好，产品干耗大大降低。另外，由于快冻时形成的冰晶小，可避免对纤维和细胞组织的损伤和破坏，因此可以减少在解冻时造成的汁液损失。快冻与慢冻鸡的质量比较见表3-7。

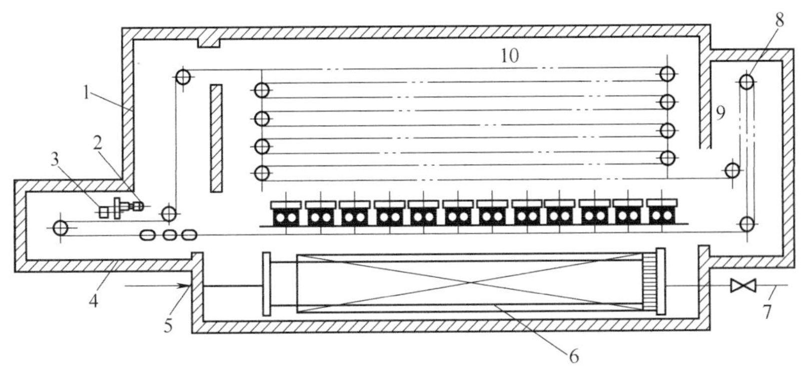

图 3-7　连续生产的禽胴体冻结流水线

1—卸鸡口　2—减速装置　3—电动机　4—装鸡口　5—冲霜进水管　6—冲霜水管
7—蒸发器回气管　8—不冻液喷嘴　9—淋冻间　10—风冻间

表 3-7　快冻与慢冻鸡的质量比较

项　目	慢冻鸡	快冻鸡
外观	禽胴体表皮干燥、发红	滋润，乳白色或微黄色
肌肉	发红	乳白色，微红
冰晶体（细胞显微）	冰晶颗粒大	冰晶颗粒细小
干耗（冻后失重）	3%左右	用塑料袋包装，基本上无干耗；无包装时，干耗在 2%以下
品味	肉老，走味	肉嫩，味美

二、禽类的冻藏技术

1. 冻禽在冷藏间内的堆放形式和冷藏时间

按包装情况，禽类的冻藏可分为有包装冻藏和无包装冻藏两种。无论哪种方式，堆成的垛必须坚固、整齐，不得倾斜，同时不同种类和不同级别的胴体不能混堆，防止错乱。

冻藏间的温度应保持在-18～-15℃，相对湿度为 95%～100%，空气流速应以自然循环为宜。在冻藏过程中，冻藏间的温度、湿度均不得有较大幅度的波动。在正常情况下，一昼夜内的温度变化幅度在±1℃，否则将会引起重结晶现象。冻藏的时间与禽的种类及冻藏间温度有关。一般鸡比鸭、鹅耐藏些。冻藏间的温度越低，越有利于禽的长期冻藏。

2. 禽胴体在冻藏期间的变化

各种禽胴体在冻藏过程中，随着冻藏温度的变化和时间的延长，将发生不同程度的生化和物理变化。

（1）脂肪酸败　脂肪酸败是禽肉在冻藏过程中产生哈喇味，颜色变污灰色、油黄色和污绿色，有时伴有表面发黏、发霉的原因。

（2）肉质腐败变质　禽肉在加工过程中一旦感染了腐败菌，在温度、水分介质适当的条件下，腐败菌会迅速繁殖而使蛋白质分解成腐胺、组胺、尸胺、色胺及粪臭素等。这些都是有毒的物质，会使禽肉产生腐臭味而无法食用。

（3）干耗　由于水分的蒸发和冰晶的升华，加上冷藏间湿度小，包装不严密，空气流速过大，贮存时间长，都会引起肉品脱水，使肉体表面出现点状、丝纹状，甚至周身性的肉色变浅，出现脱水区，肌肉失去韧性，手触有松软感，这种现象称为干耗，也称为发干或风干。当发生严重脱水时，肉品在解冻后不能恢复原状，无肉味，失去食用价值。因此，在冻藏过程中，有必要采取一定的措施防止或降低干耗。

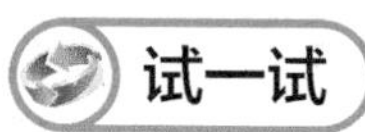

禽类 PSE 肉（异质肉）的应对措施

禽类 PSE 肉是禽胸肉发生类似于猪育种过程中出现的一种肉品质下降的现象，因其具有颜色灰白（Pale）、质地松软（Soft）和表面渗水严重（Exudative）的特点，故称之为 PSE 肉。

研究宰前管理及屠宰加工对宰后鸡肉品质的影响的结果表明，在宰前阶段，运输时间的延长和过度应激是导致宰后产生 PSE 肉的主要原因；而在屠宰加工阶段，预冷不当是宰后产生 PSE 肉的主要因素。降低 PSE 肉的产生率，需要对主要影响因素进行针对性的解决，即运输时间要控制在合理的范围；对候宰的肉禽做好动物福利工作，避免过度应激的产生；预冷时间、预冷温度及胴体在预冷前后的中心温度变化不宜过大，防止冷收缩的产生。

采取喷淋降温、蓝光条件下静养、合理的装卸和击晕方式，减少由宰前装卸、运输、击晕导致的宰前应激；保证宰后胴体快速充分冷却，避免长时间高温和低 pH 对胴体的协同作用；重视基因型选择和育种，剔除应激易感的品种，在获得生长快、饲料回报率高、特定位置肉块大的品种的同时，重视高生长速度所带来的禽肉品质降低问题。

知识拓展

鲜（冻）禽肉的卫生标准

1. 感官指标

鲜（冻）禽肉的感官指标见表 3-8。

表 3-8　鲜（冻）禽肉的感官指标

项　目	指　标	检验方法
状态	具有产品应有的状态，无正常视力可见外来异物	取适量试样置于洁净的白色盘（瓷盘或同类容器）中，在自然光下观察色泽和状态，闻其气味
色泽	具有产品应有的色泽	
气味	具有产品应有的气味，无异味	

2. 理化指标

鲜（冻）禽肉的理化指标见表 3-9。

表 3-9 鲜（冻）禽肉的理化指标

项目	指标	检验方法
挥发性盐基氮/(mg/100g)	≤15	参考 GB 5009.228—2016

3. 污染物限量

畜禽内脏的污染物限量应符合 GB 2762—2017 中对畜禽内脏的规定，除畜禽内脏以外的产品的污染物限量应符合 GB 2762—2017 中对畜禽肉的规定。

4. 农药残留限量和兽药残留限量

1）农药残留量应符合 GB 2763—2016 的规定。

2）兽药残留量应符合国家有关规定和公告。

任务实训二 禽类的冷加工

一、实训目的

通过实训要求学生了解禽类冷加工的操作步骤；掌握禽肉保鲜的基本方法，掌握禽肉入库前的操作步骤。

二、实训内容与要求

实训内容与要求见表 3-10。

表 3-10 实训内容与要求

实训内容	实训要求
原料处理	电麻致昏、放血要干净、浸烫适度、 拔毛不破坏禽皮，拉肠和去嗉囊要干净
卫生检验	按照国家标准
整理	塞嘴要适当、造型要美观
冻藏	包装后，每 100 箱堆成一垛

三、主要材料与设备

禽类、不锈钢刀、冷库、煺毛机、包装机等。

四、实训过程

1. 禽类的宰杀

禽类的宰杀包括电麻、宰杀、放血、浸烫、拔毛、燎毛、拉肠和去嗉囊、冲洗、去内脏及卫生检验等。

鸡的屠宰放血

2. 冷却前对禽胴体的整理

冷却前对禽胴体的整理包括塞嘴、包头和造型等。

3. 禽类的冷却

禽类的冷却可以采用空气冷却和水冷却的方法。

（1）空气冷却　根据具体情况选用吊挂式冷却、装箱法冷却、隧道式冷却和连续低温吹风冷却中的一种。

（2）水冷却　根据具体情况选用浸渍冷却和喷淋冷却中的一种。

4. 禽类的冻结

禽类的冻结可采用吹风冻结，冻结间的温度一般为-25℃或更低，相对湿度为85%~90%，空气流速为2~3m/s。

5. 冻藏

按包装情况，禽的冻结贮藏可分为有包装冻藏和无包装冻藏两种。有包装的易于堆放，一般都是每100箱堆成一垛；无包装冻藏又分为块状和散状冻藏。

冻藏间的温度应保持在-18~-15℃，相对湿度为95%~100%，空气流速应以自然循环为宜。

五、注意事项

1）禽胴体在冷却之前需要进行整理，其目的是防止微生物的侵袭，增加胴体的美观度。

2）禽肉有包装冻藏时，为了提高冻藏间的有效容积利用率，每垛上也可以堆放更多箱。在堆垛时，垛与垛之间应留有一定的间距，最底层用垫木垫起，还应注意不得将箱子倒置。

3）禽肉无包装冻藏时，块体不容易码好垛，因其表面光滑，码垛时务必注意安全，要堆码牢固。散装码垛时，因禽胴体经冻结后格外发脆，尤其颈部较细，容易折断，堆垛时要轻拿、轻放，避免拿、放和堆垛损害禽体的完整性。

4）禽肉无包装冻藏时，堆垛后可在垛的表面镀一层冰衣将胴体包起来，以隔绝空气，这样不仅可以减少胴体在冻藏时的干耗，还可适当延长冻藏的时间。

学习任务四　速冻食品的加工技术和工艺

重点及难点

重点：各类速冻食品的加工工艺及操作参数。

难点：原辅料的质量控制；产品的质量标准。

一、速冻食品的加工技术

到目前为止，国际上对速冻食品的概念也没有统一规定。一般认为，速冻食品应同时具备以下五个特征：①食品冻结时的冷却介质温度应在-30℃以下；②食品冻结过程中形成的冰晶应细小，规格上不超过100μm；③食品冻结时通过最大冰晶生成带的时间应不超过30min；④食品冻结结束时的中心温度应在-18℃以下；⑤食品冻结后的流通，包括贮藏、运输、销售等都应在-18℃以下进行。

速冻食品的加工工艺包括原料处理、调理工程（成型、加热、冻结）及包装和冻藏。

1. 原料处理

（1）操作环境管理　进行操作环境管理的主要目的是减少开始阶段的细菌污染。已清洁过的原料要从第一阶段开始防止二次污染。操作环境管理包括：给排水、换气的检查、室温、水温、原材料的保管状态和保藏室的温度检查；对于作业台、货架、水槽、砍板、饮具和石具等其他机械器具和容器选择要适当。

（2）操作状态　操作状态如下：

1）原料的品质。具备冻结加工条件的食品，初始质量的好坏直接影响速冻食品的质量。一般认为，初始质量越好或新鲜度越高，冻结加工质量越好。对于果蔬类食品，采摘方式、虫害、农药污染及成熟度等是影响初始质量的主要因素。对于肉类食品，屠宰前家禽的安静休息、冲洗干净、宰杀放血、干净卫生、胴体污染限制到最低程度及对胴体进行适当冷却等，都是保证冻结质量的重要措施。为了保证鱼类及其他水产品的新鲜度，应在捕捞后迅速冻结。

2）进行加工处理时的操作如下：①肉类从低温库移出时，使品温升到-7℃预备解冻，然后用切片机切割后再用切碎机切碎，或者用压轧机切成细段，再做粉碎处理，同时要使肉在-5~-3℃的条件下保存。②对水产品、虾类，要用流水解冻法，并剔除异物、夹杂物和鲜度不良及黑变的虾。③对肉糜预解冻后，用切断机切断后做肉馅处理。④对蔬菜类要进行选择，剔除夹杂物和已腐烂不可食用的部分，经水洗后切碎。⑤对畜肉、鱼肉、蔬菜等原料经过调理组合后制造出来的调理食品，原料的品种、部位、收获地和收获时期等因素及加工时处理得是否适当都会影响食品的品质和营养成分，是使食品品质变化的重要因素。

（3）原料的解冻　解冻前的食品品温，解冻介质的种类和温度，解冻终了时的食品温度和解冻的均匀性，解冻中的干燥、液滴量、解冻量和具体操作情况及细菌检查情况等都属于解冻管理的内容。水产品和畜肉原料通常是以冷冻品为原料来使用的。适宜的解冻方法要求解冻时间要短、解冻要均匀，解冻后的品质必须良好、卫生。

（4）水质处理　在水质管理方面，无论是洗涤原料还是在调理加工等各个工序中，所有用水的水质都必须符合饮用水的标准。供水流量的变化、水压的变化及自动供水机械设备、节水装置等的卫生管理也是水质管理的重要内容。我国现在执行的冷冻食品加工的水质标准为《生活饮用水卫生标准》（GB 5749—2006）。

（5）原料的前处理　无论何种原料，一般都需要在冷却、冷冻前进行前处理，这个步骤统称为食品的前处理。果蔬类食品冻结前的加工处理包括原料的挑选及整理、清洗、切分、漂烫和冻结等环节。对每一环节都必须认真操作，任何操作不当都会影响冻结质量。为保持肉类食品的鲜嫩度，冻结加工前需要有一个成熟过程，也就是经0~4℃冷却间预冷却或在10~15℃状态下高温成熟。在此过程中，应该选择最佳冷却条件和冷却方式。一般认为低温冷却的空气温度为0~4℃、相对湿度为86%~92%、空气流速为0.15~0.5m/s。

（6）原料的调制　原料的调制是将肉类、蔬菜、淀粉、调味料、香辛料、食用油和水等根据配方正确称量，然后按顺序放到混合锅内。原料的混合过程兼有调味的过程，要混合均匀。搅拌过度则其食感不好，混合时间一般为2~5min。在混合工艺中，温度管理很重要，各种原料混合时的品温都不能升高，一般采用冰或干冰颗粒来调节温度，也有的在混合搅拌机的外面装配冷媒循环的冷却夹套来保持低温，温度控制在5℃以下。在调理冷冻食品品质标准中，还规定了原材料的含有率。因此，调制时一定要将原材料的管理看作生产具有一定品质的制品的一项重要工作。

2. 成型

在冷冻食品成型方面，由于食品的种类不同，冷冻食品的形状也各式各样，如烧卖、饺子、包子和春卷等形状各不相同，并且有很大区别。食品的成型一般都是采用成型机完成，成型机最主要的功能是要能进行定量分割，能使制品具有一定的形状和重量，且设备的结构不能损伤食品原材料，作业后要容易清洗和杀菌。

根据食品的规格标准，要规定食品内容量（单位为“g”）和一定质量单位内的个数。在日本JAS标准中，平常油炸虾的衣着量在50%以下，除去胸部及甲壳质量在6g以下的小油炸虾的衣着量定为60%以下。油炸丸子的衣着量要在30%以下，烧卖的衣着量在25%以下，饺子的衣着量在45 %以下，春卷皮的衣着量在50%以下。

3. 加热

加热条件不但会影响产品的味道、口感、外观等，而且在冷冻调理食品的卫生保证与品质保鲜管理方面也是至关重要的环节。按照冷冻调理食品的最佳推荐工艺（GMP）、危害因素分析与关键点控制（HACCP）和该类产品标准所设定的加热条件，必须彻底地实现杀菌，故一般要求产品中心温度达到70~80℃。烧卖等蒸制品的加热，要按照设备与工艺要求保持规定的蒸气压和蒸煮装置的温度；蒸煮装置入口、中心与出口处均应保持在规定的温度指标范围内；蒸制时间还要依据蒸制后的形状和温度来加以确认。产品冷却后再进行冻结。

4. 冻结

对冷冻食品的品质，消费者在感官方面最为关心的是食感（食味）。构成食感的因素很多，主要是蛋白质、碳水化合物、脂肪和水等，这些物质在食品中的存在状态决定了食品的物理性质。

近年来，国际上和国内先后出现了许多新型调理食品的冻结设备，从原来的箱式速冻机发展到螺旋式、液氮式、隧道式和平板式等各种速冻设备。对速冻方便型食品的生产，目前在冷冻装置中IQF（零散冻结）设备占有较大优势，它形体小，冻结时间短，其快速的冻结方法使食品品质和产量不断提高。另外，由于其生产省力、装置简便，可有效地利用作业场地，实现工程系列化，充分体现了品质、卫生和生产等方面较其他产品的优越性。虽然IQF也曾生产过品温不合格的制品，但主要原因是没有进行深度冻结。由于食品的种类、形状与冻结时间的不同，在管理上必须注意根据制品的每个表面、中心、平均品温的数据，采取适当的冻结方式。

5. 包装和冻藏

从冻结装置出来的制品要立即在低温条件下进行包装，不能停滞，要防止品温升高。为了快速进行包装，一般采用自动包装机。在进行包装操作时，包装材料要无异物、灰尘和臭味。包装后食品入库前再次检查有无异臭传带给制品是很有必要的。

不适宜的包装或冷冻食品保管中温度的变动，都会导致食品质量损耗、干燥、油脂氧化（酸败）、失去风味等现象迅速发生，使冷冻食品品质恶化，因此要认真检查包装状况。最终制品的状况应当在包装上明示，内容包括品名、原材料名、衣着量、内容量、冻结状态、

品温、制造年月日、保存方法、使用方法、冻结前有无加热、加热调理的必要性和制造者等，对包装状态（有无针孔或破袋、封印状况、再封性等）、净物重量和着霜状况也都应进行检查。

包装结束后要立即进行冻藏。冷藏库的温度要控制在-20℃以下，使产品中心温度保持在-18℃以下，标准的保藏温度是-18℃。一般要求冷冻食品在库时间几乎都要达到1年的冷冻保藏期限，所以保持低温条件是十分必要的。冷冻食品入库堆垛后要定时测量并记录库温，坚持先入先出的原则，冷库温度的变动幅度为±2℃。

6. 速冻调理食品的低温冷藏链

速冻调理食品因加工工艺的不同，种类很多，很难做统一的规定和划分。由于速冻调理食品的类别不同，在制造过程中其低温体系有所区别，但低温控制则是共同的。一种是以0℃为中心、±10℃左右的低温控制，多半是在原料保质及其制造产品的过程中实施的；另一种是成品制成后，在冻结、贮藏、输送、（包括配送）、销售和消费过程的冰箱中贮藏的低温控制，要求食品的温度保持在-18℃以下。这两种低温控制构成了速冻调理食品的低温冷藏链。

建立和完善速冻调理食品的冷藏链的基础条件主要有两条：第一是具备必要的设备、装置及其配套设施；第二是企业管理者和从业人员要具备质量意识和认真负责的工作态度。这两者缺一不可，只有两者协调发展，速冻调理食品才能得到全面的质量控制。

二、常见速冻食品的加工工艺

水果速冻工艺

1. 速冻馒头的加工工艺

（1）速冻馒头的加工工艺　配料→和面→压延→成型→装盘→醒发→蒸制→预冷→精拣装托→速冻→装袋→金属检测→成品入库。

（2）操作要点（以点心馒头为例）　操作要点如下：

1）配料。称取原辅料，包括面粉、糖、水、酵母、鸡蛋和起酥油等。将糖倒入立式和面机中，加水，搅拌使糖全部溶化。

2）和面。将称量好的面粉和粉状小料倒入卧式和面机中，混匀，倒入糖水和蛋液，面团搅拌至扩展阶段时加入起酥油，搅拌均匀。

3）压延。将面团反复辊轧，排出面团中的大气泡，并使面团厚度均匀一致，保证馒头内部结构均匀细腻、无大孔洞。

4）成型。将面团制出符合要求的馒头生坯，再均匀上盘。

5）醒发。将生坯转入醒发箱，静置，使酵母大量繁殖产生二氧化碳，使馒头内部结构均匀细密、多孔柔软。醒发间预先调好温度为38℃±2℃，相对湿度为80%±5%，醒发时间为50min±5min。

6）蒸制。将醒发好的馒头转入蒸箱或蒸柜等设备中蒸熟。

7）预冷、精拣装托。蒸制好的产品在冷却区稍微冷却，中心温度降至35℃以下即可装托。若预冷不足直接速冻，馒头表面可能形成冰层或冰花，其表面的光泽和光滑度都会下降，而且在速冻结束后，产品中心温度达不到速冻要求。

8）速冻、装袋、金属检测、成品入库。预先把急冻隧道的温度降至-30℃以下，才可冻结产品。成品入库前进行金属检测。

2. 速冻汤圆的加工工艺

（1）速冻汤圆的加工工艺　速冻汤圆加工工艺如下：

馅料处理→制馅↘
　　　　　　　　成型→速冻→包装→入库
皮料处理→制皮↗

（2）操作要点　操作要点如下：

1）馅料处理。馅料主要有芝麻、花生、莲子、豆沙、白糖及鲜肉汤圆用的猪肉等。把芝麻或花生清洗除杂后，炒制。要求芝麻或花生熟透、香脆且没有焦味、苦味，颗粒鼓胀。炒熟的芝麻或花生要趁热绞碎。

2）皮料处理。汤圆皮料主要是糯米粉。糯米处理可分水清洗、浸泡、磨浆和脱水共四个过程。首先浸泡糯米，夏天浸泡4h，冬天浸泡8h，使硬质的糯米软化，便于磨浆。其次将水磨后的浆液采用80~100目的筛网过筛，以确保细度。最后将均匀浆脱水成固体，一般脱水后的糯米浆为原料糯米的160%~180%，可根据这个结果在实际生产中调试并掌握脱水机的转速和脱水时间。

3）制馅。制馅过程包括：①先将绞碎的芝麻和白糖充分搅拌。②色拉油和白油先与果酱粉（由黄原胶和麦芽糊精等合成制得）搅拌溶解，边搅拌果酱粉边加色拉油和白油，使果酱粉充分溶解在油中，形成糊状液。

4）制皮。为了防止汤圆皮冻裂，可以添加一定量的熟皮和少量的增稠剂。熟皮添加量一般为汤圆皮总量的6%~8%。

蔬菜的速冻工艺

5）成型。采用机器成型。

6）速冻。速冻的温度至少要达到-25℃，速冻的时间不能超过30min。

7）包装和入库。汤圆的包装要求速度快，冷库要求库温相对稳定。

3. 速冻草莓的加工工艺

（1）速冻草莓的加工工艺　原料分级→去蒂→清洗→加糖→冻结。

（2）操作要点　操作要点如下：

1）原料分级。按果实大小和色泽对原料进行分级。按大小分为20mm、20~24mm、25~28mm和28mm以上四级。果实红色应占果面的2/3以上。

2）去蒂。分级后去掉果蒂，去蒂时注意不要损伤果肉，一只手轻拿果实，另一只手轻轻转动去掉蒂。

3）清洗。去蒂后的草莓用流水漂洗2~3次除去泥沙、污物等。

4）加糖。清洗干净后的草莓整粒加30%~50%的糖浆浸渍，也可按果：糖为3：1的比例加白砂糖均匀撒在果面，用聚乙烯袋装袋密封。

5）冻结。在-35℃以下的温度快速冻结，一般要求在10min左右冻至-18℃。需要切片的草莓，切片厚度约为4mm，然后撒糖、包装，在-40~-34℃温度下冻结，于-20~-18℃温度下贮藏。

试一试

速冻汤圆怎么煮

元宵节吃汤圆，汤圆营养丰富，含有脂肪、碳水化合物、钙、铁、核黄素和烟酸等营养元素。据说汤圆象征合家团圆，吃汤圆意味着新的一年合家幸福、万事如意。那么，速冻汤圆怎么煮？煮多久呢？接下来给大家介绍一个煮制方法。

（1）开水下　锅内加入适量清水，把水烧开。

（2）轻推开　把汤圆放入锅内，用勺子轻轻推开。

（3）慢水煮　待汤圆浮起后，迅速改用慢火。

（4）点冷水　煮的过程中，每开一次锅加少量冷水，使锅内的水保持似滚非滚的状态。

（5）短停留　水沸两三次后，再煮一会儿，即可食用。

知识拓展

速冻面米制品卫生标准

速冻面米制品是指以小麦粉、大米、杂粮等谷物为主要原料，同时配以肉、禽、蛋、水产品、蔬菜、果料、糖、油、调味品等单一或多种配料为馅料，经加工成型（或熟制）、速冻而成的食品。

1. 感官指标

速冻面米制品的感官指标见表 3-11。

表 3-11　速冻面米制品的感官指标

项　目	指　标	检验方法
组织形态	具有该品种应有的形态，不变形，不破损，表面不结霜	按照 GB/T 5009. 56—2003 规定的感官检验方法检查，并按照包装上标明的食用方法进行加热或熟制，分别品尝和嗅闻，检查其滋味和气味
色泽	具有该品种应有的色泽	
滋味、气味	具有该品种应有的滋味和气味，无异味	
杂质	外表及内部均无肉眼可见杂质	

2. 理化指标

速冻面米制品的理化指标见表 3-12。

表 3-12　速冻面米制品的理化指标

项　目	指　标	检验方法
过氧化值[a]（以脂肪计）/（g/100g）	≤0. 25	参考 GB/T 5009. 56—2003

[a]仅适用于以动物性食品或坚果类为主要馅料的产品

3. 污染物限量

不带馅料的速冻面米制品中铅的限量应符合 GB 2762—2017 中谷物及其制品的规定。

带馅料的速冻面米制品中铅的限量应符合 GB 2762—2017 中带馅（料）面米制品的规定。

4. 微生物限量

速冻面米制品的微生物限量见表 3-13。

表 3-13　速冻面米制品的微生物限量

项目	采样方案[a]及限量（若非指定，均以 CFU/g 表示）				检验方法（生制品）	检验方法（熟制品）
	n	c	m	M		
金黄色葡萄球菌	5	1	1000	10000	参考 GB 4789. 10—2016 平板计数法	
	5	1	100	1000		参考 GB 4789. 10—2016 平板计数法
沙门氏菌	5	0	0/25g	—	参考 GB 4789. 4—2016	参考 GB 4789. 4—2016
菌落总数	5	1	10000	100000		参考 GB 4789. 2—2016
大肠菌群	5	1	10	100		参考 GB 4789. 3—2016 平板计数法

[a]样品的采样及处理按 GB 4789. 1—2016 执行。

任务实训三　速冻饺子的加工

一、实训目的

通过实训让学生了解速冻饺子的加工工艺流程，掌握速冻饺子的加工工艺参数。以下以三鲜饺子为例。

二、实训内容与要求

实训内容与要求见表 3-14。

表 3-14　实训内容与要求

实训内容	实训要求
制馅	混匀，咸味适当
制皮	软硬适度，黏合性好
包制	不破皮，不露馅

三、主要材料与设备

精粉、猪肉、大虾等。不锈钢刀、和面机、速冻机、恒温箱等。

四、实训过程

1. 原料配方

精粉 50kg，猪肉 50kg，海参 10kg，大虾 10kg，玉兰片 10kg，葱花 5kg，姜末 0.5kg，味精 0.5kg，面酱 0.5kg，骨汤 25kg，食盐 1kg，花生油 5kg，香油 1kg。

2. 工艺流程

制馅↘
　　　包制→速冻→包装→冷藏
制皮↗

3. 制作方法

（1）制馅　将猪肉绞成肉末，加入骨汤搅拌呈黏稠状。将海参切成小丁，大虾去皮切成小丁，玉兰片剁成末，然后混合在一起。加入花生油、面酱、葱花、姜末、味精、食盐和香油等，搅拌均匀即成馅。

（2）制皮　将精粉倒入和面机中，加入 25kg 水，搅拌和成面团。取出饧 1～3h，分切成约 15g 的剂子，擀成圆片。

（3）包制　取擀好的圆片，放入约 15g 的馅，捏合两边即成。

（4）速冻　将包好的水饺放入不锈钢托盘中，送入-30℃以下的速冻机中冻结。

（5）包装　将冻好的水饺按照不同品种、不同规格的要求进行包装、装箱。

（6）冷藏　将包装、装箱的速冻水饺尽快送入-18℃以下的冷藏库中贮藏。

五、注意事项

速冻避免了由于水结成冰时形成大的冰晶，避免蔬菜遭受破坏，但速冻在对细胞威胁性最大的温度范围内（-12～-8℃）停留时间很短，微生物的死亡率也相应降低。一般情况下，食品速冻过程中微生物的死亡数仅为原菌数的 50%，因而必须注意原料和加工过程中的卫生，减少原始菌数。

模块小结

本模块主要介绍了速冻食品的概念、特点、种类及常见速冻食品的加工工艺。通过本模块的学习，应掌握速冻食品加工基本知识，掌握常见速冻食品的加工工艺流程及操作要点，能够对速冻馒头、包子、汤圆、草莓等的速冻加工进行操作，对产品质量常见问题采取适当措施，合理控制。

思考与练习

一、解释下列名词

1. 肉的冻结　　2. 肉的冻藏

二、填空题

1. 肉类冻结的常用方法有________、板式冻结法和浸渍式（液体）冻结法。

2. 肉在冻结和冻藏期间常见的物理变化有：容积增大，产生________和冻结烧，还会出现冰的重结晶现象。

三、判断题

1. 由于缓慢冻结的时间长，所以形成的冰晶小，冰晶数量多。 (　　)
2. 快速冻结法的冻结时间长，形成的冰晶小，冰晶数量多，所以在结冻时肉汁流失少。 (　　)
3. 冻鱼在冻藏中，冻藏温度应低于-18℃。 (　　)

四、简答题

1. 肉类速冻前要进行哪些预处理？
2. 肉类冻结方法有哪些？
3. 肉类速冻常用哪些设备？
4. 如何鉴定水产品的鲜度等级？
5. 鱼的微冻保鲜方法有哪些？
6. 简述鱼的冻结过程。

五、技能题

1. 试述当地典型速冻肉制品的加工工艺与操作要点。
2. 试述肉类速冻时易出现的质量问题及控制措施。

模块四 食品冷链产业概况

学习目标

了解世界冷链产业概况。
了解我国冷链产业概况。
掌握冷链的运行原则。
掌握冷链的定义。
掌握冷链的组成。

学习任务一 食品冷链的基础知识

重点及难点

重点： 冷链的定义；冷链的组成；冷链的运行原则。

难点： 冷链的运行原则。

一、冷链的定义

冷链的起源要追溯至19世纪上半叶冷冻机的发明，随着冰箱的出现，各种保鲜和冷冻农产品开始进入市场，进入消费者家庭。到20世纪30年代，欧洲和美国的食品冷链体系已经初步建立。20世纪40年代，欧洲的冷链在第二次世界大战中被摧毁，但战后又很快重建。现在欧美发达国家已形成了完整的食品冷链体系。

关于冷链的定义，各个国家有所不同。欧盟定义冷链为：从原料的供应，经过生产、加工或屠宰，直至最终消费为止的一系列有温度控制的过程。冷链是用来描述冷藏和冷冻食品的生产、配送、存储和零售这一系列相互关联的操作的术语。日本明镜国语辞典定义冷链为：通过采用冷冻、冷藏、低温贮藏等方法，使鲜活食品、原料保持新鲜状态由生产者流通至消费者的系统。美国食品药物管理局这样定义冷链：贯穿从农田到餐桌的连续过程中维持正确的温度，以阻止细菌的生长。

我国的冷链最早产生于20世纪50年代的肉食品外贸出口，并改装了一部分保温车辆。1982年，我国颁布《中华人民共和国食品卫生法》，从而推动了食品冷链的发展。这么多年来，我国的食品冷链不断发展，以一些食品加工行业的龙头企业为先导，已经不同程度地建立了以自身产品为核心的食品冷链体系，包括速冻食品企业、肉食品加工企业、冰激凌和奶制品企业及大型快餐连锁企业，还有一些食品类外贸出口企业。

根据国家技术监督局发布的《物流术语》（GB/T 18354—2006）所述，冷链是指为保持新鲜食品及冷冻食品等的品质，使其在从生产到消费的过程中，始终处于低温状态的配有专门设备的物流网络。可见在我国冷链泛指冷藏冷冻类产品在生产、储存运输、销售到消费者前的各个环节中始终处于规定的低温环境下，以保证产品质量、减少产品损坏的一项系统工程，它是随着制冷技术的进步、物流的发展而兴起的，是以冷冻工程为基础、以制冷技术为手段的低温物流过程。

冷链产业按照温控产品的类别可分为食品冷链、医药冷链和化工冷链、电子产品冷链等。其中食品冷链对应的产品为农副产品（果蔬、菌类、肉品、水产品、乳制品）、冷冻包装食品（速冻饺子、速冻汤圆等）、冰品（冰激凌、雪糕）及其他需要温控的食品（如巧克力、红酒等）。医药冷链对应的主要产品为生物制剂、疫苗和血浆等对温度敏感的产品。化工冷链对应的主要产品有摄影用品、树脂产品及化妆品等。各类冷链对应的产品的温度要求、生产模式、流通模式和销售模式都各不相同，并且冷链链条上各个环节的参与者不同，各类参与者在价值链上所扮演的角色和所处的地位也不尽相同。

二、冷链的特点

冷链的核心是为保证产品的品质，将温度控制贯穿于整个链条的始终。在此过程中，要做到真正意义上的全程冷链，需要在生产环节、流通环节和销售环节实现统一、连续的温度控制，需要各个环节配合，才能体现更大的增值潜能和能量。冷链是一个庞大的系统工程，不仅关系到食品、药品等的品质保证和流通效率，还直接关系到消费者的生命安全和健康。其主要的特点有：

（1）高作业性　对食品类产品的产地进行严格管理、追踪，对于特定的商品需要追溯原产地。冷库对温度控制很严格，使用带温度传感器的 RFID（射频识别）进行全程温度控制，出入库作业要求高。另外，由于鲜活农产品和生鲜食品即使在低温环境下保质期也较短，在物流和销售过程中，由于温度的变化容易发生腐蚀和变质，需要在规定的时间内进行贮藏和送达销售场所，销售环节的货架期也需要严格控制，因此要求冷链必须具有一定的时效性。

（2）高技术性　在整个冷链物流过程中，冷链所包含的制冷技术、保温技术、产品质量变化机理和温度控制及检测等技术是支撑冷链的技术基础。不同的冷藏物品都有其相对应的温度控制和贮藏温度。

冷藏物品的质量在流通过程中随着温度和时间的变化而变化，不同的产品都必须要有对应的温度控制和贮藏的时间。这就大大提高了冷链物流的复杂性，因此说冷链是一个庞大的系统工程。冷链管理必须从产品的生产、储存、运输和销售等诸多环节进行控制。

（3）高政策性　最新的《食品安全法》就食品运输问题做了特别阐述，关注食品在整个供应流程中的安全监控，要求冷链不能断裂，在食品贮藏和配送过程中，应始终处于受控的低温状态。安全性要求对物流商的资质、硬件、软件及工厂信息化提出了更高要求。

（4）高资金性　冷链物流中需要投资冷库、冷藏车等基础设施，并且投资比较大，是一般库房和普通车辆的 3~5 倍。冷链的运输成本高，是因为电费和油费是维持冷链的必要投入。另外，冷链物流作为物流业务中基础设施和技术含量都很高的高端物流，其利润回报也是非常可观的。

（5）高协调性　冷链物流需要各环节之间无缝衔接，以保证冷链商品在适宜的温度、湿度和卫生的环境中畅通流通。冷链物流的特殊性使其过程组织具有较高的协调性，需要完善冷链信息系统功能，充分发挥有效的信息导向作用，保证冷链食品流向的顺畅。因此，冷链上下游各环节的协调性要高，这样才能保证整个链条的稳定运作。

三、冷链的组成

食品冷链产业链主要包括生产、加工、贮藏、运输、配送和销售等环节。冷链系统组成如图 4-1 所示。

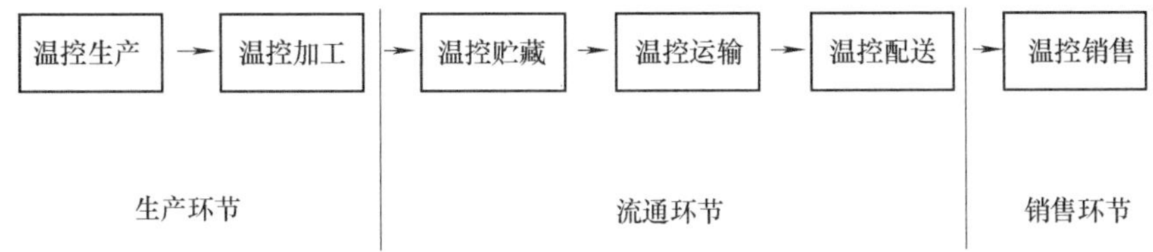

图 4-1　冷链系统组成

温控生产环节主要是指由温控食品生产企业生产产品。

温控加工环节包括：肉类、鱼类的冷却与冻结；水产品和蛋类的冷却与冻结；果蔬的预冷与各种速冻食品的加工；各种速冻食品和奶制品的低温加工等。这个环节中主要涉及的冷链装备有冷却、冻结装置和速冻装置。

温控贮藏环节包括食品的冷藏和冻藏，也包括果蔬的气调贮藏。此环节应保证食品在储存和加工过程中处于低温保鲜环境。此环节主要涉及各类冷藏库、冷藏柜、冻结柜及家用冰箱等。

温控运输环节包括冷藏、冷冻食品的中、长途干线运输，区域、支线及城市配送等，主要涉及铁路冷藏车、冷藏汽车、冷藏船和冷藏集装箱等低温运输工具。在流通领域，食品的冷冻运输必不可少。冷藏车和冷藏船可以看作可移动的小型冷藏库，是固定冷藏库的延伸。在冷藏运输过程中，温度的波动是引起食品质量下降的主要原因之一，因此运输工具必须具有良好的性能，不但要保持规定的低温，更要保持稳定的温度，切忌大的温度波动，这对远途运输尤其重要。

温控配送环节中重要的是配送过程中的温度控制。温度由温控器来控制，长途配送一般会装上 GPS 温度监控系统。冷链配送温度控制主要从硬件和软件两个方面来控制。硬件控制指所使用的设备是否符合要求，如记录仪的校验精度是否达标，操作前有没有验证。软件控制指人员是否培训到位，配送前是否有配送方案，以及各类突发情况是否有预案等。

温控销售环节包括冷冻食品的批发及零售等，由生产厂家、批发商和零售商、量贩超市、便利店等渠道共同完成。早期，冷冻食品的销售主要由零售商的零售车及零售商店承担。近年来，随着大中城市各类连锁超市的快速发展，各种连锁超市正在成为冷链食品的主要销售渠道。这些零售终端大量使用了冷藏或冷冻陈列柜和贮藏库，因此逐渐成为完整的食品冷链中不可或缺的重要环节。

四、冷链的运行原则

虽然不间断的低温是冷链的基础和基本特征，也是保证易腐食品质量的重要条件，但并不是唯一条件。因为影响易腐食品贮藏和运输质量的因素还有很多，必须综合考虑、协调配合，才能形成真正有效的冷链。与常规的物流系统相比，冷链物流有其自身的特点，在运行过程中需要遵从以下原则：

1. “3P” 原则

“3P” 原则是指易腐食品的原料（Products）、加工工艺（ Processing）、货物包装（Package）。要求被加工原料一定要用品质新鲜、不受污染的产品；采用合理的加工工艺；成品必须具有既符合健康卫生规范又不污染环境的包装。这是食品在进入冷链时的“早期质量”要求。

2. “3C” 原则

“3C 原则” 是指冷却（Chilling）、清洁（Clean）、小心（Care）。也就是说，要保证产品的清洁，不受污染；要使产品尽快冷却下来或快速冻结，要使产品尽快地进入所要求的低温状态；在操作的全过程中要小心谨慎，避免产品受任何伤害。这是保证易腐食品“流通质量” 的基本要求。

3. “3T” 原则

“3T” 原则，即物流的最终质量取决于冷链的贮藏温度（Temperature）、流通时间（Time）和产品本身的耐贮藏性（Tolerance）。冷藏物品的质量在流通过程中随温度和时间的变化而变化，不同的产品都必须要有对应的温度控制和贮藏时间。

这个 3T 理论说明：

1）对每一种冻结食品来说，在冷藏温度下，食品所发生的质量下降与所需的时间存在着一种确定的关系。

2）在整个贮运阶段中，由冷藏和运输过程（在不同的温度条件下）所引起的质量下降是积累性的，并且是不可逆的。

3）冻结食品的冷藏温度越低，则其贮藏期限越长。

4. “3Q” 原则

“3Q” 原则，即冷链中的设备的数量（Quantity）协调、设备的质量（Quality）标准一致、快速（Quick）的作业组织。冷链设备数量和质量标准的协调能够保证货物总是处在适宜的环境中，并能提高各项设备的利用率。因此产销部门的预冷站、各种冷库，铁路的冷藏车和制冰加冰设备、冷藏车辆段，以及公路的冷藏汽车和水路的冷藏船，都应按照易腐货物货源货流的客观需要，互相协调发展。设备的质量标准一致是指各环节的标准应当统一，包括温度条件、湿度条件、卫生条件及包装材料。快速的作业组织则是指加工部门的生产过程，经营者的货源组织，运输部门的车辆准备与途中服务、换装作业的衔接等。“3Q” 条件十分重要，并且有实际指导意义。

5. “3M” 原则

“3M” 原则即保鲜工具与手段（Means）、保鲜方法（Methods）和管理措施（Management）。在冷链中所用的储运工具及保鲜方法要适合食品的特性，并能保证既经济又取得最佳的保鲜效果。

冷链物流系统提供了一种全新的冷冻货物流通支持，可实现从生产、加工、运输到销售过程中多个不同环节之间的高效无缝对接。这种全新的货物流通系统已越来越受到重视，并不断完善。随着人民生活水平的提高，对食品的卫生、营养、新鲜和方便性等方面的要求也日益提高，冷链的发展前景十分广阔。

经验总结

冷冻奶油通常是大宗货物，习惯做法是将奶油装在纸箱内，纸箱装在货盘上，然后再装入冷箱内运输。虽然有些奶制品可在较高的温度下运输，但实际温度一般设置在低于-14℃或更低，因为大部分奶油在低于-8℃的温度下没有微生物损坏，并且可保持良好的质量。可长期贮存的硬奶酪通常在1~7℃温度下运输，这取决于奶酪的种类、包装运输距离和加工或零售的用途。

巧克力要用非常清洁、无味的冷箱装载，并在适宜的温度下运输。低温有利于保证质量。一般运输要求相对湿度设置在65%。根据巧克力品种的不同，温度通常设置在8~18℃。运输期间可能造成巧克力表面出现极小的“花纹”，颜色看起来有改变，并且影响质量。

知识拓展

食品冷链物流安全保证体系

在食品冷链物流过程中，由于涉及的环节较多，一条完整冷链往往跨越多个产业、多个企业和多个管理部门，造成质量安全控制的方法与技术在食品冷链物流中的应用更加复杂。因此，食品冷链物流的管理人员和技术人员更加有必要掌握这些原理和技术，并将其应用于具体的食品物流安全管理。

1. GMP

GMP(Good Manufacturing Practices，生产质量管理规范、良好作业规范或优良制造标准）是一套适用于制药和食品等行业的强制性标准，要求企业在原料、人员、设施设备、生产过程、包装运输和质量控制等方面达到国家有关法规中对卫生质量的要求，形成一套可操作的作业规范，帮助企业改善卫生环境，及时发现生产过程中存在的问题，并加以解决。简要地说，GMP要求制药、食品等生产企业具备良好的生产设备、合理的生产过程、完善的质量管理和严格的检测系统，确保最终产品质量（包括食品安全卫生）符合法规要求。

1969年，世界卫生组织向世界各国推荐使用GMP。1972年，欧共体成员国公布了GMP总则。1975年，日本开始制定各类食品卫生规范。我国食品行业应用GMP始于20世纪80年代。1984年，为加强对我国出口食品生产企业的监督管理，保证出口食品的安全和卫生质量，国家商检局制定了《出口食品厂、库卫生最低要求》。该规定是类似GMP的卫生法规，于1994年由卫生部修改为《出口食品厂、库卫生要求》。1994年，卫生部参照FAO/WHO食品法典委员会CAC/RCP Rev. 2—1985《食品卫生通则》，制定了《食品企业通用卫生规范》(GB 14881—1994)，随后陆续发布了《罐头厂卫生规范》《白酒厂卫生规范》等19项国家标准。

食品GMP的特点是一套由表及里、由浅入深、点面结合的食品安全管理的系统模式和方法。在其严格规范下，可以降低食品生产过程中的人为错误，防止食品在生产过程中遭到污染或品质劣变，是健全的自主性品质保证体系。因此，在食品行业实施 GMP 具有重大的经济及社会意义。

食品 GMP 管理体系的管理重点有 4 个方面，简称“4M”，分别是人员（Man），即要由合适的人员来生产与管理；原料（Material），即要选用良好的原材料；设备（Machine），即要采用合适的厂房和机器设备；方法（Method），即要采用适当的工艺来生产食品。

食品 GMP 的实施要求包括以下内容：

1）生产加工每个操作环节布局合理。

2）生产加工的硬件设施装备先进科学。

3）操作流程连续化、自动化、密闭化。

4）包装、贮存、配送系统运行优质安全。

5）生产环节的卫生、营养、质量等控制系统完备。

6）卫生、营养、质量检测体系健全。

7）员工操作规程管理制度严格。

8）产品质量可追踪监管。

2. SSOP

SSOP（Sanitation Standard Operation Procedures，卫生标准操作程序）是食品企业在卫生环境和加工要求等方面所需实施的具体程序，是食品企业明确在食品生产中如何做到清洗、消毒、卫生保持的指导性文件。SSOP 和 GMP 是进行 HACCP 的基础。

（1）起源和发展　20 世纪 90 年代，美国频繁暴发食源性疾病，造成每年 700 万人次感染和 7000 人死亡。调查数据显示，其中有大半感染或死亡的原因与肉、禽产品有关。这一结果促使美国农业部（USDA）重视肉、禽产品的生产状况，并决心建立一套涵盖生产、加工、运输和销售所有环节在内的肉、禽产品生产安全措施，从而保障公众的健康。1995 年 2 月颁布的《美国肉、禽产品 HACCP 法规》中第一次提出了要求建立一种书面的常规可行程序——卫生标准操作程序（SSOP），确保生产出安全、无掺杂的食品。同年 12 月，美国 FDA 颁布的《美国水产品的 HACCP 法规》中进一步明确了 SSOP 必须包括的八个方面及验证等相关程序，从而建立了 SSOP 的完整体系。从此，SSOP 一直作为 GMP 和 HACCP 的基础程序加以实施，成为完成 HACCP 体系的重要前提条件。

（2）SSOP 的基本内容　水和冰的安全；食品接触表面的卫生；防止交叉污染；洗手，手消毒和卫生设施的维护；防止外来污染物造成的掺杂；化学物品的标识，以及存储和使用；雇员的健康状况；昆虫与鼠类的扑灭及控制。

（3）SSOP 的影响因素　SSOP 是食品加工厂为了保证达到 GMP 所规定的要求，确保加工过程中消除不良的因素，使其加工的食品符合卫生要求而制定的，用于指导食品生产加工过程中实施清洗、消毒和卫生保持。SSOP 的正确制定和有效执行，对控制危害是非常有价值的。企业可根据法规和自身需要建立文件化的 SSOP。

建立和维护一个良好的“卫生计划”是实施 HACCP 计划的基础和前提。无论是从人类健康的角度来看，还是从食品国际贸易要求来看，都需要食品的生产者在良好的卫生条件下生产食品。无论企业的大与小、生产的复杂与否，卫生标准操作程序都要起这样的作用。通过实行卫生计划，企业可以对大多数食品安全问题和相关的卫生问题实行最强有力的控制。事实上，对于导致产品不安全或不合法的污染源，卫生计划就是控制它的预防措施。

在我国食品生产企业都制定有各种卫生规章制度，对食品生产的环境、加工的卫生、人员的健康进行控制。为确保在卫生的状态下加工食品，充分保证达到GMP的要求，加工厂应针对产品或生产场所制定且实施一个书面的SSOP或类似的文件。实施过程中还必须有检查、监控，如果实施不力就要进行纠正和记录。这适用于所有种类的食品零售商、批发商、仓库和生产操作。

3. HACCP

国际标准CAC/RCP-1《食品卫生通则》（1997年　3版）对HACCP的定义为：鉴别、评价和控制对食品安全至关重要的危害的一种体系。在HACCP管理体系原则指导下，食品安全被融入设计的过程中，而不是传统意义上的最终产品检测。

在HACCP中，有七条原则作为体系的实施基础，它们分别是：①进行危害分析和提出预防措施；②确定关键控制点；③建立关键界限；④关键控制点的监控；⑤纠正措施；⑥记录保持程序；⑦验证程序。

需要指出的是，HACCP不是一个单独运作的系统。HACCP更重视食品企业经营活动的各个环节的分析和控制，使之与食品安全相关联。例如，从经营活动之初的原料采购、运输到原料产品的贮藏，到生产加工与返工和再加工、包装、仓库储放，到最后产成品的交货和运输，整个生产经营过程中的每个环节都要经过物理、化学和生物三个方面的危害分析，并制定关键控制点。危害分析与关键点控制涉及企业生产活动的各个方面，如采购与销售、仓储运输、生产、质量检验等，为的是在经营活动的各个环节保障食品的安全。另外，HACCP还要求企业有一套召回机制，由企业的管理层组成一个小组，必须要有相关人员担任总协调员，对可能的问题产品实施紧急召回，最大限度地保护消费者的利益。

对大多数HACCP的成功使用者来说，它可用于从农场到餐桌的任何环节。对于农场，可以采用多种措施使农产品免受污染。例如，监测好种子、保持好农场卫生、对养殖的动物做好免疫工作等。在收获前，可以运用HACCP体系，对农产品生长、饲养过程中的各个环节进行评估，以判断其是否符合食品安全标准，做好农产品生产后、加工前的质量把关。在食品加工厂的屠宰和加工过程中也应做好卫生工作，当肉制品和家禽制品离开工厂时，还应做好运输、贮存和分发等方面的控制工作。在批发商店里，确保卫生设施、冷藏、贮存和交付活动免受污染。最后，在餐馆、食品服务机构和家庭厨房等地方也应做好食品的贮藏、加工和烹饪的工作，确保食品安全。

事实上，在食品物流的终端，消费者甚至可以在家中实施HACCP体系。通过适当的贮存、处理、烹调和清洁程序，在从去商店购买肉和家禽到将这些东西摆上餐桌的整个过程中，有多个保障食品安全的步骤。例如，对肉和家禽进行合适的冷藏、将生肉和家禽与熟食隔离开、保证肉类煮熟、冷藏和烹饪的残留物不得有细菌滋生等。

4. ISO 22000

ISO 22000是一个国际标准，定义了食品安全管理体系的要求，适用于从农场到餐桌这个食品链中的所有组织。

ISO 22000表达了食品安全管理中的共性要求，而不是针对食品链中任何一类组织的特定要求。该标准适用于在食品链中所有希望建立保证食品安全体系的组织，无论其规模、类型和其所提供的产品如何。它适用于农产品生产厂商、动物饲料生产厂商、食品生产厂商及批发商和零售商。它也适用于与食品有关的设备供应厂商、物流供应商、包装材料供应厂商、农业化学品和食品添加剂供应厂商，涉及食品的服务供应商和餐厅。

学习任务二　世界冷链产业概况

重点及难点

重点：世界冷链发展现状；世界冷链发展趋势。

难点：世界冷链发展现状；世界冷链发展趋势。

一、世界冷链发展现状

随着制冷技术和人们对食品安全要求的提高，冷链已经在发达国家得到了广泛应用。美国、日本等发达国家的冷链流通率可达到95%，东欧国家可达到50%左右。根据资料显示，欧洲冷冻冷藏食品年消费量超过1000万t，人均占有量30kg。发达国家如此庞大的消费量主要得益于其完善的冷链系统。

纵观当前世界冷链发展，主要呈现以下几个特点：

1. 冷链现代化程度较高

目前，发达国家借助现代化信息技术，广泛应用仓库管理系统（WMS）、运输管理系统（TMS）、电子数据交换（EDI）、自动识别、全球定位（GPS）、无线射频标签（RFID）和全程温度监控、质量安全可追溯系统等来提高对整体冷链的控制能力。

例如，日本冷链物流在技术、设备系统、运营管理、市场成熟度等方面都处于世界领先水平。近年来，日本政府大力推进冷链物流聚集地的各种基础设施建设，在大中城市、港口城市对冷链物流设施进行了合理规划。另外，日本的食品配送中心大都建有低温和常温仓库，并进行食品流通加工、小包装分解、电子商务配送、订单式食品配送等冷链物流相关业务。

2. 行业集中度不断提高

据国际冷藏库协会公布的数据，美国、日本两国冷库容量之和占世界冷库总量的近40%。另据资料显示，美国冷链运营商通过联合并购，前五强企业冷库容量占美国冷库总容量的45%。

同时，世界冷库数量持续增加。例如，日本自20世纪60年代以来，随着经济的发展和冷冻食品消费的增加，推进了日本冷库建设速度。1950年，日本冷库能力只有59万t，2013年，日本全国共有冷库3046座，冷库容积达3063万m^3（1225万t）。

二、世界冷链发展趋势

1. 冷链运输需求强劲

就全球来看，北美洲和欧洲是保鲜食品的最大市场，而南美洲各国、南非和澳大利亚等国家是北美洲和欧洲保鲜食品的最大供应地。由此，冷藏船和冷藏车等冷藏供应链的队伍不断壮大。

2. 信息化趋势

在科学技术迅速发展的今天，冷链信息化的发展必然是未来世界冷链发展的趋势。目

前，很多食品冷链普及的国家已经广泛采用无线互联网技术（建立在无线网络基础上的互联网）、条码技术、无线射频识别技术（RFID）、地理信息系统（GIS）及在仓储、运输管理和基于互联网的通信方面的技术和实施能力。为更好地实施冷链服务能力，冷链公司将更加重视公司的冷链信息化建设，以此来提高自身的竞争力。

3. 冷链物流向系统化发展

为提高冷链效率和满足不同用户的需求，发达国家冷链物流企业已经由单环节的物流企业向跨地域的一体化系统化物流企业转变。

4. 冷链物流服务向第三方物流形式转变

第三方冷链物流是指由供方（或发货人）与需方（或收货人）以外的物流企业提供冷链物流服务的业务模式。第三方物流公司具有整合资源、合理有效控制物流技术、减少食品周转时间等优势。目前，在美国和日本等国家，专业的物流服务已形成规模，这有利于物流服务降低流通成本、提高运营效率等。美冷、Agility 等发展较为完善的第三方冷链物流企业已开始进入我国市场，对我国第三方冷链物流的发展具有示范效应，但同时又与我国的第三方冷链物流企业形成竞争关系。未来冷链物流由单独的冷链物流中心逐步转变为第三方冷链物流中心的独立投资者，降低了物流费用，提高了物流效率。

经验总结

日本的冰温技术

冰温温度带指的是0℃到生物体冻结点之间的温度区间。在此温度区间贮藏、后熟、干燥和流通的食品被称为冰温食品，它在保持食品鲜度和风味等方面具有独特优势。冰温贮藏是继冷藏、冻结后的一种新兴的贮藏方法，越来越得到广泛的重视。冰温技术的开发具有现实意义，传统的冷藏贮藏期短，冻结贮藏时间虽长，但食品品质下降较为严重。为了寻找更好的贮藏方法，日本首先提出了冰温的概念，并在冰温技术的发展上做出了巨大的贡献。

目前，日本冰温技术应用在各个环节，已经产生冰温贮藏、冰温后熟与冰温发酵、冰温干燥、冰温浓缩和冰温流通等。冰温库、冰温集装箱、冰温运输车、冰温陈列柜、冰温冰箱和采购食品时的冰温菜篮等设备，在日本已经形成了一条完整的冰温冷藏链，让食品在从产地至消费者的流通过程中的各个环节都保持冰温温度，把新鲜美味的食品送到人们的餐桌上。

知识拓展

日本冷链物流的概述与发展

1. 日本冷链物流的概述

在日本，冷链物流被称为“低温物流”。日本冷链物流是为了保证生鲜食品的鲜度，保持食品冷冻、冷藏、低温的状态，把生鲜食品从产地、食品制造加工企业、冷链物流中心送到消费地的物流系统。通过冷链物流系统，食品的鲜度品质、卫生管理和温度管理得以保证，可以调节食品的市场需求，节约冷链物流的成本，为消费者提供安全、安心的食品。

2. 日本冷链物流的发展

日本冷链物流产业的高速发展期在20世纪80年代，主要是受当时日本经济高速增长和生活习惯改变的影响。经过30多年的发展，日本已经构建了完备的从产地到终端消费地的冷链物流系统。从衡量冷链物流产业发展的几个关键指标来看，包括冷库容量、入库量、存储量、营业用冷库量和自营型冷库量的比率等数据，近年都保持在较为平稳的水平，日本冷链物流产业已经进入了平稳发展期。

日本由于人多地少、自然资源稀缺，很难实现农产品冷链物流的组织化、集约化。为了解决分散的农产品结构，降低农户单独进入市场的交易成本，日本的农业合作组织（简称农协）为日本农产品冷链物流提供了合作平台。日本农业合作组织通过建立以中心批发市场为核心的农产品冷链物流体系，保障了城市生鲜农产品的供应和流通。

（1）日本农产品的流通渠道　在日本，大部分农产品由农民协作组织（或联合托运人组织），经过中央批发市场流通，剩余部分由农民协作组织的经济事业部或全国果蔬中心负责，完成生产者与日本生活协同组合连合会（简称生协）、大型零售的对接。

（2）日本中央批发市场　日本中央批发市场是由地方公共团体得到农林水产大臣许可，在指定的区域或人口较为密集的城市内开设鲜活农产品的批发市场。中央批发市场由批发业者、中间批发业者、参加交易者、小型批发业者，以及安全检测者、关联事业者六类成员构成。

日本东京中央批发市场内的农产品流通过程包括，有资格认证的批发业者以拍卖、当天出售的原则，将农协委托的产品卖给获资格认证的中间批发业者和参加交易者，并从东京都获得与交易量成比例的佣金；未获得资格认证的参加交易者只能从中间批发业者手中购买；关联事业者为交易人员提供配送、仓储、冷藏、加工和饮食、住宿等服务；安全监测者在交易的各环节对各店铺进行产品质量检测；此外，批发市场的开设者对各种产品的交易量、价格的信息进行每天、每周、每月、每年的统计。

东京中央批发市场的不同成员承担不同职能，并且交易遵循一定的原则和规定，使得日本中央批发市场在鲜活农产品流通中较好地发挥了价格形成、产品集散、信息传递和安全监测的功能。

（3）日本农业协同组织　日本农业协同组织（以下简称JA组织）是日本为促进和保护农民生产、生活而成立的组织。JA组织为农、林、渔业从事者提供研发、采购、生产、流通加工和销售各环节的咨询和服务。农、林、渔业从事者是组织的正组合成员（核心成员），拥有管理权，即股东投票权；此外，工人、消费者和中小企业运营商也可以成为准组合成员（非核心成员），不享有股东投票权。

学习任务三　我国冷链产业概况

重点及难点

重点：我国冷链产业发展存在的问题；我国冷链产业发展的趋势。
难点：我国冷链产业发展的趋势。

我国冷链产业起步于20世纪50年代，与发达国家相比，我国冷链产业起步晚、发展水平低，与发达国家相比存在很大差距。

近年，受国家政策驱动，我国冷链物流产业发展速度加快。2009 年 3 月，国务院常务会议通过了《物流业调整和振兴规划》，受此规划影响，各省市纷纷出台了地方冷链物流振兴规划。

由于国家政策的大力扶持，加上巨大市场空间的吸引，不少企业加快布局冷链物流。一些传统物流企业选择转型，一些生产商自建自营冷链部门，一些新的专业冷链商涌现，还有一些国外冷链巨头联手国内企业设立合资企业。其中，快递和电商企业的布局尤为迅速。

目前，我国冷链物流正在步入快速增长阶段。最新发布的《2018 年中国冷链物流行业发展前景研究报告》指出，2018 年我国冷链物流市场规模将近 3000 亿元。预计到 2020 年，市场规模将达到近 4700 亿元。

一、我国冷链产业现状

1. 市场潜力巨大，冷链产业存在很大的发展空间

我国是世界上最大的水果、蔬菜生产国和需求国。预计到 2023 年，我国单水果需求量就达 11090 万 t，人均需求量 78. 1kg。但我国综合冷链流通率仅为 19%，远低于欧美发达国家的 85%，其中果蔬、肉类、水产品的冷链流通率分别为 5%、15%、23%，产品的损腐率较高，其中果蔬的损腐率就达 25%～30%，远高于欧美发达国家的 5%。

随着国家经济的发展，居民可分配收入不断增加，消费者越来越重视食品安全，对绿色有机食品需求越来越大，越来越愿意为较高的冷链费用买单。再加上生鲜电商的推动，我国冷链产业必然存在很大的发展空间。

2. 冷链产业的社会化、专业化程度较低

我国冷链产业尚处于初级阶段，目前市场主力军还是以生产加工企业为主导的第一方冷链产业与以大型连锁经营企业、生鲜电商为主导的第二方冷链产业，专业化的第三方冷链产业比重不高，冷链产业体系尚未完全建立，大部分第三方冷链企业是从原来的仓储企业或运输企业转型过来的，设施设备陈旧且规模小、网络覆盖有限，并且自动化、信息化程度低，导致效率低、服务质量差，满足不了电商、生产加工企业的需求，从而迫使它们无奈选择自建冷链，这更加剧了我国冷链资源的离散状况，无法向社会化、集约化发展。

3. 冷链物流企业盈利艰难

进入 21 世纪，我国冷链产业发展迅猛，每年的增长率均在 20%以上，财富证券预测到 2020 年整个市场将达 4000 亿元，冷链产业可谓前景美好，市场潜力巨大。但由于冷链设施、设备的高投入、运营的高成本因素，大多数冷链企业选择造价较低的硬件设施、非正规的运输工具、非专业的工作团队，从而导致整体效率低下，服务质量不高，客户不敢信任，货量越来越少，冷链物流企业无法形成规模效益来抵销冷链的高成本，导致企业难以实现盈利。

二、我国冷链产业存在的问题

1. 冷链物流发展分散、不均衡，行业的规模化、集约化程度低

目前，我国冷链物流的主力军还是第一方、第二方物流，它们都是根据自己的市场布局，各建渠道，各自经营，其冷链设施、设备整合程度低。而大部分第三方冷链物流企业是

从原来的仓储企业或运输企业转型过来的，受制于冷链的高投入、高运营成本，难以承受长时间的客户发展、货源开拓时的成本压力，所以不是选择低成本、低服务质量的模式，就是跟某一个生产加工企业或电商合作，偏安一隅。这导致我国冷链物流资源分散，既有不均衡，又重复建设严重，令货源更加分散、冷链资源利用率更低，冷链物流企业更加难以盈利，更不敢加大投资，完善网络布局，提高服务质量，满足生产企业、生鲜电商的需求，从而有走进恶性循环的趋势。

2. 冷链各环节的专业化、自动化、信息化程度低，既不能提高效率，又无法满足市场的需求

（1）冷藏环节存在的问题　专业的冷藏、冷冻仓库少。目前冷库中通用仓库数量较多，专用仓库数量少，特别是低温库、立体库等特种仓库严重短缺。

冷库自动化程度低，冷库的制冷设备大多还是人工操作，货物装卸、库存管理更不用说，都是以手工操作为主。

冷库利用率偏低，国内相当一部分的冷库是由其他用途建筑改建而成的，存在大量的设计缺陷，导致冷库利用率不高，制冷能耗水平较高。

（2）运输环节存在的问题　冷链运输途中存在大量的非正规运输工具。由于公路货运行业缺乏必要的监管，市场竞争无序，冷链运输企业为了盈利，大多会选择非正规的运输方式，如“棉被+冰块”，由普通厢车运送。

无法实现全程温度检测、记录和报警。由于缺乏自动化的设备和专业的操作人才，目前冷链运输途中，货物存在断链的状态，无法做到全过程保持低温状态，确保货物安全。

（3）冷链配送环节存在的问题　投入不足，网络覆盖面窄，无法形成规模效益。由于冷链物流的成本高，行业仍未摸索到好的配送点运作模式，自营模式成本太高，加盟模式又缺乏监控，无法满足质量要求，导致冷链物流企业的服务网络覆盖有限，无法实现共同配送，从而令配送成本居高不下。

信息技术应用少、信息化程度低。据调查，目前我国冷链物流配送企业中，有过半的企业几乎没有采用信息技术或信息系统，即便有信息技术的企业，也有72%的企业是以传统手工作业为主，信息技术只作为辅助管理手段。

3. 缺乏国家标准和行业规划，政府监管缺位

我国自从1986年放开公路货运市场后，国家对公路货运行业的指导、监管就仅限于车辆、驾驶员牌证和安全方面，对于行业的标准、发展规划等几乎放手不理，这导致了我国公路货运市场长期呈现“多、小、散、弱”的局面。

由于公路货运行业缺乏标准，导致公铁、公海、公航等多式联运组织模式出现断链，必须增加一个装卸换装环节，这样既增加成本，又增加货物损坏率。也由于缺乏行业发展规划，导致物流资源分布不均、布局不合理和部分地区重复建设。另外，由于政府监管缺位，令公路货运市场竞争无序，从而出现“劣币驱逐良币”的现象，导致公路货运市场无法向规模化、集约化整合发展，最终影响到整个冷链物流产业的规模化、集约化发展。

三、我国冷链产业的发展对策

1. 完善标准化体系，规范管理

（1）完善国家、行业标准　随着我国市场经济的发展和政府职能的转变，标准化对于经济发展的规范和引导作用越来越明显，“质量强国、标准先行”的理念逐步被社会广泛接受和认可。对于物流行业来说，标准化体系是国家、行业及企业组织为促进冷链产业健康发展，借助于标准化手段规范冷链产业运作的政策性文件，分为强制性标准和推荐性标准。标准化体系既是政府制定行业发展政策、监管企业经营活动的依据，也是规范生产企业、冷链企业和流通企业等组织的操作规范，更是破解公路货运行业在供应链中出现断链情况的重要环节。只有完善我国冷链物流各环节与国际标准接轨的系列标准，整合冷链物流资源，提高运作效率，降低物流成本，才能实现物畅其流、快捷准时、经济合理和用户满意。

（2）规范管理　由于冷链物流是特殊的物流行业，冷链物流质量不仅关乎食品安全，而且能大幅减少农产品、食品的腐损，促进我国农业发展，有助于解决我国的“三农”问题。因此，国家主管部门必须依照冷链物流的强制性标准对冷链物流活动及相关企业进行有效的监管，推行建立以 HACCP、SSPO、GMP 为基础的全程质量控制体系，推行质量安全认证和市场准入制度，消除市场无序竞争、“劣币驱逐良币”的情况，为行业向规模化、集约化发展营造一个良好的经营环境。

2. 科学规划，加强扶持

冷链物流产业是高投入、高运营成本、回报期长的产业，单靠企业自主行为是无法实现规模化、自动化、信息化的发展的，加上我国冷冻、冷藏产品大多远离消费地区，发展冷链物流产业就离不开政府的科学规划和政策扶持，特别是对第三方冷链物流企业的扶持。只有政府在科学规划的基础上，对符合规划条件的第三方物流企业加大土地、财税和资金的扶持力度，才能促进第三方冷链物流企业的发展，让第三方冷链物流企业的基础设施设备、网络布局、信息系统、服务质量满足客户的要求，才能实现共同配送、共用冷链资源，形成规模效应，减低物流费用，从而使冷链物流产业实现规模化、集约化发展。

3. 发展第三方冷链物流，共享冷链资源

目前，我国冷链物流企业难以盈利的原因主要是第一方、第二方物流企业仍是市场主力军，第三方物流企业比例不高，这导致冷链物流企业资源分散，市场化、社会化程度不高。部分地区重复建设严重，资源利用率不高，导致冷链物流产业形成不了规模效应，无法摊销冷链物流的高成本。因此，冷链物流产业还是要向专业化的第三方物流发展，全社会集中共用第三方物流企业的物流资源，这样才能形成规模效应，让第三方物流企业“有利可图”，才有继续完善网络布局、升级改良冷链设施设备的动力，从而形成良性循环的发展态势。

4. 加强自动化、智能化、信息化建设

冷链物流是一个技术和信息含量很高的领域，从产地接货、入库装卸、流通加工到存储、运输、配送和销售等各环节都必须无缝衔接，既要保证全程冷链不断链，又要保证高效少差错。因此只有大量应用自动化、智能化的立体仓库、装备具有实时远程智能温控系统的运输设备，以及应用物联网、RFID 标签等专业化的物流管理系统，才能提高运作效率，减少货物流通的耗损，提高服务质量，增强电商、生产加工企业和销售企业对第三方物流的信心，促进冷链物流产业市场的专业化发展，让我国冷链物流步入良性循环（资料来源：杨少华．中国冷链物流存在问题与对策［J］．全国流通经济，2018（2）：18-19）。

知识拓展

2018 年我国农产品冷链物流的发展趋势

一、2018 年我国农产品冷链物流的五大背景

1. 2018 年中央一号文件重视农产品冷链物流

2018 年中央一号文件指出：重点解决农产品销售中的突出问题，加强农产品产后分级、包装、营销，建设现代化农产品冷链仓储物流体系，打造农产品销售公共服务平台，支持供销、邮政及各类企业把服务网点延伸到乡村，健全农产品产销稳定衔接机制，大力建设具有广泛性的促进农村电子商务发展的基础设施，鼓励支持各类市场主体创新发展基于互联网的新型农业产业模式，深入实施电子商务进农村综合示范，加快推进农村流通现代化。

2018 年中央一号文件还指出：继续把基础设施建设重点放在农村，加快农村公路、供水、供气、环保、电网、物流、信息、广播电视等基础设施建设，推动城乡基础设施互联互通。

2. 商务部开始"农产品冷链流通标准化示范城市"建设

商务部 2018 年 1 月公布了 4 个"农产品冷链流通标准化示范城市"：厦门市、成都市、潍坊市和烟台市。商务部公布了"农产品冷链流通标准化示范企业"（9 家）：山东中凯兴业贸易广场有限公司、山东喜地实业有限公司、家家悦集团股份有限公司、希杰荣庆物流供应链有限公司、山东宏大生姜市场有限公司、神州姜窖农业集团有限公司（原名：潍坊艺德龙生态农业发展有限公司）、青海省三江集团商品储备有限责任公司、青海绿草源食品有限公司、新疆海联三邦投资有限公司。商务部自 2016 年以来在 10 个城市进行冷链物流试点，2018 年 1 月在青海举行了农产品冷链物流城市试点现场会。

3. 农业部开展"农产品质量年"活动

农业部建设 100 个果、菜、茶全程绿色标准化生产示范基地，100 个现代化示范牧场，500 个以上水产健康养殖场。质量监测覆盖全国 150 个大中城市基地和市场的五大类产品 110 个品种。选择 10 个省份开展追溯示范试点。继续加强 322 个农产品质量安全县建设。在 100 个果、菜、茶生产大县大市开展有机肥替代化肥试点，在 150 个县开展果、菜、茶病虫全程绿色防控试点，在 200 个生猪、奶牛、肉牛养殖大县推进畜禽粪污资源化利用，150 个县开展秸秆综合利用试点，在 100 个县开展农膜回收试点。发布加快推进品牌强农的指导意见，指导各地有序开展农业品牌建设。再创建 100 个主要农作物全程机械化示范县。

4. 商务部等 8 部门启动供应链创新与应用试点

2018 年 4 月 20 日，商务部等 8 部门启动供应链创新与应用试点，用 2 年时间推动"五个一批""三大作用"。"五个一批"是指创新一批适合我国国情的供应链技术和模式；构建一批整合能力强、协同效率高的供应链平台；培育一批行业带动能力强的供应链领先企业；形成一批供应链体系完整、国际竞争力强的产业集群；总结一批可复制推广的供应链创新发展和政府治理经验模式。"三大作用"是指通过试点，使现代供应链成为培育新增长点、形成新动能的重要领域；成为供给侧结构性改革的重要抓手；成为"一带一路"建设和形成全面开放新格局的重要载体。

5. 继续加快农产品冷链标准化建设

国家发展改革委、农业部、商务部、国家标准委、各地政府、各行业协会将继续加快农产品冷链物流的标准化建设。2018 年 3 月北京市商务委完成了北京市地方标准《食品冷链宅配服务规范》（以下简称《规范》）的制定、征求意见，将发布《规范》。该《规范》对冷链宅配的易腐食品贮藏温湿度要求进行了明确的规定。精准于家庭服务的生鲜宅配正备受消费者青睐，对需要冷链配送商品在存储、配送、出库等环节制定严格的温度标准就成为当务之急的举措。提供宅配服务的企业多以生鲜品类为主，而生鲜对温度极为敏感，相应的《规范》出台后为企业提供统一的衡量与执行标准，利于企业把控冷链商品的品质。

二、2018 年我国农产品冷链物流呈现十大趋势

①农产品电商网上网下呈融合化趋势；②生鲜冷链物流呈标准化趋势；③各类冷链物流发挥多功能趋势；④农产品冷链物流呈品牌化趋势；⑤农产品冷链物流呈全渠道趋势；⑥农产品冷链物流呈国际化趋势，多趟中欧农产品冷链班列开通；⑦农产品冷链物流呈智能化趋势；⑧农产品冷链物流呈绿色化趋势，绿色冷链包装盒在全国推广；⑨农产品冷链物流呈社区化趋势；⑩农产品冷链物流呈法制化趋势（资料来源：洪涛．我国农产品冷链物流模式创新［J］．中国市场，2018（9）：3-4）。

模块小结

冷链是以保证冷藏冷冻类物品品质为目的，以保持低温环境为核心要求的供应链系统，通过对温度进行监控，来保证其品质的优良性和安全性。

随着制冷技术和人们对食品安全要求的提高，目前冷链已经在发达国家得到了广泛应用。美国、日本等发达国家的冷链流通率可达到 95%，东欧国家可达到 50%左右。我国冷链产业起步于 20 世纪 50 年代，与发达国家相比，我国冷链产业起步晚、发展水平低。据有关资料显示，目前我国肉类农产品冷链流通率仅为 15%，果蔬产品和水产品冷链流通率分别为 5%和 23%，与发达国家相比存在很大差距。目前，历经几年的市场培育和理念传播，我国冷链产业市场逐步进入由初级的基础物流服务向物流增值服务迈进的阶段。

思考与练习

一、填空题

1. 冷链是用来描述冷藏和冷冻食品的______、______、______和零售这一系列相互关联的操作的术语。

2. 冷链具有______、______、______、高资金性和高协调性的特点。

3. “3T”原则，即物流的最终质量取决于冷链的______、______和产品本身的______。

4. “3Q”原则，即冷链中的设备的________、________和快速（Quicy）的作业组织。

二、选择题

1. 食品冷链产业链主要包括（　　）等环节。

A. 生产、加工、贮藏、运输、配送和销售
B. 生产、加工、包装、运输、配送和销售
C. 生产、加工、贮藏、入库、配送和销售
D. 生产、加工、贮藏、运输、出库和销售

2. 温控运输环节包括冷藏、冷冻食品的中、长途干线运输，区域、支线及城市配送等，主要涉及（　　）等低温运输工具。

A. 铁路冷藏车、手推车、冷藏船、冷藏集装箱
B. 叉车、铁路冷藏车、冷藏汽车、冷藏船
C. 铁路冷藏车、冷藏汽车、冷藏船、冷藏集装箱
D. 铲车、冷藏汽车、冷藏船、冷藏集装箱

3.“3C 原则”是指（　　）。也就是说，要保证产品的清洁，不受污染；要使产品尽快冷却下来或快速冻结，要使产品尽快地进入所要求的低温状态；在操作的全过程中要小心谨慎，避免产品受任何伤害。

A. 冷却 、清洁 、小心、轻放　　B. 冷却 、清洁 、小心
C. 冷却 、冻结 、小心　　D. 冷却 、清洁 、冻藏

三、简答题

1. 简述冷链的定义。
2. 简述冷链的组成。
3. 简述冷链在运行过程中遵从的“3M”原则的具体内容。

食品冷却与冻结装置

学习目标

掌握食品冷却的方法和常用装置。
掌握食品冻结的方法。
掌握常用食品冻结装置的特点。

学习任务一　食品冷却装置

重点及难点

重点：食品冷却的方法；常用冷却装置的结构及工作原理。
难点：常用冷却装置的结构及工作原理。

食品冷却又称为食品的预冷，是将食品的温度降到冷藏温度的过程。一般冷却食品的温度为0~4℃。这样的温度既能延长食品的保藏期限，又能最大限度地保持食品的新鲜状态。但是由于在这样的温度下，部分微生物仍能生长繁殖，因此经过冷却的食品只能做短期保藏。

常用的食品冷却方法有冷风冷却、冷水冷却、碎冰冷却和真空冷却等。具体使用时，应根据食品种类及冷却要求的不同，选择适用的冷却方法。表5-1列出了这几种冷却方法的一般使用范围。

表5-1　冷却方法与使用范围

冷却方法	肉	禽	蛋	鱼	水果	蔬菜	烹调食品
冷风冷却	○	○	○		○	○	○
冷水冷却		○		○	○	○	
碎冰冷却		○		○	○	○	
真空冷却						○	

一、冷风冷却装置

冷风冷却是利用风机强制流动的冷空气使食品温度下降的一种冷却方法，该方法使用范围较广。

冷风冷却的效果主要取决于冷空气温度、相对湿度和空气流速。冷风温度可根据贮藏温度进行调控。一般情况下，食品冷却时所采用的冷风温度不低于食品的冻结点。为防止食品发生冻结，对易受冷害的食品（如香蕉、柠檬和番茄等）宜采用较高的冷风温度。冷却间内的相对湿度对不同种类的食品（特别是有无包装）的影响是不一样的，当食品用不透蒸汽的材料包装时，冷却间内的相对湿度对食品的影响不大，冷却间内的空气流速一般为0.5~3m/s。冷风冷却还可以用来冷却禽、蛋和调理食品等。冷风冷却时通常把被冷却食品放于金属传送带上，可连续作业。

冷风冷却应用最多的是水果、蔬菜冷却，冷风机将冷空气从风道中吹出，冷空气流经库房内的水果、蔬菜表面吸收热量，然后回到冷风机的蒸发器中，将热量传递给蒸发器，空气自身温度降低后又被风机吹出。如此循环往复，不断地吸收水果、蔬菜的热量并维持其低温状态。冷风冷却可广泛地用于不能使用水冷却的食品。近年来，由于冷却肉的销售量不断扩大，肉类的冷风冷却装置也被普遍使用。

冷风冷却的缺点是当冷却间的空气相对湿度较小时，食品的干耗较大。为了避免相对湿度过小，冷却装置的蒸发器和室内空气的温度差应尽可能小，一般以5~9℃为宜，此时蒸发器要有足够大的冷却面积。

近年来，由于冷却肉的销售量不断增加，肉类的冷风冷却装置使用普遍。冷风冷却装置中的主要设备为冷风机。随着制冷技术的不断发展，冷风机的开发制造工作也发展迅速，图5-1所示为五种不同吸、吹风形式的冷风机。根据冷风机不同的吸、吹风形式，可布置成不同的冷风冷却室。

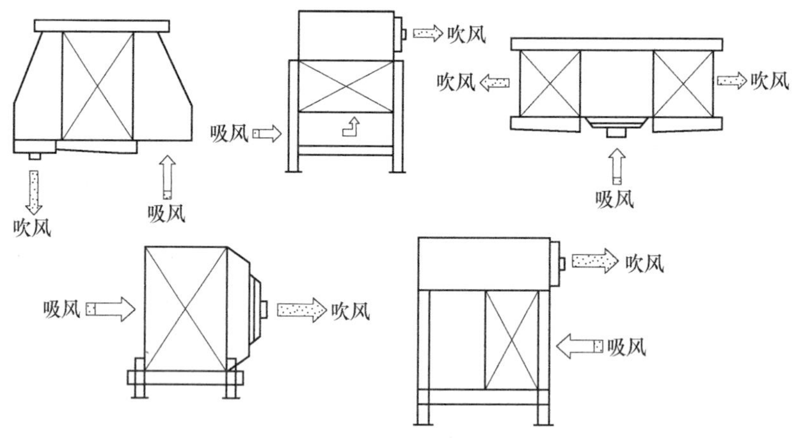

图5-1 冷风机冷却示意图

对肉类的冷却工艺进行的新研究主张采用变温快速两段冷却法：第一阶段是在快速冷却隧道或冷却间内进行，空气流速为2m/s，空气温度较低，一般为-15~-5℃。经过2~4h后，胴体表面温度降到-2℃，而后腿中心温度还在16~20℃；然后在温度为-1~1℃的空气自然循环冷却间内进行第二阶段的冷却，经过10~14h，半胴体的内外温度基本趋向一致，达到平衡温度4℃时，即可认为冷却结束。整个冷却过程在14~18h内可以完成。最近国外推荐的第二阶段冷却温度更低，第一阶段温度达到-35℃，在1h内完成；第二阶段冷却室空气温度在-20℃。在整个冷却过程中，第一阶段在肉类表面形成不大于2mm的冻结层，此

冻结层在20h的冷却过程中一直存在，研究认为这样可有效减弱干耗。

采用两段冷却法的优点是：干耗小，平均干耗量为1%；肉的表面干燥，外观好，肉味佳，在分割时汁液流失少。但由于冷却肉的温度为0~4℃，在这样的温度条件下，不能有效地抑制微生物的生长繁殖和酶的作用，因此，只能做1~2周的短期贮藏。

二、冷水冷却装置

用水泵将使用机械制冷装置（或冰块）降温后的冷水喷淋在食品上进行冷却的方法称为冷水冷却。冷水冷却可用于水果、蔬菜、家禽和水产品等食品的冷却，特别是对一些易变质的食品更适合。

冷水冷却通常用预冷水箱来进行，水在预冷水箱中被其中制冷系统的蒸发器冷却，然后与食品接触，把食品冷却下来。若不设预冷水箱，可把蒸发器直接设置于冷却槽内，此种情况下，冷却池必须设搅拌器，由搅拌器促使水流动，使冷却池内温度均匀。水温应尽可能维持在0℃左右，这是能否获得良好冷却效果的关键。

和空气相比，水作为冷却介质具有较高的质量热容和对流传热系数，所以冷却速度快，大部分食品的冷却时间为10~20min。近年来国外设计了投资费用低廉，长达10m的移动式高效水冷装置，可供冷却芹菜、芦笋、桃、梨和樱桃之用。现代冰蓄冷技术的研究与完善，为冷水冷却提供了更广阔的应用前景。具体做法是在冷却开始前先让冰凝结于蒸发器上，冷却开始后，此部分冰就会释放出冷量。

冷水冷却的主要缺点：食品容易受到微生物污染，如用冷水冷却家禽，如果有一个禽体染有沙门氏菌，就会通过冷水传染给其他禽体。因此，对循环使用的冷水应进行连续过滤，使用杀菌剂，并且要及时更换清洁的水。除了使用淡水作为冷却介质外，在渔船上还可以使用海水作为冷却介质以冷却鱼类。图5-2所示为采用冷水冷却方法冷却樱桃。

图5-2　冷水冷却樱桃

冷水冷却有三种形式：

1. 浸渍式

食品直接浸在冷水中冷却，冷水被搅拌器不停地搅拌，以使温度均匀。

2. 洒水式

在食品上方，由喷嘴把有压力的冷却水呈散水状喷向食品，达到冷却的目的。

3. 降水式

水果在传送带上移动，上部的水盘均匀降水，这种形式适用于大量冷却。

三、碎冰冷却装置

标准大气压下，冰的熔点是0℃，其熔化热是334.53kJ/kg，密度比水小。冰的密度与其温度、冰形成时的环境压力、冰中是否含有空气和水的纯度有关。水结成冰后，密度减少，体积增大。冰的热导率与其温度有关，随着温度的降低而增加，一般工程计算取2.22W/(m·K)。冰的比热容一般取2.1kJ/(kg·K)，仅为水的一半。

冰是一种很好的冷却介质，它有很强的冷却能力，特别适宜作为鱼的冷却介质。另外，冰价格便宜、无害，易携带和贮藏。碎冰冷却还能避免干耗现象。

冰有淡水冰和海水冰两种。一般淡水鱼用淡水冰来冷却，海水鱼可用海水冰冷却。淡水冰可分为机制块冰（块重 100kg 或 120kg，经破碎后用来冷却食品）、管冰、片冰和米粒冰等多种形式；按冰质可分成透明冰和不透明冰。海水冰也有多种形式，主要以块冰和片冰为主，用海水冰贮存鱼、虾时降温快，可防止变质。随着制冰机技术的完善，许多作业渔船可带制冰机随制随用，但要注意，严禁使用被污染的海水及港湾内的海水来制冰。

渔船用冰有带冰作业方式和带机制冰两种方式。由于带冰作业方式每次对出海捕捞量和用冰量只能预估，在实际作业过程中会出现捕捞量不足而造成购冰浪费的情况。由于每次带冰量有限，对于捕捞量大或远距离长期作业的用冰需求，带冰作业方式都有诸多限制和不足。而带机制冰可以根据需求随时制冰，减少储冰损耗。另外，目前带冰作业基本采购的工业块冰在鱼、虾保鲜效果上远远不如海水冰机制成的片冰的保鲜效果，尤其对中大型远洋捕捞渔船非常明显。常用碎冰的体积质量和比体积见表 5-2。图 5-3 所示为采用碎冰冷却蔬菜。

表 5-2　碎冰的体积质量和比体积

碎冰的规格	体积质量/(kg/m^3)	比体积/(m^3/t)
大块冰（约 10cm×1.0cm×5cm）	500	2.0
中块冰（约 4cm×4cm×4cm）	550	4.82
细块冰（约 1cm×1cm×1cm）	560	1.78
混合冰（大块冰和细块冰混合，0.5~12cm）	625	1.60

在海上，渔获物的冷却一般有碎冰冷却（干法）、水冰冷却（湿法）及冷海水冷却三种。

1. 碎冰冷却（干法）

碎冰冷却是渔货保鲜最常用的方法，可将鱼的温度降至接近冰的熔点，并在该温度下进行保藏。冰可以采用机制冰或天然冰，最好采用机制冰。冰可以是淡水冰，也可以是海水冰，用海水冰冷却鱼类比用淡水冰好，因海水冰的熔点低，冰与鱼体的含盐量接近，能抑制酶解作用。加冰时要求在容器的底部和四壁先加上冰，随后一层冰一层鱼交替，冰粒要细，撒布要均匀。一般鱼层厚度为 50~100mm，冰鱼混合物堆装高度一般为 75cm，最上面的盖冰冰量要充足，融化的冰水应及时排出，以免对鱼体造成不良影响。

图 5-3　采用碎冰冷却蔬菜

2. 水冰冷却（湿法）

水冰冷却是在有盖的泡沫塑料箱内，用冰加冷海水的方法来保鲜渔货。海水必须先预冷到-1.5~1.5℃，再送入容器或舱中，再加鱼和冰，鱼必须完全被冰浸盖。用冰量根据气候变化而定，一般鱼与水之比为 2∶1 或 3∶1，为了防止海水鱼在冰水中变色，用淡水冰时需加盐，如乌贼要加盐 3%。淡水鱼则用淡水加淡水冰保藏运输，不得加盐。

水冰冷却法操作简便，冷却速度快，但浸泡后鱼肉质较软，易于变质，故从冰水中取出后仍需冰藏保鲜。此法适用于死后易变质的鱼类，如鲐鱼、竹刀鱼等。

3. 冷海水冷却

冷海水冷却主要是以机械制冷的冷海水来冷却保藏渔货，其与水冰冷却相似，水温一般控制在-1~0℃，从而达到贮藏保鲜的目的。此法一般注入海水的量与渔货之比为3∶7。冷海水冷却可大量处理渔货，所用劳力少、卸货快、冷却速度快；缺点是有些水分和盐分被鱼体吸收后使鱼体膨胀，颜色发生变化，蛋白质也容易损耗，另外因舱体的摇摆，鱼体易相互碰撞而造成机械伤口等。这种保鲜方法保质期为10~14d，适合于围网作业捕捞所得的中上层鱼类。冷海水冷却目前在国际上被广泛地用来作为预冷手段。

四、真空冷却装置

真空冷却又称为减压冷却，是根据水分在不同的压力下有不同的沸点来冷却物品的。在正常的大气压下，水在100℃沸腾；当压力降低至666.6Pa时，水在1℃即可沸腾，沸点的降低使水容易汽化。由于气态水分子比液态水分子具有更高的能量，因此水在汽化时必须吸收汽化潜热，而其汽化潜热又是随着沸点的下降而升高的。根据这一原理，可以将被冷却物放入能耐受一定负压的、用适当真空系统抽气的密闭真空箱内，随着真空箱内真空度不断提高，水的沸点不断降低，水就变得容易汽化，水汽化时只能从被冷却物身上吸收热量，被冷却物便可得到快速冷却。水的温度与蒸汽压的关系见表5-3。

表5-3　水的温度与蒸汽压的关系

沸腾温度/℃	压力/mmHg	沸腾温度/℃	压力/mmHg
100	760.0	5	6.540
60	149.5	1	4.925
40	55.34	-5	3.011
20	17.53	-10	1.948
10	9.205	-30	0.285

注：1mmHg=133.322Pa。

真空冷却装置中配有真空冷却槽、制冷装置和真空泵等设备。收获后的蔬菜经过挑选、整理，放入打孔的纸板或纤维板箱内，然后推进真空冷却槽，关闭槽门后，开动真空泵和制冷机。当真空冷气槽内的压力降至666.6Pa时，蔬菜表面的水分在1℃的低温下迅速汽化，每千克水变成水蒸气时要吸收2464kJ的热量。这样可使蔬菜的温度迅速下降，而且水分蒸发量很少，不会影响蔬菜新鲜饱满的外观。真空冷却装置如图5-4所示。

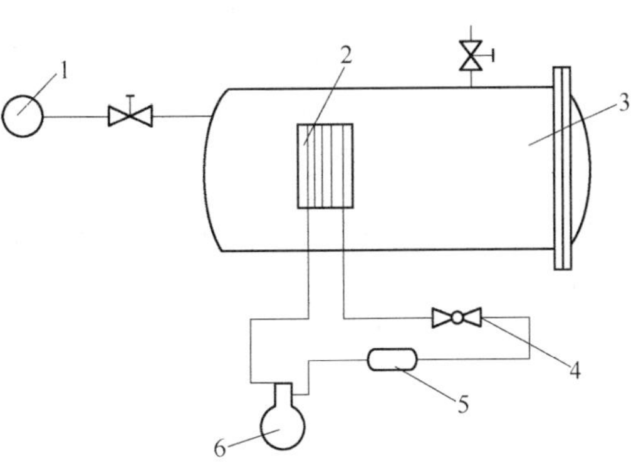

图5-4　真空冷却装置示意图

1—真空泵　2—冷却器　3—真空冷却槽　4—膨胀阀　5—冷凝器　6—压缩机

图5-4中的真空冷却装置不是直接用来冷却蔬菜的，因为在6.56611×10^{2}Pa的压力

下，1℃的水变成水蒸气时，体积要增大将近20万倍，此时即使采用二级真空泵来抽，虽然消耗很多电能，但是也不能使真空冷却槽的压力很快降下来。增加此制冷装置后，可以使大量的水蒸气重新冷凝成水而排出，保持了真空冷却槽内稳定的真空度。采用真空冷却法，差不多所有的叶菜类都能迅速冷却。例如，生菜从常温的24℃冷却到3℃，冷风冷却需要25h，而真空冷却只需要0.5h。图5-5所示为生菜采用常温冷却和真空冷却的曲线图。

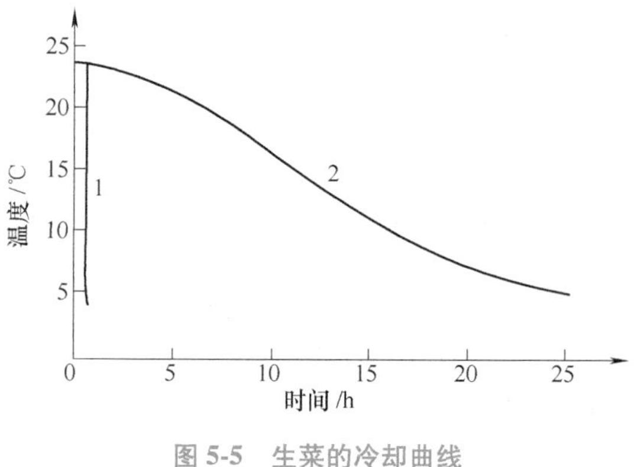

图5-5 生菜的冷却曲线

1—真空冷却 2—常温冷却

真空冷却并非适合所有食品，它对表面积大（如叶菜类）的食品的冷却效果特别好。相对于冷风冷却、冷水冷却和碎冰冷却等冷却方式，真空冷却具有以下特点：①冷却速度快，冷却均匀。②干净卫生。真空冷却不需要外来传热介质参与，产品不易被污染。③可延长产品的货架期和贮藏期。真空冷却缩短了产品在高温下停留的时间，有利于产品保存，提高保鲜贮藏效果。④运行过程中能量消耗少。真空冷却不需要冷却介质，是自身冷却过程，没有系统与环境之间的热量传递。⑤操作方便。⑥冷却过程干耗大。若在食品上事先喷淋水，则其干耗非常小。

真空冷却初期设备投资大、成本高，常用于大型的农产品生产基地和食品企业，目前只能间歇式操作，不能实现连续化生产，生产率低。

五、其他冷却方法

1. 热交换器冷却

热交换器冷却主要应用于液体的散装处理，如牛乳、液体乳制品、冰激凌混合物和葡萄汁等。热量通过固体壁从液体食品传递给冷却介质。冷却介质可以是制冷剂或载冷剂。冷却介质应无毒，对食品及环境无污染，对金属无腐蚀。

2. 金属表面接触冷却

金属表面接触冷却装置是连续流动式的，它装着一条环形的厚约1mm的钢质传送带，在传送带下方冷却或直接用水、盐水喷淋，也可以滑过固定的冷却面而冷却。这种冷却形式的冷却速度快，甚至可以将半流质的食品在传送带上进行冷却。图5-6所示为钢带式冷却装置示意图。

3. 低温介质冷却

低温介质冷却主要用液态的二氧化碳和液氮进行冷却。液态二氧化碳在通过小孔径板时膨胀，变为气固两相的混合物，干冰能产生很快的冷却效果，而且转换时没有残留物。这种方法可用于碎肉加工和糕点类食品的散装冷却等。图5-7所示为液氮浸渍冷却装置示意图。

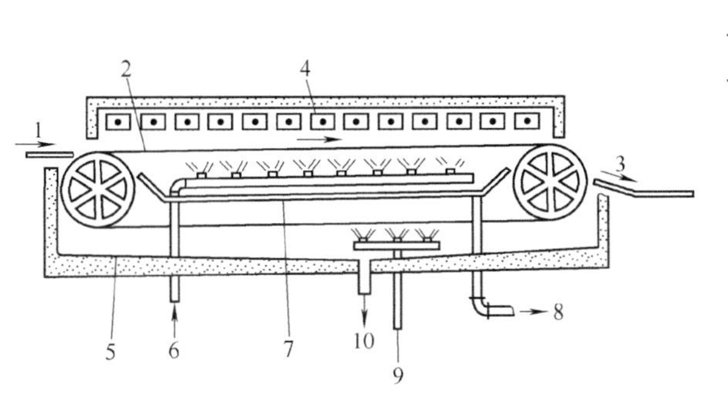

图 5-6　钢带式冷却装置示意图

1—进料口　2—钢质传送带　3—出料口　4—空气冷却器
5—隔热外壳　6—盐水入口　7—盐水收集器
8—盐水出口　9—洗涤水入口　10—洗涤水出口

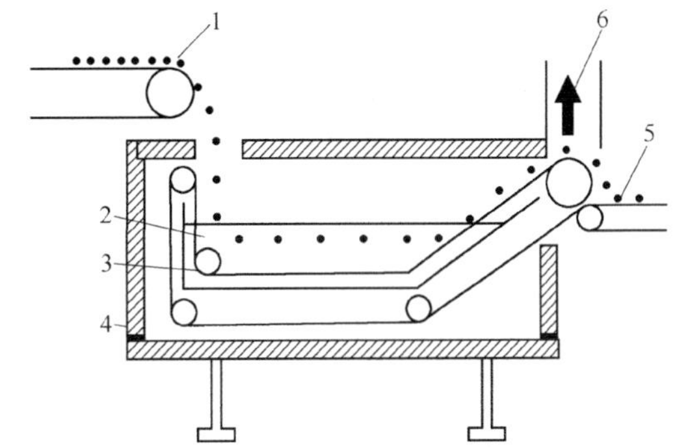

图 5-7　液氮浸渍冷却装置示意图

1—进料口　2—液氮　3—传送带
4—隔热箱体　5—出料口　6—氮气出口

知识拓展

真空冷却的改进办法

1. 预冷前补水

因为增加食品内部或表面的水分均可以减小食品的失重率，所以很多研究均从此角度改进现有真空冷却技术。例如，在真空冷却黏性食品之前，按照一定比例加入纯水，不仅不用担心失重现象，也不用担心其他组分的浓度等问题。在预冷前或预冷中对果蔬均匀洒水，不仅可以减小失重，还可以加快冷却速率、提高温度的均匀性。此法对熟肉也非常有效，尤其是小块的熟肉，可以大大减小失重。

2. 预冷前注射盐水

注射盐水主要用于真空冷却熟肉的前处理，目的在于增加其吸水能力和减小失重。一些研究证明，随着生肉中盐水注射量（20%~45%）的增加，失重率不断减小，甚至获得的产品质量比原先的生肉质量还大。同时，增加盐水注射量还可以使肉更软、增加多汁性、使颜色变浅，这对于肉的品质十分有利，但也会导致肉的味道太咸。

3. 预冷前用传统冷却方法处理

国外有研究人员曾经做实验研究了真空冷却前风冷预处理对熟肉真空冷却效果的影响。结果证明，先将熟肉用风冷冷却到 35℃，然后再真空冷却到 4℃，可以使失重率最小（6.5%），远小于单独使用真空冷却的失重（10%~11%），因为真空冷却的失重主要发生在中高温阶段（大于 15℃）。此法也可以用于昂贵且适合于真空冷却的食品，如盘装鳕鱼片。

4. 将食品放在热加工液体中真空冷却

无论肉块大小，在汤剂中真空冷却后的失重均比单独使用真空冷却有所减少，有时质量反而有所增加。都柏林大学的食品制冷和计算机食品技术研究组将大块猪肉火腿和牛肉块分别与煮肉时所用的部分汤汁一起进行真空冷却，结果表明平均失重仅为 6.99%，相当于单独对肉进行真空冷却后失重的一半。将不同类型的小块熟牛肉片放在不同的汤中真空冷却到 5℃，结果证明，无论牛肉取自牛的哪个部位，在汤剂中真空冷却的失重均比单独使用真空冷却时的失重小很多，但是处理时间会有所延长。为此，又有研究发现，先将熟猪肉单独真空冷却到25℃，然后放在汤剂中真空冷却到10℃，结果表明，不仅处理时间缩短，而且含水量和咀嚼感都比单独使用真空冷却好。对于果蔬，可以直接放在冷水中真空冷却。例如，竹笋的真空冷却与水冷混合冷却法，不仅可以缩短冷却时间，还可以减少细菌数量，获得稳定性高的良好感官指标。但是，竹笋的半浸没式真空冷却能否适用于大规模的生产和加工还有待考证，因为更换冷却槽中的水也是一项很烦琐的工作，而且设备初投资比较大。

5. 冷热加工设备一体化

通常，在真空冷却之前，需要把加热好（或煮熟）的食品从烹饪设备中取出，然后放在真空冷却设备中。如果对真空冷却设备和加热装置（蒸汽加热或水加热）进行一体化设计，不仅可以省去食品的中间转移环节，还可以降低食品接触细菌的概率，大大提高生产率。实验结果证明，熟鸡胸块（180~230g）在水中加热之后直接在水中被真空冷却的失重率最小，仅为（3.0%），而且质地松软。然而，如果先用蒸汽加热，再用真空冷却的失重率却非常大，为45.8%，在商业上无法被接受。

这一设计对于黏性食品也极有好处。因为黏性食品容易黏附在容器壁上，在转移热食品或清洗加工室的时候，需要用特殊刮刀将这些黏附食品及时清除。如果对冷热加工设备进行一体化设计，不仅可以省略一套刮刀装置，还可以省略一道刮壁程序，增加产出率。

6. 调节降压模式

在真空冷却焙烤类食品的时候，一定要很准确地监测和控制压力变化速率，以尽量减小真空冷却可能给食品的结构和体积带来的不良影响，因为焙烤类食品内部有的地方渗水性差，容易产生相对高压，从而导致结构塌陷或崩裂。控制压力变化速率的另一个好处是降低失重率。有研究发现，熟肉在真空冷却中的失重率随着抽气速率的降低明显减小。此外，适当减小真空泵的容积排气量也可以起到降低失重率的作用。通常，在真空冷却过程中真空室的压力不能有大的回升。然而，在浸没式真空冷却的基础上，脉动式地调节真空室内的压力却会减小火腿的失重率。研究发现，在真空冷却火腿的时候，将真空室的压力恢复到大气压力，此操作进行4次以上，可以明显降低火腿的失重率并增加火腿的柔软度。因为当压力突增时，水分会渗入火腿的孔隙中。然而，脉动次数也不能过多，因为肉的细胞存在一个吸水上限值。另一种比较典型的压力调节模式是多级降压。已有的多级降压工艺可以提高卷心菜心的降温速率并降低总体能耗。

7. 真空冷却后处理

真空冷却后的贮藏技术也对实际货架期有很大的影响。例如，对于水仙花，真空冷却后先在2℃下贮藏7d，再放在19~20℃的水中贮藏，保质期最长。真空冷却后的豆腐和火龙果切片均在4℃环境下保存的时间最长。

8. 真空冷却的节能技术

目前，针对真空冷却机的节能技术研究还非常少。但是有研究认为，利用烟囱中的废弃烟气作为动力驱动泵系统来真空冷却小型鱼类或虾等甲壳类动物，不仅能够节约能源，还可以弥补真空冷却海鲜时因失重而带来的经济损失。此外，太阳能和风能是农场上最为丰富的天然能源之一，今后的真空泵可以将太阳能或风能作为一部分驱动力（资料来源：宋晓燕等。食品真空冷却技术研究进展［J］. 食品科学，2014，11：319-324）。

学习任务二 食品冻结装置

重点及难点

重点： 食品冻结的方法；常用冻结装置的结构及工作原理。

难点： 常用冻结装置的结构及工作原理。

食品的冻结可以根据各种食品的具体条件和工艺标准，采用不同的方法和不同的冻结装置来实现。总的要求是，在经济合理的原则下，尽可能提高冻结装置的制冷效率，加快冻结速度，缩短冻结时间，以保证产品的质量。

冻结装置是用来完成食品冻结加工的机器与设备的总称，从结构上看大致包括制冷系统、传动系统、输送系统和控制系统。最简单的冻结装置只有制冷系统。用于食品的冻结装置多种多样，分类方式不尽相同。按冷却介质与食品接触的方式可分为空气冻结法、间接接触冻结法和直接接触冻结法三种，其中每一种方法均包含了多种形式的冻结装置。表 5-4 给出了目前速冻食品生产中常用的冻结装置的类型。

表 5-4 常用的冻结装置的类型

空气冻结装置	间接接触冻结装置	直接接触冻结装置
隧道式冻结装置	平板式冻结装置	载冷剂接触冻结装置
传送带式冻结隧道	卧式平板式冻结装置	低温液体冻结装置
吊篮式连续冻结隧道	立式平板式冻结装置	液氮冻结装置
推盘式连续冻结隧道	回转式冻结装置	液态二氧化碳冻结装置
螺旋式冻结装置	钢带式冻结装置	R12 冻结装置
流态化冻结装置		
斜槽式流态化冻结装置		
一段带式流态化冻结装置		
两段带式流态化冻结装置		
往复振动式流态化冻结装置		
搁架式冻结装置		

一、空气冻结装置

在冻结过程中，冷空气以自然对流或强制对流的方式与食品换热。由于空气的导热性差，与食品间的换热系数小，故所需的冻结时间较长。但是，空气资源丰富，无任何毒副作用，其热力性质早已为人们熟知，所以用空气作为介质进行冻结仍是目前应用最广泛的一种食品速冻方法。

1. 隧道式冻结装置

隧道式冻结装置的特点是：冷空气在隧道中循环，食品通过隧道时被冻结。根据食品通过隧道的方式，隧道式冻结装置可分为传送带式和吊篮式等几种。

（1）传送带式冻结隧道　传送带式冻结隧道由蒸发器、风机、传送带及包围在它们外面的隔热壳体构成。此冻结装置用隔热材料做成一条隔热隧道，隧道内装有缓慢移动的货物输送装置，隧道入口装有进料和提升装置，出口装有卸货装置和驱动设备，货物在传送带上缓慢移动时被强烈的冷风冷却而迅速冻结。隧道内的温度一般为-40~-30℃，空气流速为3~6m/s，冷风吹向与货物移动方向相反，这种速冻装置在我国肉类加工厂和水产冷库中被广泛应用。该装置多使用轴流风机，其空气流速高、冻结速度快（但食品干耗大），蒸发器采用热氨和水同时进行融霜。传送带式冻结隧道可用于冻结块状鱼（整鱼或鱼片）、剔骨肉、肉制品和果酱等，特别适合于包装产品，而且最好用冻结盘操作，冻结盘内也可以放散装食品。图5-8所示为传送带式冻结隧道装置外形图。

图5-8　传送带式冻结隧道装置外形图

（2）吊篮式连续冻结隧道　吊篮式连续冻结隧道的结构如图5-9所示。家禽经宰杀并晾干后，用塑料袋包装，装入吊篮中，然后吊篮上链，由进料口被传送链输送到冻结间内。在冻结间内首先用冷风吹约10min，使家禽表面快速冷却，达到固定色泽的效果。然后吊篮被传输到喷淋间内，用-24℃左右的乙醇溶液（40%~50%）喷淋5~6min，使家禽表面快速冻结。离开喷淋间后，吊篮进入冻结间，在连续运行过程中，从不同的角度受到风吹，使家禽各处温度均匀下降。最后吊篮随传送链到达卸料口，冻结过程结束。

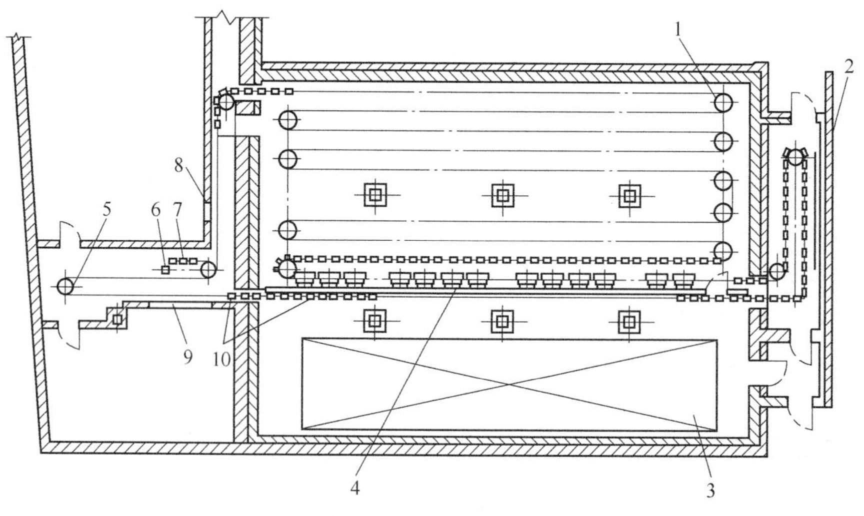

图5-9　吊篮式连续冻结隧道

1—横向轮　2—乙醇喷淋系统　3—蒸发器　4—轴流风机　5—张紧轮
6—驱动电动机　7—减速装置　8—卸料口　9—进料口　10—链盘

吊篮式连续冻结隧道的特点是：机械化程度高，减轻了劳动强度，提高了生产率；冻结速度快，冻品各部位降温均匀，色泽好，质量高。目前，吊篮式连续冻结隧道主要用于冻结家禽等食品。

这种装置的主要缺点是结构不紧凑，占地面积较大，风机耗能高，经济指标差。

2. 螺旋式冻结装置

螺旋式冻结装置克服了传送带式冻结隧道占地面积大的缺点，可将传送带做成多层，是广泛用于冻结各种调理食品（如肉饼、饺子和鱼丸等）、对虾和鱼片等的冻结装置。图5-10、图5-11、图5-12和图5-13分别为单螺旋式冻结装置结构示意图、单螺旋式冻结装置外形图、单螺旋式冻结装置内部结构和双螺旋式冻结装置结构示意图。

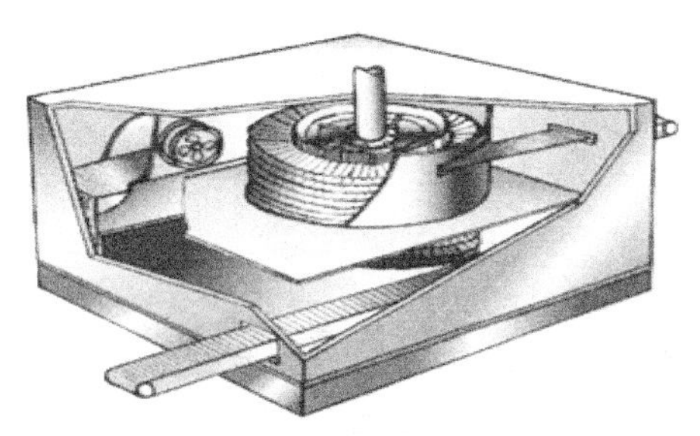

图5-10　单螺旋式冻结装置结构示意图

图5-11　单螺旋式冻结装置外形图

图5-12　单螺旋式冻结装置内部结构

图5-13　双螺旋式冻结装置结构示意图

螺旋式冻结装置由转筒、蒸发器、风机、传送带及一些附属设备等组成。其主体部分为一转筒，传送带由不锈钢扣环组成，按宽度方向成对接合，在横、竖方向上都具有挠性。当运行时，拉伸传送带的一端就压缩另一端，从而形成一个围绕着转筒的曲面。借助摩擦力及传动机构的动力，传送带随着转筒一起运动，由于传送带上的张力很小，故驱动功率不大，传送带的寿命也很长。传送带的螺旋升角约为2°，由于转筒的直径较大，所以传送带近于水平，食品不会下滑。传送带缠绕的圈数由冻结时间和产量确定。

螺旋式冻结装置有以下特点：①紧凑性好。由于采用螺旋式传送，整个冻结装置的占地面积较小，仅为一般水平输送带面积的25%。②在整个冻结过程中，产品与传送带相对位置保持不变。冻结易碎食品所保持的完整程度较其他类型的冻结装置好，这一特点也允许同时冻结不能混合的产品。③可以通过调整传送带的速度来改变食品的冻结时间。④进料、冻结等在一条生产线上连续作业，自动化程度高。⑤冻结速度快，干耗小，冻结质量高。⑥在小批量、间歇式生产时，耗电量大，成本较高。

螺旋式冻结装置适用于冻结单体不大的食品（如饺子、烧卖、对虾）、经加工整理的果蔬，还可用于冻结各种熟制品，如鱼饼、鱼丸等。

3. 流态化冻结装置

随着我国速冻调理食品、速冻果蔬和速冻虾类的迅速发展，用于单体快速冻结食品（IQF）的流态化冻结装置得到了广泛的应用。食品流态化冻结装置按机械传送方式可分为：斜槽式流态化冻结装置；带式流态化冻结装置（包括一段带式和两段带式流态化冻结装置）；振动式流态化冻结装置（包括往复振动式和直线振动式流态化冻结装置）。按流态化形式可分为全流态化和半流态化冻结装置。

（1）一段带式流态化冻结装置　一段带式流态化冻结装置如图 5-14 所示。该装置传送的产品是靠传送带输送，而不是借助气动来通过冻结空间的。

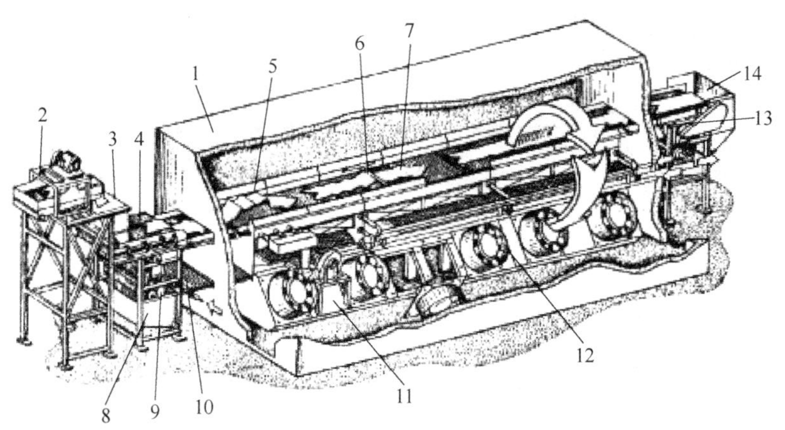

图 5-14　一段带式流态化冻结装置

1—隔热层　2—脱水振荡器　3—计量漏斗　4—变速进料带　5—“松散相”区　6—匀料棒　7—“稠密相”区　8、9、10—传送带清洗、干燥装置　11—离心风机　12—轴流风机　13—传送带变速装置　14—出料口

冻品首先经过脱水振荡器，去除表面的水分，然后随进料带进入“松散相”区，此时的流态化程度较高，食品悬浮在高速的气流中，从而避免了食品间的相互黏结。待食品表面冻结后，经匀料棒拌匀物料，到达“稠密相”区，此时仅维持最小的流态化程度，使食品进一步降温冻结。冻结好的食品从出料口排出。

该装置的特点是允许冻结的食品种类更多、产量范围更大；由于颗粒之间摩擦力小，因此易碎食品通过冻结间时损伤较小。

（2）两段带式流态化冻结装置　两段带式流态化冻结装置将一段带式流态化冻结装置的传送带分为前后两段，其他结构与一段带式流态化冻结装置基本相同。其第一段传送带为表层冻结区，功能相当于一段带式流态化冻结装置的“松散相”区；第二段传送带为深温冻结区，功能与一段带式流态化冻结装置的“稠密相”区相同。两段传送带间有个高度差，当冻品由第一段传送带到第二段传送带时，因相互冲撞而有助于避免彼此黏结。

与一段带式流态化冻结装置相比，两段带式流态化冻结装置更适合于大而厚的产品，如肉制品、鱼块、肉片和草莓等。其上层传动带的移动速度可比下层传动带快 3 倍，这样，上层传动带上的产品层较薄，再加上该段的空气流速也较快，从而防止了食品颗粒黏结。图 5-15 所示为两段带式流态化冻结装置原理示意图。

采用流态化冻结装置冻结食品时，由于高速冷气流的包围，强化了食品冷却和冻结的过程，有效传热面积较正常冻结状态大3.5~12倍，换热强度也大大提高，从而大大缩短了冻结时间。流态化冻结装置适用于冻结球状、圆柱状、片状和块状颗粒食品，尤其适于果蔬类单体食品的冻结。

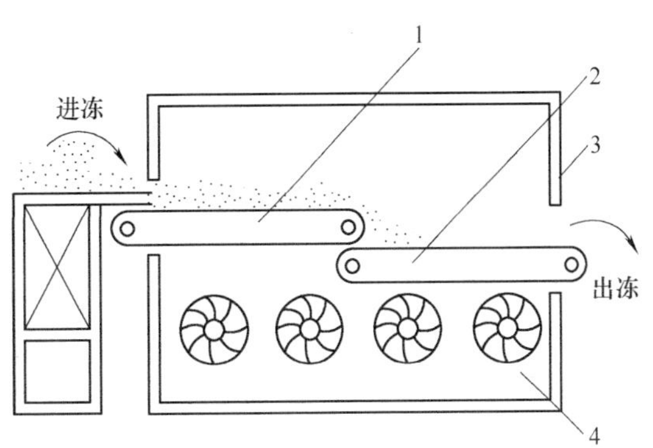

图5-15　两段带式流态化冻结装置原理示意图
1—第一段　2—第二段　3—隔热外壳　4—风机

(3) 往复振动式流态化冻结装置　图5-16所示为国产往复振动式流态化冻结装置。其主体部分为一带孔不锈钢钢板，在连杆机构带动下做水平往复式振动。钢板厚2~3mm，孔径为3mm，孔距为8mm，每500mm长度上为一孔群，间隔20mm，以增强流化床的强度。脉动旁通机构为一个旋转风门，可按一定的角速度旋转，使通过流化床和蒸发器的气流量时增时减（10%~15%），因而可以将气流量调节到适于各种食品的脉动旁通气流量，以实现最佳流态化。

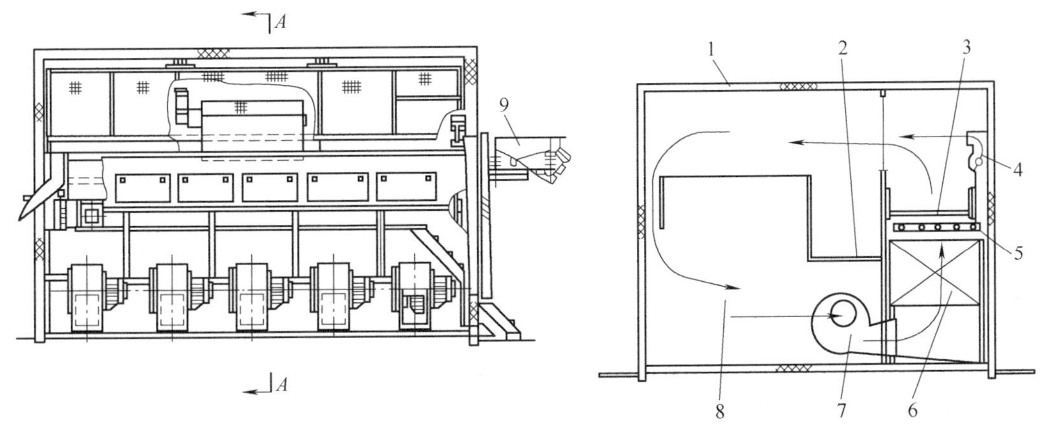

图5-16　国产往复振动式流态化冻结装置
1—热箱体　2—操作检修廊　3—流化床　4—脉动旋转风门　5—融霜淋水管
6—蒸发器　7—离心风机　8—冻结隧道　9—振动布风器

该装置运行时，食品首先进入预冷设备，表面水分被吹干，表面硬化，避免了相互间的粘连。进入流化床后，冻品受钢板振动和气流脉动的双重作用，冷气流与冻品充分混合，实现了完全的流态化。冻品被包围在强冷气流中，时起时伏，像流体般向前传送，确保了快速冻结。这种冻结方式消除了流沟和物料跑偏现象，使冷量得到了充分有效的利用。

流态化冻结装置的类型虽然多种多样，但在设计和操作时，应主要考虑以下几个方面：冻品与布风板、冻品与冻品之间不粘连结块；气流分布均匀，保证料层充分流化；风道阻力小，能耗低。另外，对风机的选择、冷风温度的确定和蒸发器的设计等也应以节能高效、操作方便为前提。

二、间接接触冻结装置

间接接触冻结指的是把食品放在由制冷剂（或载冷剂）冷却的板、盘、带或其他冷壁上，与冷壁直接接触，与制冷剂（或载冷剂）间接接触。

1. 钢带式冻结装置

钢带式冻结装置有一条环形的厚约1mm的不锈钢传送带，如图5-17所示。传送带下侧有低温不冻液（即载冷剂，常使用氯化钙盐水或丙二醇溶液）喷淋而进行冻结，食品上部装有风机，用冷风补充冷量，风的方向可与食品平行、垂直、顺向或逆向。传送带的移动速度可根据冻结时间进行调节。因为产品只有一边接触金属表面，食品层以较薄为宜。该装置传送带下部温度为-40℃，上部冷风温度为-40～-35℃，因为食品层一般较薄，因而冻结速度快，冻结20～25mm厚的食品约需30min，而冻结15mm厚的食品只需12min。

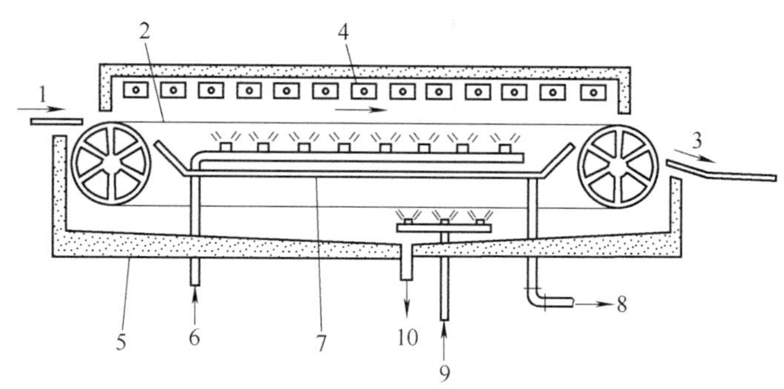

图5-17　钢带式冻结装置示意图

1—进料口　2—不锈钢传送带　3—出料口　4—空气冷却器　5—隔热外壳
6—盐水入口　7—盐水收集器　8—盐水出口　9—洗涤水入口　10—洗涤水出口

钢带式冻结装置的主要特点为：①连续流动运行；②干耗较少；③能在几种不同的温度区域操作；④同平板式、回转式冻结装置相比，钢带式冻结装置结构简单，操作方便，改变带长和带速，可大幅度地调节产量。此装置的缺点是占地面积大。

该装置适于冻结鱼片、调理食品及某些糖果类食品等。

2. 平板式冻结装置

平板式冻结装置的主体是一组作为蒸发器的空心平板，平板与制冷剂管道相连。它的工作原理是将冻结的食品放在两相邻的平板间，并借助液压系统使平板与食品紧密接触。平板式冻结装置有分体式和整体式两种形式，分体式将装有冻结平板及其传动机构的箱体、制冷压缩机分别安装在两个基础上，在现场进行连接；整体式将冻结装置箱体与制冷压缩机组组成一个整体，特点是占地面积小、安装方便。

根据平板的工作位置，平板式冻结装置又可分为卧式平板式冻结装置和立式平板式冻结装置。

（1）卧式平板式冻结装置　根据装置的操作方式和机械化程度，这种装置又可分为间歇式和连续式两种。卧式平板式冻结装置主要用于分割肉、鱼片、虾及其他小包装食品的快速冻结。

卧式平板式冻结装置的外形如图5-18所示。平板放在一个隔热层很厚的箱体内，箱体的一侧或相对的两侧有门。平板一般有6～16块，间距由液压升降装置来调节，冻结平板上升时，两板间的最大间距可达130mm，下降时，两板间距视食品冻盘间距而定。为了防止食品变形和被压坏，可在平板之间放入与食品厚度相同的限位块。冻结时，先将冻结平板升至间距最大位置，把食品放入，再降下上面的冻结平板，压紧食品。依次操作，直至把冻盘放进各层冻结平板中为止，然后供液降温，进行冻结。

（2）立式平板式冻结装置　立式平板式冻结装置的结构原理与卧式平板式冻结装置相似，只是冻结平板垂直排列，如图5-19所示。平板一般有20块左右，冻品不需要装盘或包装，可直接倒入平板间进行冻结，操作方便。冻结结束后，冻品脱离平板的方式有多种，分上进上出、上进下出和上进旁出等。平板的移动、冻品的升降和推出等动作均由液压系统驱动和控制。平板间装有定距螺杆，用以限制两平板间的距离。立式平板速冻装置最适用于散装冻结无包装的块状产品，如整鱼、剔骨肉和内脏，也可用于包装产品。

图5-18　卧式平板式冻结装置的外形

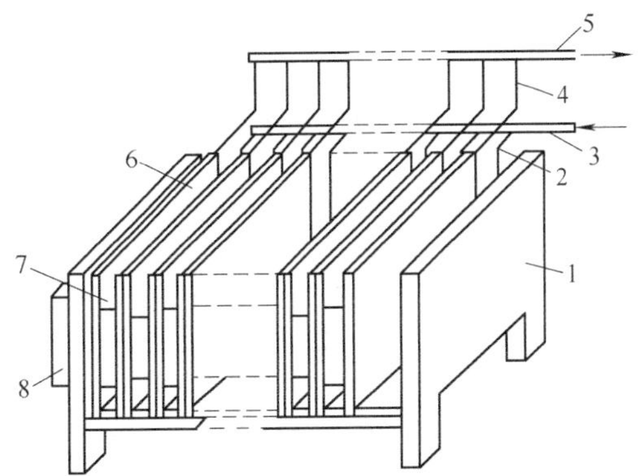

图5-19　立式平板式冻结装置结构示意图
1—机架　2、4—橡胶软管　3—供液管　5—吸入管
6—冻结平板　7—定距螺杆　8—液压装置

与卧式平板式冻结装置相比较，立式平板式冻结装置不用贮存和处理货盘，大大节省了占用的空间。但立式平板式冻结装置的不如卧式平板式冻结装置灵活，一般只能生产一种厚度的块装产品。

（3）平板式冻结装置的特点　平板式冻结装置的特点如下：

1）对厚度小于50mm的食品来说，冻结速度快、干耗小，冻品质量高。

2）在相同的冻结温度下，其蒸发温度可比吹风式冻结装置提高5~8℃，而且不用配置风机，电耗比吹风式冻结装置减少30%~50%。

3）可在常温下工作，改善了劳动条件。

4）占地面积小（建筑面积只有吹风搁架式冻结间的1/4），节约了土建费用，建设周期也短。

5）对于厚度超过90mm的食品（全鸡）不适用。

6）未实现自动化装卸的装置仍需较大的劳动强度。

（4）平板式冻结装置冻结效率的影响因素　平板式冻结装置冻结效率的影响因素如下：

1）待冻食品的导热性。

2）产品的形状。

3）包装情况及包装材料的导热性。

4）平板表面状况，是否有冰霜或其他杂物。

5）平板与食品接触的紧密程度。

在这些影响因素中，后两个因素的影响最为严重。如果平板表面结了一层冰，则冻结时间会延长 36%~60%；如果平板与食品之间留有 1mm 的空隙，则冻结速度将下降 40%。

3. 回转式冻结装置

回转式冻结装置由不锈钢制成，它有两层壁，外壁为冷表面，外壁与内壁之间的空间供制冷剂直接蒸发或供载冷剂流过换热。制冷剂或载冷剂从中间有孔的圆筒转动轴中输入，从另一端排出。冻品呈散开状由入口被送到回转筒的表面，由于回转筒表面温度很低，食品立即粘在上面，进料传送带再给冻品稍施加压力，使它与回转筒表面接触得更好。回转筒回转一周，完成食品的冻结过程。冻结食品转到刮刀处被刮下，刮下的食品由传送带输送到包装生产线。回转筒的转速根据冻结食品所需时间调节，每转约数分钟。该装置适用于冻结鱼片、块肉、虾、菜泥及流态食品。回转式冻结装置如图 5-20 所示。

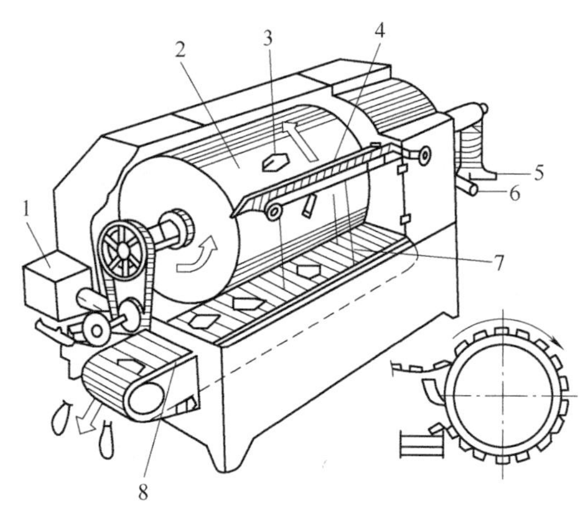

图 5-20　回转式冻结装置

1—电动机　2—回转筒冷却器　3—进料口　4、7—刮刀　5—盐水入口　6—盐水出口　8—出料传送带

该装置的特点是：占地面积小，结构紧凑；冻结速度快，干耗小；连续冻结生产率高。制冷剂可用氨、R22 或共沸制冷剂，载冷剂可选用盐水、乙二醇等。

4. 搁架式冻结装置

搁架式排管冻结间也称半接触式冻结间。在冻结间内设置搁架式排管作为冷却设备兼货架，需要冻结的产品、农副产品、分割肉块状食品可装在盘内或直接放在搁架上进行冻结，适用于每昼夜冻结量小于 5t 的情况。搁架式排管冻结间有空气自然循环和吹风式两种。采用空气自然循环时，排管与食品的热交换较差，冻结速率较低，当室温为-23~-18℃时，冻结时间则视冻品厚度和包装条件而定，一般为 48~72h。如果在冻结间内装上鼓风机，加速空气的循环，风量可按每冷冻 1t 食品配 1000m³/h 计算，此时搁架式排管的传热系数增大，单位面积制冷量也增大，当室温为-23~-18℃时，冻结时间为 16~48h，如冻结鱼和盘装鸡为 20h、蛋为 24h、箱装野味为 48h。图 5-21 所示为搁架式排管示意图。

图 5-21　搁架式排管示意图

搁架式排管冻结间的主要优点是冻结可靠、均匀、省电，排管可以现场制作；不足之处是管架的静液柱作用较大、不能连续生产、进出货搬动劳动强度大、无吹风的搁架式排管冻结间内空气与冻结食品之间换热效果较差、冻品的质量也较差、冻结速度慢，因此仅适合小型冷库使用。搁架式排管采用人工扫霜，并定期进行热氨融霜以排除管内积油。

三、直接接触冻结装置

直接接触冻结法要求食品（包装或不包装）与不冻液直接接触，食品在与不冻液换热

后，迅速降温冻结。食品与不冻液接触的方法有喷淋和浸渍法，或者两种方法同时使用。

1. 盐水浸渍冻结装置

盐水浸渍冻结装置是将水产品直接浸渍在低温盐水中进行冻结。图5-22所示为盐水连续浸渍冻结装置示意图。

盐水浸渍冻结装置中与盐水接触的容器用玻璃钢制成，有压力的盐水管道用不锈钢材料制成，其他盐水管道用塑料制成，从而解决了盐水的腐蚀问题。当盐水温度为-20~-19℃时，每千克（25~40条）沙丁鱼从初温4℃降至中心温度-13℃仅需15min。

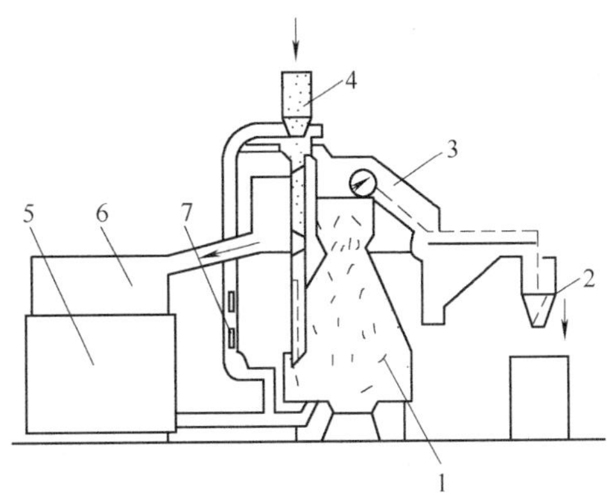

图5-22　盐水连续浸渍冻结装置示意图

1—冻结器　2—出料口　3—滑道　4—进料口　5—盐水冷却器　6—除鳞器　7—盐水泵

工艺流程：鱼在进料口与冷盐水混合后进入进料管，进料管内盐水涡流下旋，使鱼克服浮力而到达冻结器的底部。冻结后，鱼体密度减小，慢慢浮至液面，然后由出料机构送到滑道，在此鱼和盐水分离，鱼进入出料口，冻结完毕。

盐水循环过程：冷盐水被泵输送到进料口，经进料管进入冻结器，与鱼体换热后，盐水升温，密度减小，因此冻结器中的盐水具有一定的温度梯度，上部温度较高的盐水溢出冻结器后，与鱼体分离进入除鳞器，除去鳞片等杂物的盐水返回盐水箱，与盐水冷却器直接换热后降温，完成一次循环。

用盐水作为冷媒直接接触冻结鱼类，盐分就会向鱼的表层渗透，当鱼表层冻至-1.5℃时，这种渗透作用就会终止。用该装置冻结的鱼类略带咸味，但含盐量不超过1.5%，故不影响食用，但因冻鱼表面变色、失去光泽，其外观较差，所以多用来作为罐头原料。

2. 液氮冻结装置

（1）液氮喷淋冻结装置　图5-23和图5-24所示分别为液氮喷淋冻结装置及其外形图。此装置使食品直接与喷淋的液氮接触冻结。液氮的汽化潜热为198.9kJ/kg，定压比热容为1.034kJ/(kg·K)，沸点为-195.8℃。从沸点到-20℃冻结终点所吸收的总热量为383kJ/kg，其中，-195.8℃的氮气升温到-20℃时吸收的热量为182kJ/kg，几乎与汽化潜热相等，这是液氮的一个特点，在实际应用时，应注意循环利用这部分冷量。

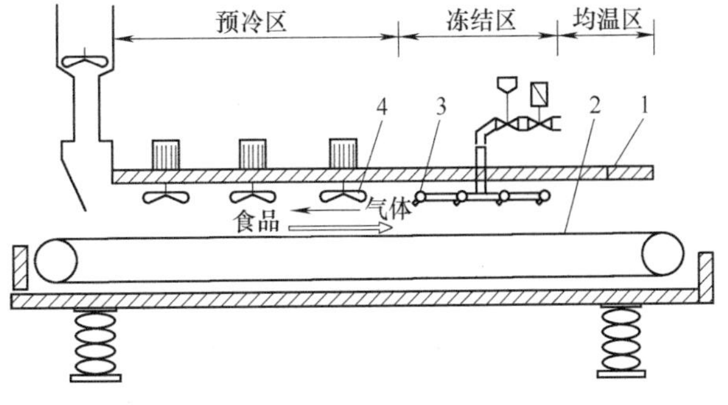

图5-23　液氮喷淋冻结装置示意图

1—壳体　2—传送带　3—喷嘴　4—风扇

液氮喷淋冻结装置由隔热隧道式箱体、喷淋装置、不锈钢丝网格传送带、传动装置和风机等组成。冻品由传送带送入，经过预冷区、冻结区和均温区，从另一端送出。风机将冻结区内温度较低的氮气输送到预冷区，并吹到由传送带送入的食品表面上，经充分换热后食品预冷。进入冻结区后，食品受到雾化管喷出的雾化液氮的冷却而被冻结。冻结温度和冻结时间，可根据食品的种类和形状，调整贮液罐压力以改变液氮喷射量，以及调节传送带速度来加以控制，以满足不同食品的加工工艺要求。由于食品表面和中心的温度相差很大，所以完成冻结过程的食品需在均温区停留一段时间，以使其内外温度趋于均匀。对于5cm厚的食品，经过10~30min即可完成冻结，冻结后的食品表面温度为-30℃，中心温度达-20℃。冻结每千克食品的液氮耗用量为0.7~1.1kg。

图5-24　液氮喷淋冻结装置外形图

图5-25所示为一种旋转式液氮喷淋隧道。其主体为一个可旋转的绝热不锈钢圆筒，圆筒的中心线与水平面之间有一定的角度。食品进入圆筒后，表面迅速被喷淋的液氮冻结，由于圆筒有一定的倾斜度，再加上其不断地旋转，食品及汽化后的氮气一同翻滚着向圆筒的另一端行进，使食品得到进一步的冻结，食品与氮气在出口分离。由于没有风扇，该装置的对流表面传热系数比带风机的系统小一些，但因为食品的翻滚运动，食品与冷却介质的接触面积增大，所以总的传热系数与带风机的系统差不多。不设风扇，也就没有外界空气带入的热量，液氮的冷量将全部用于食品的降温，单位产量的液氮耗用量相对也就比较低。该装置主要用于块状肉和蔬菜的冻结。

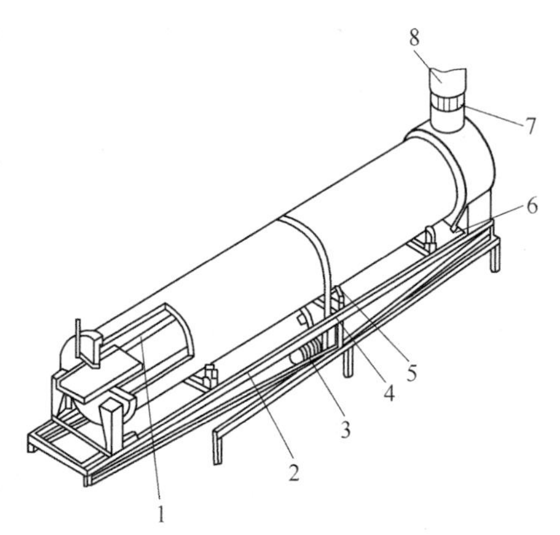

图5-25　旋转式液氮喷淋隧道示意图

1—喷嘴　2—倾斜度　3—变速电动机
4—驱动带　5—支撑轮　6—出料口
7—氮气出口　8—排气管

（2）液氮浸渍冻结装置　如图5-26所示，液氮浸渍冻结装置主要由隔热箱体和食品传送带组成。食品从进料口直接落入液氮中，表面立即冻结。由于经过换热，液氮强烈沸腾，有利于单个食品的分离。食品在液氮中只完成部分冻结，然后由传送带送出出料口，再到另一个温度较高的冻结间完成进一步的冻结。

据研究，对于直径为2mm的金属球，在饱和液氮中的冷却速率高达1.5×10^{3}℃/s；如果降温速率过快，食品将由于热应力等原因而发生低温断裂现象，影响冻结食品的质量。因此，控制食品在液氮中的停留时间是十分重要的。这可通过调节传送带的速度来实现。除此之外，如果冻品太厚，则其表面与中心将产生极大的瞬时温差，引起热应力，从而产生表面龟裂，甚至破碎。因此，食品厚度以小于10cm为宜。液氮浸渍冻结装置几乎适于冻结一切体积小的食品。

(3) 液氮冻结装置的特点　液氮冻结装置的特点如下：

1) 液氮可与形状不规则的食品的所有部分密切接触，从而使传热的阻力降到最低限度。

2) 液氮无毒，并且对食品成分呈惰性，由于其替代了从食品中出来的空气，可在冻结和带包装贮藏过程中使氧化变化降到最低限度。

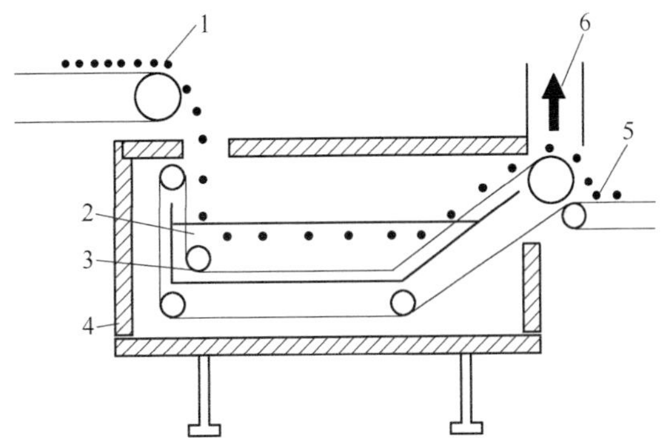

图 5-26　液氮浸渍冻结装置示意图

1—进料口　2—液氮　3—传送带　4—隔热箱体　5—出料口　6—氮气出口

3) 冻结食品的质量高。因冻结速度快，结冰速度大于水分移动速度，细胞内外同时产生细小、分布均匀的冰晶，对细胞无损伤，故解冻时汁液流失少，可逆性大，解冻后能恢复到冻前的新鲜状态。

4) 冻结食品的干耗小。用一般冻结装置冻结的食品，干耗率为 3%～6%，而用液氮冻结装置进行冻结，干耗率仅为 0.6%～1%。

5) 占地面积小，设备投资少，生产率高。

6) 液氮冻结装置的主要缺点是成本高，但这要视产品而定。

3. 液态二氧化碳冻结装置

液态二氧化碳在大气压下的沸点为-78.5℃，汽化潜热为 575kJ/kg，比热容为 0.837kJ/(kg·K)。

二氧化碳在常压下不能以液态存在，因此，液态二氧化碳喷淋到食品表面后，立即变成二氧化碳蒸气和干冰。其中转变为固态干冰的量为 43%，转变为气态二氧化碳的量为 53%，二者的温度均为-78.5℃。液态二氧化碳全部变为-20℃的气体时，吸收的总热量为 621.8kJ/kg，其中约 15%为显热。由于显热所占比例不大，一般没有必要利用，因此，液态二氧化碳冻结装置不像液氮喷淋冻结装置那样做成长形隧道，而是做成箱形，内装螺旋式传送带来冻结食品。

由于二氧化碳资源丰富，一般不采用回收装置，当希望回收时，应至少回收 80%的二氧化碳。

知识拓展

不冻液的基本理论知识

直接接触冻结法由于要求食品与不冻液直接接触，所以对不冻液有一定的限制，特别是与未包装食品接触时尤其如此。这些限制包括无毒、纯净、无异味和异样气体、无外来色泽或漂白剂、不易燃和不易爆等。另外，不冻液与食品接触后，不应改变食品原有的成分和性质。食品与不冻液接触的方式有喷淋和浸渍，或者两种方法同时使用。

食品冻结所用的盐水浓度应使其冰点低于或等于-18℃，盐水通常为氯化钠或氯化钙水溶液。共晶温度是溶液不出现析冰或析盐的最低温度。例如，氯化钠水溶液的共晶温度为-21.13℃。盐水不能用于不应变成咸味的未包装食品，目前盐水主要用于冻结海鱼。盐水的特点是黏度小，比热容大，便宜；缺点是腐蚀性强，使用时应加入一定量的防腐蚀剂。常用的防腐蚀剂为重铬酸钠（$Na_2Cr_2O_2$）和氢氧化钠（NaOH），用量视盐水浓度而定。

糖溶液曾经用于冻结水果，但困难在于要达到较低的温度，所需蔗糖溶液的浓度较大，如要达到-21℃时，至少需要质量分数达到62%，而这样的溶液在低温下已变得很黏，因此，糖溶液冻结的使用范围有限。

丙三醇—水的混合物曾被用来冻结水果，但不能用于不应变成甜味的食品。67%（质量分数）丙三醇水溶液的冰点为-47℃。另一种与丙三醇有关的低冰点液体是丙二醇，60%（质量分数）丙二醇与40%（质量分数）水的混合物的冰点为-51.1℃。丙二醇是无毒的，但有辣味，为此，丙二醇在直接接触冻结装置中的用途通常限于包装食品。

要想达到更低的冻结温度，可使用聚二甲基硅醚，其冰点分别为-111.1℃和-96.7℃。

速冻食品的解冻方法

速冻食品的解冻方法，按供热方式可分为外部加热法和内部加热法两种。外部加热法利用外部介质的温度高于冻结食品的温度，由表面向内部传递热量以达到解冻的目的，常用的方法有空气解冻、水解冻和水蒸气凝结解冻等。内部加热法是利用电流和微波的特性，在冻结食品解冻时从内外同时进行加热解冻，常用的有低频电流加热解冻、高频电流加热解冻和微波解冻法等。也有的采用多种方式组合加热解冻。将使用空气、水和电来解冻食品的方法组合起来，称为组合加热法。组合加热法基本上都以电解冻为主，再辅之以空气解冻或水解冻。

一、外部加热解冻法

1. 空气解冻

空气解冻又称自然解冻，现已被广泛使用。常用的有以下5种方法。

（1）静止空气解冻　静止空气解冻是在空气温度为15℃以下缓慢解冻的方法，故又称缓慢解冻法。此法对食品质量和卫生保证都很好，食品的温度比较均匀，汁液流失也较少，因为食品内的组织细胞有充足的时间来吸收冰融化后的水分。其缺点是解冻时间长，食品由于水分蒸发而失重较大。为了减少解冻过程中微生物的污染，可在解冻间装紫外灯杀菌。

（2）流动空气解冻　流动空气解冻是指采用风机连续送风使空气循环进行解冻的方法，又称快速解冻法。此法能大大缩短解冻时间，食品的干缩量也减少。但解冻过程中会因食品表面的汁液融化快，细胞组织来不及吸收而造成汁液流失较多，同时食品的表层有干燥的倾向，故解冻时，应调节温度和湿度，最好带包装解冻。

（3）热空气解冻　一般在温度为25~40℃、相对湿度为98%~100%的条件下进行热空气解冻，解冻较快。这是由于热空气向食品表面冷凝，利用相变热来加速解冻。但由于空气温度高，会使食品表面先融化、内部后融化，故会影响食品的质量。

（4）加压空气解冻　在容器中通入压力为0.196~0.294MPa的压缩空气，由于压力升高，冰点也升高，故在同样的解冻介质和温度下，食品易融化，解冻时间短，解冻后质量也好。如果在加压容器内使空气以1~1.5m/s的速度流动，把加压和流动空气组合起来以改善食品表面的传热状态，则能大大缩短解冻时间。

（5）隧道解冻　隧道解冻是法国先提出来的。该法解冻的过程分为三个阶段：第一阶

段，空气温度为 14℃±1℃，空气循环量为每小时 200 次，相对湿度为 96%，时间少于 20h；第二阶段，空气温度为 10℃±2℃，空气循环量为每小时 200 次，相对湿度为 96%，时间少于 16h；第三阶段，空气温度为 0℃±2℃，空气循环量为每小时 100 次，相对湿度为 60%~70%，时间约为 4h。总时间约为 40h，解冻后，放在温度不高于 3℃的库中存放。采用这种方法解冻后的产品质量好，不失重。

2. 水解冻

水比空气的传热性能好，对冻结食品解冻快，并且食品表面有水分浸润，还可增重。但食品的某些可溶性物质在解冻过程中将部分失去，并且易受微生物污染。常用的水解冻方法有静水解冻、流水浸渍解冻和喷淋解冻。

（1）静水解冻　静水解冻适用于带皮或有包装的冻结食品解冻，对于半胴体的肉类和鱼片等，因切断面的营养物质会被水浸出，裸露部分易受污染，故不适用，若卫生条件不好，则细菌污染严重。

（2）流水浸渍解冻　流水浸渍解冻适用于冻鱼等小型冻结食品，使水温经常保持在 5~12℃，解冻时间只需 80~90min。

（3）喷淋解冻　喷淋解冻是将冻结食品放在传送带上，用 18~20℃的热水向冻结食品喷淋解冻的方法。水可以循环使用，但需要过滤器和净水器处理以保持卫生。也可把喷淋和流水浸渍结合在一起进行解冻。

3. 水蒸气凝结解冻

水蒸气凝结解冻又称真空解冻，是利用蒸汽压力与沸点的对应关系，使水在低温下沸腾而形成水蒸气。例如，在 3333Pa 的压力下，水在 26℃就可沸腾。低温蒸汽遇到更低温度的冻品产生凝结并释放出凝结热，热量被冻结食品吸收，从而使冻品温度升高。

水蒸气凝结解冻一般在圆筒状金属容器内进行。容器两端是冻结食品的进、出口，冻结食品放在小车上送入容器内，顶上是水封式真空泵，底部盛水。当容器压力为 2.3kPa 时，水在 20℃时即沸腾，变成水蒸气，每千克水蒸气在冻结食品表面凝结时放出 2093.4kJ 的热量。当水温较低时，水蒸气产生的热量就少，此时可通过蒸汽加热管慢慢地将水加热到 15~20℃。这种水蒸气凝结解冻可完全自动进行。

水蒸气凝结解冻比空气解冻效率提高 2~3 倍；而且在抽真空、脱气状态下解冻，大多数细菌被抑制，有效地控制了食品营养成分的氧化和变色，食品汁液流失量比在水中解冻显著减少。同时由于使用的是低温的饱和水蒸气，故食品不会出现过热现象和干耗损失，而且色泽鲜艳，从而保证了食品的质量。此法适用于肉类、禽类、鱼类（包括鱼片）、蛋类、果蔬类及浓缩状食品的解冻，并且能经常保持卫生，可半自动化也可自动化进行。但水蒸气凝结解冻在对大块冻结食品的内层升温时比较缓慢，可先进行水蒸气凝结解冻 2h 左右，再在空气中解冻。

二、内部加热解冻法

1. 低频电流加热解冻

因为食品本身有电阻，利用电流通过冻结食品时产生的电阻热而使食品解冻，称为低频电流加热解冻，也称电阻解冻。此法采用的电流为频率为 50~60Hz 的低频交流电。

低频电流加热解冻比空气和水解冻的速度快 2~3 倍，并且耗电少，运行费用低。其缺点是只有密贴部分才能通电流，因此，只能解冻表面平滑的块状食品，有空腔的食品的内部解冻不均匀，紧贴电极部分容易产生过热现象。

2. 高频电流加热解冻

此法的解冻电流频率在 1～50MHz，一般选用 13MHz、17MHz、40MHz。在解冻时，冻结食品放在加有高频电的极板之间，食品的介质分子在高频电场中被极化后，跟随高频电场的变化而发生相应的变化，分子之间互相旋转、振动、碰撞，产生摩擦热。电流频率越高，分子之间转动越大，产生的摩擦热也越多，食品的解冻也越快。采用此方法，冻结食品的发热是在表面和内部同时进行的，故解冻较快。

3. 微波解冻

微波解冻是利用波长为 1mm～2.54cm 的电磁波间歇照射食品，使食品中的介电物质发生强烈振动，产生热量而进行解冻，全解冻时间只需 10～30min。微波解冻迅速且温度又不高，可以保证食品完好无损，质量好，维生素损失较少，并能很好地保持食品的色、香、味；对于带有纸箱包装的食品也能解冻，既方便又卫生；同时，微波解冻占地面积小，有利于实现自动化。微波解冻的缺点是微波加热不均匀，有局部过热现象，并且投资费用大，设备和技术水平要求较高，耗电多等。

三、组合加热解冻法

1. 电和空气组合加热解冻

先用电加热到能用刀切入的程度时停止电加热，继之以冷风解冻，这样不致引起食品局部过热，可避免食品温度不均匀的现象发生。

2. 电和水组合加热解冻

先用水使冻结食品表面稍融化，然后进行电解冻，这样电流容易通过冻结食品内部，可缩短解冻时间，节约用电。

3. 高频电流和水组合加热解冻

英国普遍采用高频电流和水组合加热解冻法，其设备由 6 台高频解冻装置组成，每两台之间是水解冻装置，每台高频解冻装置的功率为 20kW。

4. 微波和液氮组合解冻

微波解冻中产生的过热，可用喷淋液氮来消除。喷淋液氮时最好以静电场控制，这样液氮的喷淋面可集中。将冻结食品放在转盘上，使其受热均匀，从而保证解冻食品的质量。

任务实训　双螺旋速冻装置的现场教学

一、实训目的

通过实训使学生了解双螺旋速冻装置的操作流程及基本维护注意事项，培养学生对机械设备操作的安全意识和人身安全意识。

二、实训内容与要求

实训内容与要求见表 5-5。

表 5-5　实训内容与要求

实训内容	实训要求
双螺旋速冻装置的操作规程	了解双螺旋速冻装置的操作规程，确保每一项操作的安全性，保证设备良好的技术状态和工作能力
融霜除冻步骤	按照操作规程规定的步骤进行操作
网带清洗	按照操作规程规定的步骤进行操作
制冷机组的常规保养内容	了解制冷机组的常规保养内容，保证机组安全、稳定、长期、满载、优质运行

三、主要器材与设备

SLD 系列双螺旋速冻装置一台，检修工具箱一套（备用）。

四、实训过程

1. 首次正式开机前应确认

1）冷却水的供水管、凝结水的排水管的接管正确无误。

2）供电线已正确接入电箱内，接线正确无误。

3）各运行件（风机、网带电动机）运转方向正确。

4）在使用网带式隧道速冻机时，冷却水供水有保障。

5）传送带上无异物。

6）开启电箱上的总电源开关。

7）在开机前检查库体内的排水情况，有无彻底排放掉，应确认已排完水。

8）传送带的起动：确认无异物后，开启相应开关，起动传送带，并确认有无异响，有异常应关机检查。

9）传送带速度的调节：通过调节变频器的按钮来实现。使电动机转速符合要求，使传送带的速度满足输送量、箱内的停留时间、冷却效果的要求。

10）注意：需在供冷时同时开启风机，如库温降至0℃以下后再开启风机，会使风机叶片上的水分结冰，造成风机运行平衡度降低，并且风机在开启后会出现振动和异常响声，此时应停止风机运行，同时停止供冷。

2. 双螺旋速冻装置操作规程

1）开启传送带，观察其运转情况，速度应由零开始缓慢上升，停止时由高速缓慢回零。

2）查看风机叶片的运转情况。

3）开启风机观察电压。

4）观察蒸发器的冲霜情况以及电流表读数是否在规定范围之内。

5）在降温前关闭后门，开动风机，开启传送带、振动、脉冲，告知压缩机开始工作。

6）在温度降至所需温度时，调整传送带转数开始工作。

7）在工作时观察温度和产品，随时调整传送带速度。

8）工作结束后通知压缩机停止工作，关风机、振动，开前、后门，最后关闭传送带。

3. 融霜除冻

冲霜前一定要通知制冷机房，必须关掉制冷系统供液阀，抽掉蒸发器内的制冷剂。冲霜时一定要严格按照规范操作，否则将会引起爆炸事故。

冲霜水管的使用方法：①关闭泄水阀，打开自来水或冷热混合水，使其进入蒸发器进行融霜；②结束后，关闭冲霜水阀，打开泄水阀，让管内余水及冲霜水阀中的水泄掉，防止降温后余水结冻，影响下次冲霜；③速冻装置工作时，冲霜水阀关闭，泄水阀保持打开；④打开库门，开启风机，让库内温度升高到5℃以上，让轨道上的冰融化，必要时可以用温水冲洗。尤其应检查进料端转笼下第一层轨道上有无冰块。若有，应重点除去。为加快融霜过程，氨系统可同时进行热氨融霜。使网带低速空运转，用清水冲洗网带并起动吹干风机进行吹干，由网带带出部分冷量，加快温升速度。融霜通常为1~2班一次。

在下述情况下，可酌情处理：在环境温度较高，工作时间较短，停机时间长时，打开所有库门至下次开始工作前能全部自然融霜的，可不采取强制融霜措施，但下次运行前必须确认无网带冻结现象。连续长时间生产过程中必须对蒸发器融霜时，可保持网带低速运行或间歇空运行，单独对蒸发器融霜，水冲霜后风机可恢复工作，但必须检查进料端转笼下最下层网带导轨上是否有冰块把网带抬起的现象，必要时用机械方法清除。

4. 网带清洗

每天（连续运转1~2班）食品冻结结束后，应对速冻装置及其内部的部件进行冲洗，主要是对网带进行冲洗。冲洗时可以使用进料架下部的网带清洗装置，也可以采用手工进行清洗。为了便于除去网带上的脂肪和油污，清洗时可以使用适于热水温度的低泡或无泡洗涤剂，应注意，选用的洗涤剂必须适合清洗铝、不锈钢和高分子聚乙烯及其他金属材料，并且无毒无害，适用于清洗食品。

5. 制冷机组的常规保养

1）要经常观察运转机组压缩机的油面及回油情况、油的清洁度，发现油脏或油面下降要及时解决，以免造成润滑不良。

2）要经常清扫风冷机组风冷器，使其保持良好的换热状态。

3）要经常检查水冷机组冷却水的混浊程度，如冷却水太脏，要进行更换；检查供水系统有无泡、冒、滴、漏问题；水泵工作是否正常，阀门开关是否有效，冷却塔、风机是否正常；经常检查冷凝器出现的结垢问题，要及时清除水垢。

4）要经常检查箱内冷风机的蒸发器的除霜情况，除霜是否及时有效会影响制冷效果，导致制冷系统的回液。

5）经常观察压缩机的运行状态，检查其排气温度。在换季运行时，要特别注意系统的运行状态，及时调整系统的供液量和冷凝温度。

6）仔细倾听压缩机、冷却塔、水泵或冷凝器风机的运转声音，发现异常及时处理，同时检查压缩机、排气管及地脚的振动情况。

7）对压缩机的维护：初期系统内部清洁度较差，在运行30天后要更换一次冷冻油和干燥过滤器，在运行半年之后再更换一次（要根据实际情况而定）。对于清洁度较高的系统，运行半年以后也要更换一次冷冻油和干燥过滤器，以后视情况而定。

五、注意事项

1）起动风机时，每起动一台风机应间隔2~3s，避免同时起动或间隔太短时浪涌电流过大；切勿走近风机，除非关闭风机或按下急停按钮且肯定风机已停止转动，否则会造成伤亡事故。

2）融霜时请关注库内水位，绝对不能使库内的水漫过大水槽与库体立板间的密封胶层。在低温环境中工作的员工应穿好合适的防寒衣服，以防冻伤。

3）进行网带清洗时，应尽量把网带清洗干净，否则可能会因网带导轨上积油而造成传动电动机电流增大和翻带事故。另外，网带冲洗装置不用时，应排尽水泵中的水，以免把水泵叶轮冻住，下次运行时可能会导致电动机烧坏，同时切断水泵电源。冲洗网带时如需加热水进行冲洗，应将水温控制在50℃以下。冲洗结束后，打开吹干风机吹干网带，防止制冷后水滴在导轨上结成冰，影响网带运行。

模块小结

食品冷却又称为食品的预冷，是将食品的温度降到冷藏温度的过程。一般冷却食品的温度为0~4℃。这样的温度既能延长食品的保藏期限，又能最大限度地保持食品的新鲜状态。常用的食品冷却方法有冷风冷却、冷水冷却、碎冰冷却和真空冷却等。具体使用时，应根据食品种类及冷却要求的不同，选择适用的冷却方法。

食品的冻结是将食品的温度下降到使食品中绝大部分的水形成冰晶，达到食品长期贮藏的目的，主要包括食品冻结和冻藏两个过程。食品冻结时可采用的冻结方法及装置多种多样，按冷却介质与食品接触的方式可分为空气冻结法、间接接触冻结法和直接接触冻结法等。每一种方法均采用多种形式的冻结装置。

思考与练习

一、填空题

1. 常用的食品冷却的方法有________、冷水冷却、________和真空冷却等。

2. 冷风冷却装置中的主要设备为________。

3. 冷水冷却可用于________、蔬菜、________和水产品等食品的冷却，特别是对一些易变质的食品更适合。

4. 食品的冻结方法及装置多种多样，分类方式不尽相同。按冷却介质与食品接触的方式可分为________、间接接触冻结法和________等。

二、判断题

1. 用来冷却食品的冰只有淡水冰。（　　）

2. 真空冷却是目前最快的一种冷却方法，对表面积大（如叶类菜）的食品的冷却效果特别好。其缺点是食品干耗大、能耗大。（　　）

3. 螺旋式速冻装置在小批量、间歇式生产时，耗电量大，成本较高。（　　）

三、简答题

1. 食品冷却的目的是什么？

2. 隧道式冻结装置在设计和生产实践中应注意哪些问题？

3. 碎冰冷却的特点有哪些？

模块六 食品冷库及管理

学习目标

了解我国冷库的发展概况。
了解我国冷库制冷行业的现状及问题。
掌握食品入库前的准备工作。
掌握冷库卫生和消毒的相关知识。
了解冷库工作人员个人卫生的有关知识。

学习任务一 我国冷库的发展概况及发展趋势

重点及难点

重点：我国冷库制冷行业的现状及问题。
难点：我国冷库制冷行业的现状及问题。

一、我国冷库的发展概况及制冷行业的现状

1. 我国冷库的发展概况

我国 1955 年开始建造第一座贮藏肉制品冷库，1968 年建造第一座贮藏水果冷库，1978 年建造第一座气调库。近几年，我国冷库建设十分迅速，主要分布在各水果、蔬菜主产区及大中城市郊区的蔬菜基地。

据 2017 版《全国冷链物流企业分布图》数据显示：2017 年冷库总容量为 36095589t，冷藏车保有量为 74587 辆，其中自有冷藏车为 31643 辆，企业整合社会冷藏车 42994 辆。

尽管近两年来中西部地区加强了冷库建设，但是由于中西部地区冷库发展基础较差，我国冷库分布仍处于严重不平衡状态，接近 50%的冷库资源都集中在东部沿海地区。表 6-1 为 2017 年冷库容量前十名的省份和直辖市（资料来源：2017 版《全国冷链物流企业分布图》）。

表 6-1 2017 年冷库容量前十名的省份和直辖市

序号	省份或直辖市	库容量/t
1	上海	4210577
2	山东	4036496
3	广东	3905446

（续）

序号	省份或直辖市	库容量/t
4	江苏	3787243
5	福建	2537947
6	河南	1984594
7	天津	1635480
8	辽宁	1530699
9	北京	1401464
10	浙江	1279968

我国果蔬保鲜一般采用最低温度为-2℃的高温库，水产、肉食品冷藏采用温度在-18℃以下的低温库。大型冷库一般采用以氨为制冷剂的集中式制冷系统，冷却设备多为排管，系统复杂，实现自动化控制难度大。小型冷库一般采用以氟利昂为制冷剂的分散式或集中式制冷系统。在建造方面以土建冷库偏多，自动化控制水平普遍较低，装配式冷库近几年有所发展。目前，我国食品冷库主要分为公用冷库和自用冷库两大类。其中，自用冷库占75.49%，在自用冷库中，生产储存型冷库占92.39%，物流配送型冷库占6.68%。公用冷库主要有公共贮存型冷库、市场配送型冷库和物流配送型冷库三种类型。按照所贮存商品来划分，我国冷库中综合类冷库所占比重较大，占51.66%；其次是果蔬类冷库，占24.78%；水产类冷库，占12.06%；肉禽类冷库，占9.75%。因此，以果蔬、水产、肉禽为代表的农产品对冷库建设的需求量最为旺盛。

2. 我国冷库制冷行业的现状及问题

（1）我国冷库制冷行业的现状

1）冷库冷链化、个性化。传统冷库重视库容、干耗、温度和能耗，随着冷链的发展，冷库逐渐成为冷链的一个环节。因此，新建的冷库更倾向于个性化定制，逐渐发展出传统的市场型冷库、自动化程度很高的立体式冷库、中转物流冷库、与加工间混建的加工配送冷库等。

2）氟环保制冷剂、二氧化碳制冷剂被大力推广。由于冷库引发的火灾、氨气泄漏等安全事故层出不穷，氨制冷剂的使用在全国都受到了很大限制。因无毒、不燃或难燃、不易爆炸，氟制冷剂被广泛接受。

3）开始使用大型开启式氟制冷机组。随着氟制冷剂在大型冷库的使用，原来的小型并联机组逐渐不能很好地满足大型冷库的使用要求，大型变频氟制冷机组在冷库中开始被大量使用。

（2）我国制冷行业存在的问题

1）经营观念与管理体制落后。多数冷藏企业还没有从单纯的仓储型向物流配送服务型角色转换的意识。在管理体制上，原国营系统冷藏企业还存在着行政割据的痕迹。另外，随着国家对冷链建设的重视，全国冷库市场一片看好，很多对冷库并不了解的投资者或部门进入冷库建设行列，但由于缺乏冷库运营和规划的人才，重复建设现象普遍存在，未来很快会出现有些冷库建成后无人使用，而有些类型的冷库市场紧缺的局面。

2）冷藏设施硬件落后。全国现有冷库中，属20世纪七八十年代建造的土建式冷库比例很高，硬件设施和管理方式难以符合现代物流配送中心的要求。

3）缺乏行业规范。冷冻、冷藏行业建设和管理的标准规范、行为准则均不齐全。

4）人才储备不足。随着冷库的多样化，在整条冷链中，对冷库的管理和使用要求越来越专业，而在设计中，更要求熟悉冷库使用全过程的专业技术人员。

二、我国冷库的发展趋势

1. 从单一冷库模式到组合冷库模式

从市场对冷库的需求趋势来看，我国现有的冷库容量还十分不足。我国的各类冷库，不论规模大小或功能如何，以往均按土建工程的模式建造，到目前这种模式仍占主导地位。这种建筑结构不合理，不适用现代冷链运作模式，必须进行冷库资源的整合改建与新冷库的建设。

2. 从冷冻仓储到冷链物流配送

目前，我国完整独立的冷链系统尚未形成，市场化程度较低，冷冻冷藏企业有条件的可改造成连锁超市的配送中心，形成冷冻冷藏企业、超市和连锁经营企业联营经营模式。建立食品冷藏供应链，将易腐、生鲜食品从产地收购、加工、贮藏、运输、销售，直到消费者手中的各个环节都处于标准的低温环境之中，以保证食品的质量，减少不必要的损耗，防止食品变质与污染。

今后的发展趋势是冷链物流配送中心离开市中心城区，建设在有便利、快捷的运输设施（公路、铁路、水运）的城市周边地区，配送中心内部配建符合冷链发展需要的冷库。

3. 从中小型发展到规模化发展

我国农产品需求不断增长，农业技术持续更新，这对于农产品和食品的深加工也起到了很大的促进作用，相应的冷冻冷藏市场也水涨船高。例如，上海、江浙地区及湖北、河南等地，冷库市场的需求量逐年增加，规模也在不断扩大。重要的运输港口的冷库需求量也呈现出较大的增长趋势。尤其在食品生产、加工、贮藏中，新的冷库模式的应用在逐年增长。未来大型区域性低温物流冷库将成为主流，逐步替代那些规模小、能耗高、管理差和效率低的小型冷库。

4. 从普通耗能冷库人为管理到节能安全冷库远程智能管理

由于冷库引发的火灾、氨气泄漏等安全事故层出不穷，人们对冷藏行业布局及安全隐患问题也上升到了一个新的关注高度。要想使企业短期内改变安全状况，政府必须在政策、资金和技术方面给予扶持，应把冷库作为社会基础设施进行维护。同时，各级政府部门也要快速推进企业的改制工作，企业自身也要适应当下市场要求，推进转型升级，提供更多可靠的产品和技术。此外，国家推行节能环保政策，人们的思想意识不断提高，对于节能、绿色等的观念日渐重视，市场上节能减排绿色环保的产品备受青睐，氨改氟的企业数量猛增。早改造，早安全；早生产，早收益。

冷库的建设要注意节能性，采用节能化设计，选用节能性好的制冷设备，在冷库运行中要实行节能化管理。高端冷库，可以采用制冷设备的远程智能管理系统进行节能降耗和管理，效果比较明显。

5. 互联网+促冷库经营模式发生转变

随着市场对冷冻、冷藏需求的增加，全国兴起了冷库建设的热潮，冷库市场扩容的同时

带来了竞争的白热化。低端冷库将出现供大于求的现象，进而导致恶性价格竞争。企业若想在竞争中占有一席之地，就要转变现有的经营模式，由数量扩张型向质量效益型转变。冷库发展食品深加工业务是冷冻行业发展的趋势，这不仅可提高冷库的利用率，也可增加产品附加值，增大冷冻企业的盈利空间。冷库业务不能仅停留在仓储阶段，未来可以将其业务向价值链的上、下游拓展。其中，上游产地可控制货源，增值空间大；而下游依托消费端提供"终端温控冷链仓储"，如电商仓储的温控冷链配套等，进行产业链的整合，使商流、物流一体化，提供全方位的服务，通过经营模式的转变降低成本，提高企业竞争力。如此可实现贮藏时间缩短、移动速度加快，多批次、少批量、快流水。

6. 冷库管理水平提高

过去我国的《冷库管理规范》适用于贮存肉、禽、蛋、水产品及果蔬类的食品冷库，给出了部分易腐食品通用的贮藏温度及湿度要求，但对于不同货品没有具体的贮存规定，导致冷库工作人员在进行货品管理时没有明确的依据。2014 年 4 月 1 日起开始实施的上海市地方标准《冷鲜鸡生产经营卫生规范》中对冷鲜鸡在冷库中的存储条件、时间、冷库设施和卫生环境做了具体规定。随着冷链相关标准和规范的不断完善，具体货品在冷库中的存贮将有据可循，冷库的管理水平将得到大幅度提升。

冷库管理人员属于特种作业人员，特种作业是一种容易发生人员伤亡事故，并对操作者本人、他人及周围设施的安全产生重要危害的作业。特种作业人员的安全技术素质及行为对于安全状况至关重要。因此，冷库管理人员需经过一定的专业培训，按照劳动部门规定考核合格者才能进行特种操作。同时，冷库管理人员必须对制冷装置有较全面的了解，熟悉有关的安全生产规章制度和安全操作规程，掌握本岗位的安全操作技能，还应定期参加安全生产教育技术培训和业务学习，考核合格持证上岗。

由于冷库这一特殊的工作环境，长期从事冷库作业会危及冷库管理人员的身体健康，再考虑到薪水待遇等因素，冷库管理人员的流动性强，专业冷库管理人才缺口很大。未来主要通过冷库自动化程度的提高来解决这一问题。

特别注意

表 6-2　不同建筑类型冷库能耗对比

对比项目	传统多层土建冷库	传统智能冷库	超节能立体冷库
冷库耗电量（按每吨每天计）	0.8~1.0kW·h	0.58~0.8kW·h	0.1kW·h
冷库特性	库温波动为±10℃；传热温差为 10~12℃；温差大，干耗大	库温波动为±5℃；传热温差为 10~12℃；风量大，温差大，干耗大	库温波动为±0.1℃；传热温差为 4~5℃；无风，温差小，干耗小
配电变压器	2000kV·A	1000kV·A	630kV·A
自动化	人工搬运	全自动，节省 80%人力	全自动，节省 80%人力
制冷系统的安全性、可靠性	满液式氨系统，采用顶排管/墙排管	氟/氨系统，采用冷风机	满液式 R22/R404a，采用顶排管

知识拓展

日本冷库行业

1. 日本冷库行业的概述

2012 年，日本食品综合自给率只有 40%。其中，蔬菜、水产、肉类自给率较高，分别为 84%、62%、58%；而谷物类、水果类的自给率较低，分别只有 30%、41%。随着日本生活水平的提高及饮食习惯的改变，水产品、肉食、面食和水果的消费量逐渐增加。但是日本的这些食品的自给率较低，大部分都依赖于进口。由于生鲜食品、冷藏冷冻食品业需求的增加，促进了日本冷链物流管理和技术的创新，同时也推动了日本冷库行业的快速发展。

2. 日本冷库行业的发展

日本冷库按使用性质划分，可分为营业冷库和自营冷库。冷链物流企业自营冷库占有的比例较小，大部分为营业用的公共冷库。

20 世纪 60 年代以来，随着日本经济的发展和冷冻食品消费的增加，推进了日本冷库的建设速度。1950 年日本冷库能力只有 59 万 t，1960 年增长为 147 万 t，1970 年增长为 340 万 t。在这 20 年里，平均每年增长 14 万 t。到 1980 年，发展为 754 万 t。1970—1980 年，平均每年增长 41 万 t，年增长率为 7%。2013 年，日本全国共有冷库 3046 座，冷库容积达 3063 万 m^3（1225 万 t）。

3. 日本冷库运营的特点

日本冷库除了有较高水平的技术和设施以外，同时也非常注重内部运行，寻求集约化、高效化的冷链物流管理，确保安全营运，最大限度地降低差错率，提升企业品牌和信誉度。

（1）结构概况　日本冷库大多是多层仓库，采用梯级温度设置。由于日本国土资源紧张，受土地成本影响，单层冷库成本较高。目前，日本冷库大多以 3~5 层、单层 5~7m 高为主。根据贮存商品和客户的不同需求，冷库各层的温度设置也不同。

（2）功能配置　日本冷库功能齐备，流程合理，全程实现无断链。日本冷库一般都包括存储区、流通加工区等基本功能分区，同时根据客户的需求，还有预冷区和解冻区等特殊功能分区。在流程设计上，充分考虑冷链作业环节的连续性和合理性，实行全程无缝式冷链管理，尤其是在容易出现短链的冷库作业环节，实现了冷藏车车棚与冷库装车站台的无缝衔接，既避免了冷链的断链，又提高了货物装卸效率。

（3）信息化管理　日本冷库信息化水平高。日冷物流集团东扇岛物流中心采用脸部识别系统和视频监控系统，有效地保证了冷库食品安全。同时大量采用先进的自动化搬运设备、堆垛系统，冷库的自动化程度提高，并节约了大量的人力。

（4）制冷方式　从制冷方式看，由于日本将在 2020 年实施“脱氟利昂”政策，以后将主要采用氨制冷、氨加二氧化碳制冷两种方式。

（5）防震措施　受 2008 年“3 · 11”地震影响，日本在冷库设计上特别注意防震性。目前，一些冷链物流中心采用了全新的抗震技术，抗震性能大幅提高。

（6）节能方法　日本冷库制冷所耗能量大部分是电，再加上日本能源不足导致电费较高，日本冷库的节能任务非常重要。目前，日本通过减小冷风机的功率、推广新型保温材料、使用计算机自动控制冷库温度等方法，使得冷库温度可以控制在合理范围内，达到了节能的目的，冷库耗电量所占比例出现逐年下降的趋势。

4. 日本冷库投资运营模式

目前，日本投资建设冷库的企业主要有三类。第一类，投资建设自营冷库的食品生产流通企业或冷库法人企业，另外有原来食品经营企业转型的冷链物流企业；第二类，专业化的物流企业或冷链物流企业；第三类，各级政府与政策性银行及大型商社等。为保障食品安全、有效利用资源、节约社会成本，日本各级政府不同程度地参与了许多大型冷库设施的投资，或者提供土地、资金、投资组建企业，日本政府投资的冷库设施出租给私人企业经营。

目前，日本冷库运营模式大体上分为两种：一种是冷库自营模式；另一种是冷库地产模式。投资冷库地产的还有一些没有经营经验但有投资实力的大型商社。政府投资公共储存业，一方面有利于有效利用社会资源、节约社会成本，避免在土地等稀缺资源方面出现恶性竞争；另一方面可解决企业一次性投资较大的难题，更好地满足市场需要。同时，政府只投资建库，不具体经营，也维护了正常的市场秩序。

（1）冷库自营模式　冷库自营模式是由冷链物流企业负责从冷库规划、设计、建设到冷库投产后运营的管理模式。这种模式的关键是企业要具备冷库运营管理的行业经验，能够根据入库企业的不同物流需求提供全程可靠的物流服务。

（2）冷库地产模式　冷库地产模式由日本政府、投资银行和物流企业等多方投资，共同设立合资公司，公司以资产租赁和日常管理为主营业务，采用物流地产模式，向社会公开租赁，并在确定租赁客户后，按照客户需求，采用量身定制的模式，为客户提供冷库地产服务。同时，为吸引企业入驻冷链物流中心，日本政府可以指定相关优惠政策，给予入驻企业优先使用港口集装箱散站等政策。另外，冷链物流中心租赁期有长期和短期，租金水平可以依据当地经济发展和土地价格等情况确定（资料来源：2015 年《中国冷链物流发展报告》）。

学习任务二　冷库操作管理

重点及难点

重点：食品入库前对冷库的要求；对库内运输工具的要求；对入库食品的要求。

难点：冷库使用与管理应注意的问题。

一、入库前的准备

1. 对冷库的要求

1）冷库应具有可供食品随时进出的条件，并具备经常清洁、消毒和晾干的条件。

2）冷库内的运输设备及所有衡器（如地秤、吊秤等）都要经有关单位检查，保证完好、准确。

3）将冷库库内温度降到所要求的温度。

4）冷库的室外、走廊、列车或汽车的月台，以及附属车间等场所，都要符合卫生要求。

5）冷库要具有通风设备，可随时除去库内异味。另外，当冷库内的食品全部取出后，应对冷库进行通风换气，利用风机排除库内的空气，换入过滤的新鲜空气。

6）冷库中应有完善的消防设施。

2. 对库内运输工具的要求

1）冷库中的所有运输工具和其他一切用具都要符合卫生要求和卫生管理办法的规定。所有用具的生产必须采用符合卫生要求的原料，用具应当便于清洗和消毒。直接接触食品的工具必须清洁卫生、无毒无害、无异味。

2）所有手拉车都要保持干净，运输肉和鱼的手拉车要区分开来。

3）冷库中的运输工具每次用完都要清洗干净，并定期进行消毒处理。

冷库内常用的叉车、电梯和架子车等搬运工具，库内所使用的金属工具、木质工具，以及垫木、冻盘等设备，要勤洗、勤擦、定期消毒，防止发霉、生锈。对于已被腐蚀的金属工具要及时维修，保证搬运工具的正常使用。使用完毕后，要将搬运工具及冷库内的其他用具清洗干净并集中到指定的消毒房间进行消毒处理。

3. 对入库食品的要求及食品入库前的准备工作

（1）对入库食品的要求　凡是进入冷库保藏的食品，必须新鲜、清洁，经检验合格。例如，鱼类要冲洗干净，按照种类和大小装盘；肉类及副产品要求修割干净，无毛、无血、无污染。食品冻结前必须进行冷却和冻结处理，在冻结中不得有热货进库。食品在冷却过程中，冷库温度保持在-1~0℃。当肉体内温度（对于白条肉是指后腿肌肉厚处温度）达到0~4℃时冷却即完成。食品冻结时，库温应保持设计要求的最低温度。当肉体内部温度不高于冻藏间温度3℃时，冻结即完成。若冻结物冻藏间温度为-18℃，食品冻结温度必须在-15℃以下。

（2）食品入库前的准备工作　食品入库前的准备工作如下：

1）果蔬入库前的准备工作。果蔬入库前要进行挑选和整理。挑选工作要仔细并逐个进行，将带有机械伤、病虫害及成熟度不同的果蔬产品分别整理，因为果蔬中含有大量水分和营养物质，有利于微生物生存，而微生物侵入果蔬体内的途径主要是果蔬的机械伤或病虫害的伤口处。微生物侵入后，果蔬腐烂变质速度很快。另外，不同成熟度的果蔬也不适宜混在一起贮藏，因为较成熟的果蔬再经过一段时间后会形成过熟现象，其特点是果体变软，并即将开始腐烂。

经过挑选后，果蔬质量较好的、可以长期冷藏的应逐个用纸包裹，并装箱或装筐。包裹果蔬用纸不要过硬或过薄，最好是用对果蔬没有任何不良作用并经过化学药品处理的纸。带柄的水果在装箱（筐）时，要特别注意勿将果柄压在周围的果体上，以免将其他果实的果皮碰破。在挑选整理过程中，要注意轻拿轻放，以防因操作不当而使果体受伤。

2）其他食品入库前的准备工作。在食品到达前，应当做好一切准备工作。在入库过程中，有强烈挥发性气味和腥味的食品、要求不同贮藏温度的食品、需经过高温处理的食品应用专库贮藏，不得混放，以免相互感染，导致串味。变质腐败、有异味、不符合卫生要求的食品；患有传染病的畜禽商品；经过雨淋或水浸泡过的鲜蛋；用盐腌或盐水浸泡（已做防腐处理的冷库和专用库除外），没有严密包装的食品；流汁流水的食品等不得入库。质量不一，优良与劣质混合及蔬菜、水果腐烂率在5%以上者，污染或夹有污染物的食品及肉制品和不能堆垛的零散商品，经过挑选、整理或更换包装后才能入库。

3）严格掌握冷库的温度和湿度。根据食品的自然属性和所需要的温度、湿度选择冷库，力求保持冷库温度、湿度的稳定。对冻结物，冻藏间的温度要保持在-18℃以下，库温只允许在进、出货时短时间内波动，正常情况下波动不得超过1℃；在大批冻藏食品进、出库过程中，一昼夜升温不得超过4℃。在通常情况下，冷却物所在冷藏间的温度升降幅度不超过0.5℃，在进、出库时，库温升高不得超过3℃。

外地运来的温度不合要求的冷却或冻结食品，允许少量进入冷藏间贮藏，但应保持库内正常的贮藏温度。若外地调入的冻结食品温度高于-8℃，应复冻到要求温度后，方可入冻藏间冻藏，并且只允许复冻一次。为了减少食品的干耗，保持原有食品的色泽，对易于镀冰衣的食品，如水产品、禽、兔等，最好镀冰衣后再贮藏。

4）认真掌握贮藏安全期限。对冷藏食品要认真掌握其贮藏安全期限，执行先进先出制度，并经常进行定期或不定期的食品质量检查。如果食品将要超过贮藏期，或者发现有变质现象，应及时处理。

对特殊要求或出口的食品，应按照合同规定办理。贮藏安全期是指质量良好的食品从初次冷加工开始计算，到不失去商品价值的时间，其长短与食品经历的温度有很大的关系，部分冷冻食品在不同温度下的安全贮藏期见表6-3；肉类的冻藏期限与冻藏温度的关系见表6-4。

表6-3　冷冻食品在不同温度下的安全贮藏期

品种	冻藏间温度/℃	相对湿度（%）	安全期/月
冻猪肉	-18～-15	95～100	7～10
冻鱼	-18～-15	95～100	6～9
鲜蛋	-2.5～-1.5	85～90	6～8
家禽、冻兔	-18～-15	95～100	6～8
冰蛋（听装）	-18～-15	95～100	4～15
鲜蛋	-1.5～0	80～85	4～6
畜禽副产品	-18～-15	95～100	5～6

表6-4　肉类的冻藏期限与冻藏温度的关系

冻结肉的名称	冻藏期/月			
	-10℃	-12℃	-15℃	-18℃
多脂鱼、鹅	4	5.0	7	10
少脂鱼、猪肉	5.5	7.0	10	14
鸡	5	6.5	9	12.5
牛肉、羊肉	7	8.5	12	17
副产品	5	—	—	7
肉块	5	—	—	8
冻猪油	5	—	—	7

二、冷库管理

冷库是保证易腐食品可新鲜且长期供应市场，调节食品供应随季节变化而产生的不平衡，改善人民生活所不可缺少的一个环节。对冷库实行科学管理和合理使用，对保证冷藏食品的质量和提高企业经济效益非常重要。

1. 冷库使用与管理应注意的问题

冷库的使用，应按设计要求，充分发挥冻结和冷藏能力，确保安全生产和产品质量，养护好冷库建筑结构。冷库管理要设专门小组，责任落实到人，每个库门和每件设备工具都要有专人负责。在冷库使用过程中，必须重视以下几个方面的问题：

（1）严防围护结构隔热层因受潮而失效　冷库是用隔热材料建成的，具有怕水、怕潮、怕热气、怕跑冷的“四怕”特性，要把好冰、霜、水、门、灯五大关。

穿堂和库房的墙、地、门和顶等都不得有冰、霜、水，有了要及时清除。库内冷风机要及时扫霜、冲霜，以提高制冷效能。冲霜时必须按规程操作，冻结间至少要做到出清一次库，冲一次霜。冷风机水盘内和库内不得有积水。严格管理好冷库门，出入冷库要及时随手关门，对冷库门要精心维护，做到开启灵活、关闭严密，不跑冷。

在冷库使用中不应有损坏维护结构的防水隔汽层现象的发生，严防屋面漏水侵入隔热层。不要用水清洗地面、顶板和墙面，要及时清除库内冰、霜和积水。没有下水道的库房和走廊，不允许进行多水性作业生产，不要用水清洗地坪和墙壁。

（2）防止冻融循环损坏冷库建筑结构　冷藏间应根据设计的用途使用。如果不是专设的两用冷藏间，高温与低温冷藏间不能混淆使用。没有经过冻结的食品，不准直接入冻结物冷藏室，以保证商品质量，防止损坏冷库；在没有食品存放或冷加工时，也要保持适宜的库房温度；要控制进货的数量、掌握合理的库温，不致使冷库产生滴水。还要注意防冷桥处理装置有无损坏，一旦发现损坏要及时修复。

（3）合理利用冷库容积　为使商品堆垛安全牢固、整齐，确保商品贮藏质量，便于检查和盘点，方便进出库，保证运输操作安全，库内商品货垛与墙顶、冷却设备和走道等之间的距离必须符合要求，并在楼（地）面使用荷载允许条件下，通过合理安排货位改进商品堆垛的方法，来提高冷库容积利用率，保证回风顺畅。有异味的食品应单间贮藏。切忌不顾冷库的使用要求和使用条件，盲目追求冷库容积的利用率，这种方法是不可取的。

冷库内自动堆垛

（4）加强对冷藏门的使用管理　冷藏门是冷藏间进、出货物的通道咽喉，在货物进、出库运输过程中，应避免碰撞损坏冷藏门。冷藏门启闭也比较频繁，有的尽管设置有空气幕，但在门洞处的热湿交换仍很强烈。冷藏门的合理使用既涉及制冷成本，也影响商品的冷加工和贮藏质量。因此，要严格管理冷藏门，做到关闭及时，启闭灵活，关闭严密，防止跑冷，如有损坏，要及时修复。库内报警应保证现场和长时间有人的值班室都能听到，报警装置应保持完好无损。

（5）商品进出库及库内操作　要防止运输工具和商品碰撞库门、柱子、墙壁和制冷系统管道等设施设备。库内电器线路要经常维护，防止漏电。

（6）严格掌握冷库投产降温和维修升温的速度　冷库投产降温及维修升温，必须注意逐渐缓慢地进行，使建筑结构适应温度的变化，以免造成不良后果。

投产降温时要求冷库各楼层及各房间应同时降温，使主体结构和各部分结构层的温度应力及干缩率保持均衡，避免建筑物出现裂缝。冷库投产前的降温速度是每天不得超过3℃。当冷库温度降至4℃时，应保持3～4d，以便冷库建筑结构内的游离水析出，减少隐患，然后才允许以每天不超过3℃的降温速度继续降温，逐步降到设计要求的使用温度。

维修升温的要求：冷库在大修或局部停产维修前，必须停产升温。升温前，必须将库内墙面、柱面、地面、平顶及设备上的冰霜清除干净，以免解冻后积水。在升温过程中，遇有冰霜融化水，应及时清除。升温应缓慢地进行，每天温升不应超过2℃，各库房的温度要保持大致均衡。库温宜升至10℃以上，升温方法必须安全，防止意外事故的发生。进行局部停产维修升温时更应周密考虑，措施要得当，防止产生凝结水或形成冻融循环，以及建筑结构因产生不同的温度应力而出现裂缝。

2. 做好冷库建筑物的维护和保养

认真做好冷库建筑物的维护和保养，防止冷库建筑结构的冻融循环及冻酥、冻胀。

1）当冷库底层冷间温度低于0℃时，地面应采取防止冻胀的措施；当地面下为岩层或沙砾层且地下水位较低时，可不做防止冻胀处理。

2）加热防冻的地面，要定期检查地面下通风管有无结霜堵塞和积水（油管加热的要检查油管有否阻塞不通和损坏漏油），回风（油）温度是否符合要求，避免因操作管理不当而造成地面冻胀。自然通风加热防冻地面，除检查风道内有无结霜外，通风管端口严禁堆放物品，影响自然通风。

冷库的地面和楼面的使用荷载，设计说明书都有规定。库内商品堆垛重量、运输工具及其装载量，以及吊轨的使用载重量，都不能超过规定的使用荷载。不能将商品直接散铺在楼面或地面上冻结。拆肉垛时，不能采用倒垛的方法；脱钩、脱盘时，不允许在楼（地）面摔击，以免砸坏地坪，破坏隔热层。

3）空库时，各库房应保持合适温度，防止冻融循环。冷却间的设计温度为0℃，空库保持温度低于10℃；冷却物冷藏间的设计温度为0℃，空库保持温度不高于露点温度等。冻结间设计温度为-23℃，空库保持温度低于-5℃；冻结物冷藏间设计温度为-18℃，空库保持温度低于-5℃；低温走廊设计温度为-10℃，空库保持温度低于-5℃；加工间设计温度为0~20℃，空库保持温度低于20℃；冰库设计温度为-4℃，空库保持温度低于-2℃。

4）冷库地下自然通风道应保持畅通，不得积水、有霜，不得堵塞，北方地区要做到冬堵春开。采用机械通风或地下油管加热等设备，要指定专人负责，定期检查，根据要求及时开启通风机、加热器等装置。

5）要定期对建筑物进行全面检查，发现问题要及时修复。除此之外，还要经常维护库内电器线路，防止发生漏电事故，出库房要随手关灯，做到人走灯灭。

冷库投产降温的要求

冷库投产降温及维修升温，必须注意缓慢逐渐地进行，使建筑结构适应温度的变化，使游离水能全部析出。冷库生产过程中，其温度波动幅度也不能超过允许范围。

冷库投产降温时，各楼层及各房间应全部降温，使主体结构及各部分构造的温度应力及干缩率保持均衡，避免建筑物裂缝损坏。

冷库投产前，降温幅度一般室温在4℃以上时，每天降温不超过3℃；室温在-4~4℃时，每天降温不超过2℃；室温在-4℃以下时，每天降温不得超过3℃。具体要求如下：

1）4℃以上时，每天降温2~2.5℃。

2）0~4℃时，每天降温1℃；当库温降到4℃时，使库温保持3~5d，以利冷库结构内的游离水充分析出，减少冷库的隐患。

3）-4~0℃时，每天降温0.5~1℃。

4）-18~-4℃时，每天降温1~1.5℃。

5）-23~-18℃时，每天降温2℃。

6）库温达到设计温度后，应停机封库24h以上，观察并记录库房自然升温情况及隔热效果。在整个降温过程中，应将个别冷库门打开一些，以避免由于空气收缩引起局部真空而损坏建筑。

知识拓展

食品入库时不合格冷藏品的处理方法

1. 针对不同问题及时处理

食品验收过程中，可能会发现诸如证件不全、数量短缺和质量不符合要求等问题，应针对不同情况及时处理。

1）验收中发现问题需等待处理时，应将食品单独存放、妥善保管，防止混杂、丢失和损坏。

2）食品质量不符合规定时，应及时向供货单位办理退货、换货或在不影响使用的前提下降价处理。食品规格不符合或错发时，应先将规格对的予以入库，规格不对的做验收记录并交给主管部门办理换货。

3）在磅差规定范围内数量短缺的，可按原数入账；凡超过磅差规定范围的，应查对核实，做好验收记录和磅码单交主管部门，同时会同货主向供货单位办理交涉。凡实际数量多于原发料量的，由主管部门向供货单位退回多发数或补发货款。在食品入库验收过程中发生数量不符的情况，其原因可能是发货方在发货过程中出现了差错，误发了食品，或者是在运输过程中漏装或丢失了食品。

4）证件未到或不齐时，应及时向供货单位索取，到库食品应作为待检验食品堆放在待验区，待证件到齐后再进行验收。证件未到之前，不能验收，不能入库，更不能发料。

5）属承运部门造成的食品数量短缺或外观包装严重残损等，应凭接运提货时索取的货运记录向承运部门索赔。

6）如果价格不符，供方多收部分应拒付，少收部分经过检查核对后，应主动联系，及时更正。

7）入库通知单或其他证件已到，在规定的时间内未见食品到库时，应及时向有关部门反映，以便查询处理。

8）对于商品质量不一、好次混淆者，以及商品污染和夹有污物者，需要经过重新挑选、整理或改换包装才能入库，否则不准入库。

9）对于肉制品和不能堆垛的零散商品，应加包装或冻结成型后方可入库。

10）对于变质腐败、有异味、不符合卫生要求的商品；患有传染病的畜禽肉类商品；雨淋或水浸泡过的鲜蛋；用盐腌或盐水浸泡，没有严密包装，流汁、流水的商品；易燃、易爆、有毒、有化学腐蚀作用的商品，严禁入库。

2. 坏货的处理

1）所有的坏货处理必须由仓储部主管与客户及相关部门协调和确认，并上报公司高层领导。

2）有仓库部门经理或以上人员审批的作废申请。

3）坏货丢弃前的处理工作：

① 将内容物与外包装分离。

② 内包装均应撕开，人为破坏内容物，以防有人违规食用。

③ 所有遭破坏的内容物均应运至垃圾填埋场。

④ 外包装在用喷漆处理过客户标识后由指定人员统一处理。

4）处理的时效性。所有的坏货和待处理货物，至少每月进行一次清理。对于泄露、有污染的坏货，应立即进行处理，以防污染环境。

学习任务三　冷库的卫生管理

重点及难点

重点：冷库设备及加工车间的卫生；冷库的消毒。

难点：冷库的消毒。

进行食品冷加工，并不能改善和提高食品的质量，仅是通过低温处理，抑制微生物的活动，达到较长时间保藏的目的。因此，冷库的卫生管理是一项重要工作，要严格执行国家颁布的卫生条例，尽可能减少微生物污染食品的机会，以保证食品质量，延长食品的保藏期限。

一、冷库的卫生和消毒

人员风淋室消毒

1. 冷库的环境卫生

食品进出冷库时都需要与外界接触，如果环境卫生不良，就会增加微生物污染食品的机会，因而冷库周围的环境卫生是十分重要的。

冷库的四周不应有污水和垃圾，冷库周围的场地和走道应经常清扫，定期消毒。垃圾箱和厕所应远离冷库，并保持清洁。

2. 冷库设备及加工车间的卫生

冷库与加工车间的环境卫生和设备卫生直接关系到食品的质量，是食品加工和贮存必备的条件，应满足如下要求：

（1）加工车间的卫生要求　加工车间的卫生要求如下：

1）加工车间应有与生产能力相适应的面积和辅助间及仓库。与生产无关的东西不得存放在加工车间内或冷库内，同库内不得存放互相串味的食品。

2）加工车间应光线充足，通风良好，门、窗、顶棚应便于清洗和消毒，有防虫、防蝇和防鼠设施。

3）与更衣室和工作休息室直接相连的加工车间，车间入口处要有洗手和消毒设施，如工作鞋、靴的消毒池。

4）必须有与生产能力相适应的、易于清洗和消毒、耐腐蚀的操作台、工器具和小车，不准使用竹木器具。

（2）冷库设备的卫生要求　要保证食品加工、贮存的质量，除要有良好的冷库环境卫生，还必须有良好的设备卫生。因为冷库内的设备直接和食品接触，从这个意义上讲，它比环境卫生更重要。

冷库内的设备必须用无毒、无味、耐腐蚀、不吸水、不变形的材料制作，表面要光滑、清洁，边角要圆滑，无死角，不易积垢，便于拆卸、清洗和消毒。设备要有固定的角架，与地面有一定的距离。

冷库中一切加工用的设备，如铁盘、挂钩、工作台等，在使用前后应用清水冲洗干净，必要时还应用热碱水消毒。在生产前，若冷库内有异味，可以进行通风处理。冷库的外室、走廊、月台、附属车间和休息间等场所都要符合卫生要求。

3. 冷库的消毒

冷库消毒的目的是保证库内商品的安全和质量。新建的冷库使用之前需要进行彻底消毒。正在使用中的冷库，商品出库后，对腾出的空库需要先升温除霜，然后对墙壁、顶棚等生长较多霉菌的地方，必须用刮刀或钢刷清除霉菌后再用药物消毒。对存放有商品的冷库，在特殊情况下也要进行必要的消毒处理，由于库内商品无法搬出冷库，因此主要选择药物熏蒸的方法进行消毒。在选择消毒剂时，要考虑到其对库内的食品无影响、无药物残留，对人体健康无害。

常用的冷库消毒方法有熏蒸法、喷洒法、涂刷法和消毒器消毒四大类。也可以将不同的方法结合使用，达到特定的消毒效果。

（1）常用消毒剂的种类及使用方法　消毒剂是指用于杀灭传播媒介体上的有害微生物，使其达到无害化的制剂。消毒剂是冷库管理过程中经常使用的药品之一，选择使用得当，能够保证冷库内存放商品的安全；若使用不当，不仅会对冷库内所存放的商品造成污染，而且会危害人类的健康。对冷库进行消毒时，科学地选择和正确使用消毒剂十分重要。在使用消毒剂产品时，首先要了解消毒剂的使用范围和杀菌性能，正确选择消毒剂；其次要参照产品使用说明，准确配制合适浓度的消毒液。目前，用于冷库消毒的常用消毒剂有以下几种：

1）乳酸。纯品为无色液体，工业品为无色到浅黄色液体，无臭，味酸，呈弱酸性，易溶于水，对细菌（如伤寒杆菌、大肠杆菌、葡萄球菌和链球菌）、真菌和病毒等有较强的杀灭和抑制作用，不仅适用于房间、仓库、冷库的杀菌与消毒，而且能够用于食品的防腐与保鲜。它能除霉、杀菌，而且在库内有无肉类时都可以使用，同时也能除臭味。

使用方法：先将冷库出清并打扫干净，每立方米用 1mL 粗制乳酸，每份粗制乳酸再加 1~

2 份清水，将混合液放在搪瓷盆内，置于电炉上加热蒸发，一般要求将药液控制在 0.5~3h 蒸发完。然后关闭电炉，密闭库门 6~24h，使乳酸充分与细菌或霉菌作用，以期达到消毒的目的。

2）二氧化硫（SO_2）。SO_2 是无色、有刺激性气味的气体，密度大于空气，易液化（沸点为-10℃）。一定浓度的 SO_2 具有杀菌、防腐、防褐变和延缓果实衰老等作用，结合冷藏还可获得较好的果实保鲜效果。SO_2 对水果中常见的真菌病害（如灰霉菌等）有较强的抑制作用；使用剂量适宜，对果品品质无影响。用 SO_2 处理过的新鲜果品，其代谢过程也会受到一定的抑制。

利用 SO_2 进行杀菌时，常用的方法有：硫黄熏蒸处理；使用 SO_2 缓释剂，如用重亚硫酸盐（亚硫酸氢钠、亚硫酸氢钾或焦亚硫酸钠）缓慢释放 SO_2 气体。

消毒方法：可以点燃硫黄熏蒸，用量大约为每立方米库容用硫黄 10g，如果库内设备、容器或产品已发生过微生物病害或生霉的问题，硫黄用量可适当增加。熏蒸时关闭库门和通风系统，点燃硫黄熏 14~28h 后，继续关闭 24~48h，然后打开通风系统和库门，彻底排除残留的 SO_2 气体，因残留的 SO_2 浓度过高，可能伤害产品。硫黄燃烧产生的 SO_2 气体遇水生成亚硫酸，对微生物有强烈的破坏作用，从而抑制其繁殖生长，避免产品发生腐烂或微生物病害。同时亚硫酸也能腐蚀金属材料，应特别加以注意。另外，SO_2 对呼吸道和眼睛等有强烈的刺激作用，工作人员在冷库内操作时，应戴防护面具。

采用 SO_2 缓释剂时应先将重亚硫酸盐与研碎的硅胶混匀，比例为（2~3）：1，根据冷库面积，将混合物分成若干小份，每份混合物为 3~5g，也可将混合物预先夹在双层纸的隔板中。

3）漂白粉。漂白粉是次氯酸钙、氢氧化钙、碳酸钙与氯化钙的混合物，为白色粉末或浅黄色粉末，有氯的气味。漂白粉具有强腐蚀性，稍能溶于水，溶液呈碱性，外观混浊，有大量沉渣，通常取其上清液使用。漂白粉稳定性差，存放过程中可逐渐分解，使有效氯含量降低，使用之前要仔细核对有效期。

消毒方法：称取适量漂白粉（有效氯含量为 25%~30%），先加少量水拌匀再配成 100g/L 的溶液，用上清液按 1.0kg/m^2 的量涂刷内墙。也可按库容每立方米用 40mL 的量喷雾。

注意事项：消毒后冷库必须经通风换气、除味后方可投入使用。

一般情况下，漂白粉对人体基本无害。但是，如果漂白粉过量或使用不当，也会对人造成毒害。例如，皮肤接触漂白粉时，应立即脱去被污染的衣物，然后用肥皂水和清水彻底冲洗皮肤，严重时要尽快就医。眼睛接触漂白粉时，应提起眼睑，用流动清水或生理盐水冲洗并尽快就医。吸入漂白粉时，应迅速脱离现场至空气清新处，保持呼吸道通畅。如果呼吸困难，应输氧气；如果呼吸停止，立即进行人工呼吸，并快速送医院救治。万一误食漂白粉，应立即饮用足量温水，并且催吐，尽快就医。

（2）其他消毒剂　冷库消毒使用的其他消毒剂有食醋、生石灰、过氧乙酸、臭氧、福尔马林、多菌灵、新洁尔灭和酒精甲酚皂溶液等。以下简要介绍几种。

1）食醋。食醋是传统发酵产品之一，其有效成分是乙酸（CH_3CH_2OH），由醋酸菌发酵分解糖类产品制得，外观为棕褐色液体，有刺激性气味，具有杀菌作用。

2）生石灰。生石灰通常呈白色块状，在空气中易吸收水分而潮解，易吸收空气中的二氧化碳变为碳酸钙而失效。生石灰加水后分解，释放出大量热量，变为粉末状的熟石灰[$Ca(OH)_2$]，对细菌有较强的杀灭作用，但对结核杆菌和芽孢型细菌无效。

3）过氧乙酸。过氧乙酸又称过氧醋酸，为无色透明液体，易挥发，有刺激性酸味，是一种高效速效消毒剂，易溶于水和乙醇等有机溶剂，具有漂白和腐蚀作用，性质不稳定，遇热、有机物、重金属离子和强碱等易分解。0.01%~0.5%的过氧乙酸，0.5~10min可杀灭细菌繁殖体，1%的过氧乙酸5min可杀灭芽孢，常用的过氧乙酸为0.5%~2%，可通过浸泡、喷洒和擦抹等方法进行消毒，或在密闭条件下进行气雾（5%，2.5mL/m^2）和熏蒸（0.75~1.0g/m^3）消毒。

4）臭氧。臭氧是一种强氧化剂，其氧化还原电位仅次于氟。利用它的氧化性，可以在较短时间内破坏细菌、病毒和其他微生物的生物结构，使之失去生存能力。臭氧既可杀菌灭霉，又可除臭。臭氧与一般消毒剂不同，因为多余的臭氧可以很快分解成氧气。臭氧的杀菌效果与过氧乙酸相当，强于二氧化氯和氯。

采用臭氧杀菌时应采用臭氧发生器，使空气中由2个氧原子组成的氧分子裂化成由3个氧原子组成的臭氧分子。将形成的臭氧打入冷库内，1~3mg/m^3时即可起作用。臭氧对空气中的微生物有明显的杀灭作用，采用20mg/m^3的臭氧，作用30min，对自然菌的杀灭率可达到90%以上。用臭氧消毒空气，必须在封闭空间，并且在室内无人的条件下进行，消毒后至少过30min人才能进入。臭氧是一种强氧化剂，它能使瘦肉褪色和脂肪氧化，同时臭氧对人体黏膜有刺激，所以使用时应该注意。

5）二氧化氯。二氧化氯既是一种氧化剂又是一种含氯制剂。二氧化氯无毒、无刺激性气味，对皮肤、黏膜和头发不会造成伤害。用二氧化氯消毒食品器具后降解快，不残留，不用水冲洗可直接食用和使用，消毒后不会对环境造成二次污染，被世界卫生组织（WHO）列为A_1级广谱、安全、高效的消毒剂。

二氧化氯的适用范围：适用于医疗卫生、食品加工、餐（茶）具、饮水及环境等消毒。使用方法：浸泡、擦拭、喷洒。

6）过氧化氢。3%~6%过氧化氢溶液，10min可以消毒；10%~25%过氧化氢溶液，60min可以灭菌，用于不耐热的塑料制品，以及餐具、服装等消毒和灭菌。用10%过氧化氢气溶胶喷雾消毒室内污染表面，180~200mL/m^3，30min能杀灭细菌繁殖体；400mL/m^3，60min可杀灭芽孢。

7）福尔马林。福尔马林为34%~40%甲醛溶液，有较强的杀菌作用。1%~3%福尔马林可杀死细菌繁殖体；5%福尔马林90min可杀死芽孢；室内熏蒸消毒一般用20mL/m^3加等量水，持续10h；消除芽孢污染，则需80mL/m^3，24h。另外，因其穿透力差、刺激性大，故消毒物品应摊开，房屋必须密闭。

8）紫外线杀菌法。紫外线杀菌法一般应用于无菌室、接种箱和超净工作台内的灭菌，只适用于空气和物体表面的消毒。

使用方法：一般照射20~30min，可杀死空气中95%的细菌。

在黑暗中使用紫外线的杀菌机理：导致菌体细胞内核酸和酶发生光化学变化，从而使细胞死亡；紫外线可使空气中的氧气产生臭氧，臭氧也具有杀菌作用。

（3）消毒器具的使用方法　对冷库进行消毒时要达到理想的消毒效果，就必须根据所用消毒剂的性质选择合适的消毒器具。常用的消毒器具有排刷、喷雾器、喷壶、消毒盆、消毒盘、电炉、风扇、电热式硫黄熏蒸器和臭氧发生器等。

1）喷洒用消毒器具。常用的喷洒消毒液的器具有排刷、喷雾器和喷壶等。使用该类器具之前应先用干净水检查管路是否畅通；每次加消毒液量要适中，喷洒过程中要避免消毒液洒在操作人员的身上；使用结束要及时将器具清洗干净，避免长时间存放残留消毒液对器具产生腐蚀和造成管路堵塞。排刷使用后要及时用清水清洗干净、晾干，妥善保存，保证排刷的刷头不掉毛。

2）熏蒸用消毒器具。常用的加热用具为电炉，要根据消毒液的量选择合适功率的电炉，也可以选择可调式封闭电炉，比较安全。为了使消毒气体更快地、均匀地传播到冷库的各个角落，可以在加热器的旁边放置风扇作为辅助设备，其作用是使产生的消毒气体尽快且均匀散开。

3）盛放消毒液的常用容器。盛放消毒液的常用容器有搪瓷盆、搪瓷盘；不锈钢盆、不锈钢盘；不锈钢桶、塑料桶，以及铁盒、铁盘等。金属容器可用于加热熏蒸，也可以盛放消毒液；而塑料容器只能用于盛放消毒液。

4）消毒设备。常用的消毒设备有电热式硫黄熏蒸器和臭氧发生器等，使用该类设备进行消毒时要严格按照设备使用说明书进行操作，准确放置消毒药品，保证有效的消毒时间；对于消毒器的消毒效果要进行定期检验。

（4）消毒器具的清洗方法　消毒器具的清洗方法如下：

1）消毒器具内不能长时间盛放消毒液，消毒工作结束后要及时对剩余的消毒液进行集中处理。

2）清洗消毒器具时要戴上耐酸碱的橡胶手套，用无污染的清水刷洗消毒器具多次，最后使用干净的抹布将多余的溶液吸干，并结合感官判定消毒器具清洗得是否彻底。

3）如果所使用的消毒液较难清洗，要选择合适的洗涤溶液进行洗涤。

4）使用完毕的消毒器具要放在指定的位置保存。

（5）影响消毒剂功能的因素　影响消毒剂功能的因素如下：

1）消毒剂的浓度。杀灭微生物的基本条件包括消毒强度和时间两方面。消毒强度在化学消毒时是指消毒剂的使用浓度，消毒效果与消毒剂的浓度和时间成正比。

2）微生物污染的种类和数量。微生物的种类不同，对其消毒的效果自然不同。另外，微生物数量的多少也会影响消毒效果。

3）温度的影响。一般来说，温度越高，消毒剂的效果越好。

4）相对湿度。消毒环境的相对湿度对气体消毒和熏蒸消毒的影响十分明显，湿度过高或过低都会影响消毒效果。二氧化氯在相对湿度为50%~70%时杀菌效果较好。

5）酸碱度（pH）。酸碱度的变化可影响消毒剂杀灭微生物的作用。例如，二氧化氯在酸性环境下杀菌效果较好。

6）有机物质。消毒环境中的有机物质往往能抑制或减弱消毒因子的杀菌能力，一方面有机物包围在微生物周围，对微生物起到保护作用，阻碍消毒因子的穿透；另一方面，在化学消毒剂中，有机物本身也能通过化学反应消耗一部分化学消毒剂。各种消毒剂受有机物的影响不尽相同，二氧化氯受有机物的影响较小。

二、冷库工作人员的个人卫生

冷库的外部卫生、内部卫生、设备卫生和工作人员的个人卫生是冷库卫生的四个方面。由于食品的加工、贮藏是靠人员操作的，所以冷库工作人员的个人卫生是诸多卫生环节中最重要的一环。

冷库工作人员经常接触各种各样的食品，若不注意卫生，本身患有传染病，就会成为微生物和病原菌的传播者，因此对冷库工作人员的个人卫生应有严格的要求。

在冷库工作人员上岗前或换班时，要观察其是否有伤口感染的迹象。执行此项常规检查任务的卫生监督员需要一定的医务知识。出现痢疾、腹泻、发热、呕吐、黄疸症（眼睛或皮肤发黄）、发热伴有咽喉疼痛、外伤、烫伤和尿色加深等症状者，可视为健康状况不佳。每天上岗前必须对工作人员进行健康观察和手部外伤检查。发现带有可疑症状的工作人员时，应视情况令其回家休息、去医院检查或临时安排别的工作；发现手部有外伤的，可以采用戴乳胶手套的形式，也可以劝其回家休息。待症状完全消失，并确认不会对食品造成污染后，可恢复其正常工作。

冷库工作人员要勤理发、勤洗澡、勤洗工作服，工作前后要洗手，经常保持良好的个人卫生，不得留长指甲。进入工作间不得带入与生产无关的个人用品，如手表、饰品等，同时应注意加工过程中手的清洁卫生。特别要注意，有些工人虽未表现出任何症状，但可能是某些病原体（如伤寒沙门氏菌、志贺氏菌属）的携带者，如工人卫生意识不够，在上厕所、接触内脏后、清扫脏水或拿了垃圾后不洗手，以及戴不干净的手套、使用不干净的工具等，都会造成疾病传播。

冷库工作人员必须穿戴整齐统一的工作服、鞋、帽，并把头发置于帽内，不得外露。不得穿戴工作服、鞋、帽离开工作场所，也不得到饭厅、厕所和冷库以外的场所。工作服要定期清洗和消毒。冷库工作人员不准浓艳化妆、染指甲、喷香水进入工作间，以免污染食品。

企业应制订健康体检计划，工作人员（所有和加工有关的人员，包括管理人员）上岗前和每年度必须进行健康体检，并取得县级以上卫生防疫部门的健康证明。建立工作人员健康档案的目的是及时掌握工作人员的健康状况，防止患病职工从事与食品有关的工作。加强对工作人员的教育培训，使其认识到疾病对食品卫生带来的危害，并主动向管理人员汇报自己的健康状况。新员工经健康检查合格后，方可参加工作。

三、食品加工过程中的卫生管理

1. 食品冷加工的卫生要求

食品入库和进行冷加工之前，必须进行严格的质量把关，凡不卫生的和有腐败变质迹象的食品，如次鲜肉和变质肉均不能进行冷加工和入库。

对冷藏中的食品，应经常进行质量检查，如发现有软化、霉烂、腐败变质和异味感染等情况，应及时采取措施，分别加以处理，以免感染其他食品，造成更大的损失。

几种食品的卫生标准如下：

（1）鲜（冻）畜肉的卫生标准　牲畜应是来自非疫区的健康牲畜，并持有产地兽医检疫证明。鲜（冻）畜肉的感官要求见表 6-5，理化指标见表 6-6。

表 6-5　鲜（冻）畜肉的感官要求

项　目	要　求	检验方法
色泽	具有产品应有的色泽	取适量试样置于洁净的白色盘（瓷盘或同类容器）中，在自然光下观察色泽和状态，闻其气味
气味	具有产品应有的气味，无异味	
状态	具有产品应有的状态，无正常视力可见外来异物	

表 6-6　鲜（冻）畜肉的理化指标

项　目	指　标	检验方法
挥发性盐基氮/（mg/100g）	≤15	GB 5009. 28—2016

（2）蛋品标准　鲜蛋的感官要求见表 6-7。蛋制品的感官要求见表 6-8。蛋品的微生物限量见表 6-9。

表 6-7　鲜蛋的感官要求

项　目	要　求	检验方法
色泽	灯光透视时整个蛋呈微红色；去壳后蛋黄呈橘黄色至橙色，蛋白澄清、透明，无其他异常颜色	取带壳鲜蛋在灯光下透视观察。去壳后置于白色瓷盘中，在自然光下观察色泽和状态。闻其气味
气味	蛋液具有固有的蛋腥味，无异味	
状态	蛋壳清洁完整，无裂纹，无霉斑，灯光透视时蛋内无黑点及异物；去壳后蛋黄凸起完整并带有韧性，蛋白稀稠分明，无正常视力可见外来异物	

表 6-8　蛋制品的感官要求

项　目	要　求	检验方法
色泽	具有产品正常的色泽	取适量试样置于白色瓷盘中，在自然光下观察色泽和状态。尝其滋味，闻其气味
滋味、气味	具有产品正常的滋味、气味，无异味	
状态	具有产品正常的形状、形态，无酸败、霉变、生虫及其他危害食品安全的异物	

表 6-9　蛋品的微生物限量

项　目	采样方案①及限量				检验方法
	n	c	m	M	
菌落总数②/（cfu/g）					GB 4789. 2—2016
液蛋制品、干蛋制品、冰蛋制品	5	2	5×10^4	10^6	
再制蛋（不含糟蛋）	5	2	10^4	10^5	
菌落总数②/（cfu/g）	5	2	10	10^2	GB 4789. 3—2016 平板计数法

①样品的采样及处理按 GB/T 4789. 19—2003 执行。

②不适用于鲜蛋和非即食的再制蛋制品。

2. 除异味

冷库中产生异味的原因，一般是由于贮藏了具有强烈气味或腐败变质的食品所致。有异味的食品会和其他食品串味，不仅影响其他食品的风味，而且会引起其他食品腐败，因此，必须及时找出异味原因并加以清除。一般采用通风换气的方法来清除库内异味。但这种方法对杀灭微生物没有作用，反而会促使微生物生长繁殖，还会增加库内冷量的消耗及造成食品干耗。

利用臭氧消除异味具有良好的效果，又能杀菌灭霉。这种方法不仅适用于空库，也适用于堆有食品的冷库。臭氧的性质极不稳定，在常态下即可还原为氧气，并放出氧原子，氧原子性质极活泼，化合作用较强，具有强烈的氧化作用，因而在冷库内利用臭氧不仅能破坏有气味的物质，使空气洁净，清除异味，而且当其浓度达到一定程度时，还具有良好的消毒作用，杀灭食品表面的霉菌。利用臭氧处理空库，臭氧的浓度可达 40mg/m^3。对存有食品的冷库，臭氧的浓度则依食品的品种而有所区别，一般鱼类或干酪为 1~2mg/m^3，蛋品为 3mg/m^3，果蔬为 6mg/m^3，肉类为 2mg/m^3。如果库内存有含脂肪较多的食品，则不应采用臭氧处理，以免油脂氧化而变质。但由于臭氧是一种强氧化剂，浓度很高时能够引起火灾；当浓度在 2mg/m^3 以上时，长时间呼吸也会对人体造成伤害，所以使用时应注意安全。

3. 虫害与鼠害的灭除

在食品加工中，控制虫害的措施分为三个阶段：除去害虫的藏身地及食物；将工厂内的害虫驱除出去；消灭进入厂区的害虫。为了达到对有害动物的控制，工厂必须制订出一套有害动物预防和灭除计划及对应且较为实用的有害动物控制审核/检查表。

（1）有害动物预防和灭除计划应考虑的范围　有害动物预防和灭除计划应考虑的范围包括：厂房和地面；结构布局；工厂机械、设备和工、器具；原料与物料库及内部环境管理；废物处理；杀虫剂的使用和其他控制措施。

（2）有害动物控制审核/检查表的内容　有害动物控制审核/检查表的内容包括：

1）厂区。是否已清除地面杂草、草丛、灌木丛和垃圾等，减少害虫的藏身地；地面是否有吸引害虫的脏水；是否有足够的“捕虫器”，是否对其进行过保养和维护；是否有家养动物或野生动物。

2）建筑物。门和窗是否关严，车间与外界相通的出入口是否配有阻止有害动物进入的装置；门和窗是否装有防蝇设施并保持完好；是否存在直径超过约 0.6cm，使啮齿类动物和昆虫进入的洞口；排水道是否清洁干净，并且没有吸引啮齿类动物和其他害虫的杂物；设备与墙壁是否保持足够的距离（至少 15cm），限制啮齿类动物活动；排水道的盖子是否正确安装并保持良好。

3）机器、设备和工、器具。是否进行了正确的清洁和消毒处理，消毒可能吸引害虫的食品和固态物；生产线是否有适当的空间以便于清洗消毒；是否存在能存积食品或其他杂物及可作为害虫的引诱物和藏身地的卫生死角；昆虫诱捕器安装是否合适，光强度是否足以吸引飞虫，捕捉装置是否定期清洁。

4）原料、物料库及室内环境管理。原料、物料库是否安装了挡鼠板、鸟网等设施；工作人员的更衣室、私人物品存放室和休息室是否经过清洁和消毒，是否会吸引啮齿类动物和其他害虫；垃圾、废物和杂物等害虫的藏身之处是否被清除；是否有啮齿类动物、昆虫、鸟类的活动迹象，如粪便、毛发、羽毛、啃咬痕迹、啮齿类动物沿墙活动的油迹、尿味，已经观察到的有害动物活动的痕迹是否已经清扫干净，以便于观察有害动物新的活动迹象。

5）废物处理。为了禁止有害动物入侵，是否正确进行收集、贮藏和废物处理；垃圾桶、盆、箱等是否正确清洁消毒过。

4. 企业制订灭虫鼠措施时的注意事项

1）灭鼠使用粘鼠板、鼠夹或鼠笼，有些企业禁止使用灭鼠药。

2）杀虫、灭鼠的范围包括整个厂区、生产区和生活区，甚至包括厂周围；重点是厕所、下水道、垃圾箱及其周围，食堂、原料和成品库周围。

3）防虫、灭虫、防鼠、灭鼠的效果应及时检查，发现问题及时处理。对捕捉到的老鼠应妥善处理，做好记录。

5. 灭鼠的方法

冷库的鼠害不仅会造成巨大的经济损失，而且鼠类还会咬食肉品，污染食品，传播疫病，破坏冷库的隔热结构，损坏建筑设施。由于被鼠类咬破电线而引起冷库火灾的报道也时有耳闻。故应经常检查，发现鼠害立即采取灭鼠措施。

鼠类一般是通过周围环境潜入冷库，有时与食品一同进入，因此应设法使冷库周围没有鼠类。在接收物品时，应仔细检查，特别是带有外包装的食品，更应仔细检查，以免把鼠类带进冷库内。

目前，冷库内常用的灭鼠方法有器械捕鼠、化学药物灭鼠和二氧化碳气体灭鼠。

（1）器械捕鼠　用鼠夹或电子捕鼠仪进行器械捕鼠。有一种电子捕鼠器，电源采用220V的电压，有三根输出电线，经电子设备产生1500V电压，三根单线各能延长1km，分别安置在三个方向（室内或室外）上，可以同时捕鼠，鼠类接触即毙，同时发出命中信号，命中率为100%。

（2）化学药物灭鼠　效果较好的是敌鼠钠盐。敌鼠钠盐的使用方法是先将药物用开水溶化成5%的溶液，然后按0.025%~0.05%与食饵混匀即成。此外，国外还有一种广谱灭鼠剂“Vacor”，即使老鼠少量吃进后，也会在8h内死亡，而其他动物误食后却无毒。药物灭鼠只是辅助手段。国外已广泛应用微生物制剂进行灭鼠，但主要用于牧场、农田、温室、住宅、仓库、货场、禾垛、草垛、菜园和果园等场所，目前尚无安全用于食品冷库的报道。

（3）二氧化碳气体灭鼠　因二氧化碳气体无毒，在使用时不用搬开食品，但可使操作人员窒息，因此操作时相关人员要带上氧气呼吸器。使用二氧化碳气体灭鼠，不但无毒，而且效果显著。做法是：$1m^3$ 的冷库空间用25%二氧化碳气体0.7kg，或者用35%二氧化碳气体0.5kg，紧闭库门24h即可达到彻底灭鼠的目的。同时，二氧化碳气体也具有灭菌的性能，对于好氧菌有抑制作用，且库内温度和食品的堆放皆不需要改变，省时省力。

特别注意

并不是消毒剂的用量越高消毒效果越好，如二氧化硫使用过量的危害：

1）二氧化硫是主要的大气污染物之一，对人、动物、植物和建筑物的危害都很大。二氧化硫一旦污染空气，人类将无法逃避，无处可藏，而且这种污染也很难消除。使用二氧化硫作为消毒剂时，一定要选择合适的时间，通常选择没有人员进出冷库的时间，并控制使用量。

2）二氧化硫浓度太高易使果粒褪色，严重时使果实组织结构也受到破坏。

3）二氧化硫对铁、锌和铝等金属有强烈的腐蚀作用，因此，过量使用二氧化硫会使冷库中的机械装置被腐蚀。

知识拓展

冷库除霉

霉菌最爱在阴湿的地方生长，由于它能适应较低的温度，所以在冷冻厂的高温库中危害最为严重。霉菌在冷库内生长后，孢子到处飞扬，对于肉类、蛋品的质量影响很大，所以霉菌是冷库内主要的危害者。霉菌和致病菌不同，它本身是无害的，也不产生毒素，但是严重地损害了商品的外观，并且会促进肉类、蛋品霉烂变质。霉菌生长以后，肉眼都可以见到，所以除霉工作比消毒工作更受到冷冻厂的重视，但是缺乏简便可靠的除霉方法。现在除霉的方法也不算少，但都不是那么简便易行，所以还需要继续进行科学研究，从中找出更好的冷库除霉办法。

冷库除霉方法有三种：机械除霉、物理除霉和化学除霉。

一、机械除霉法

机械除霉就是打扫和铲除生霉的部分，它也是和其他除霉法结合进行的。在机械除霉法中有一种空气洗涤法，就是在进风口处装一台喷水器，空气在循环时通过水帘而将霉菌的孢子洗去，这种方法就像现在的湿式冷风机一样，可以起到减少霉菌的效果。

二、物理除霉法

物理除霉是利用温度、湿度、紫外线和铜丝网滤器等来除霉的方法。霉菌生长的温度一般为 -6~40℃，因此在低温库中很少看到霉菌生长，而热碱水也可以杀灭工具和设备上的霉菌。用紫外线除霉是一种较好的方法，它既能杀菌又能除霉，也有一些除臭的作用。但是紫外线只能是对直接照射的部分起作用，一般每立方米用 0.33~3W 的紫外线辐射，在距离 2m 的地方照射 6 h 可以起到杀灭微生物的作用。但是紫外线的作用受温度和湿度的影响，越接近微生物生长正常温度，湿度越高，杀菌除霉的能力越强。紫外线能促进脂肪氧化，所以在使用时要注意。铜丝网滤器是在逆风口装上一个铜丝做的网，这样可以杀灭一部分霉菌。

三、化学除霉法

化学除霉的方法很多，有二氧化碳法、臭氧法、甲醛法、漂白粉法、氟化钠法和羟基联苯酚钠法等。

1. 二氧化碳法

二氧化碳在任何含量下都不能杀死霉菌，它仅能延缓霉菌的生长。在 0℃下，如果室内空气中二氧化碳的含量达到 40%，可以完全阻止霉菌的生长。可是当它在空气中的含量超过 20%时，由于变性血红蛋白的形成而使肉类变色。一般认为在 0℃下，室内二氧化碳的含量为 10%时，可以把冷却肉在冷藏间中的保存期延长 1 倍以上。

2. 臭氧法

臭氧法是一种比较好的方法，它既可以杀菌又可除霉和除臭味。用这种方法应采用臭氧发生器，使空气中由 2 个原子组成的氧分子裂化而成由 3 个原子组成的臭氧分子。将形成的臭氧打入冷库内，其浓度为1~3mg/m³即可起作用。但是臭氧是一种强氧化剂，它能使瘦肉褪色和脂肪氧化，同时臭氧对人体黏膜有刺激，所以使用时应该注意。

3. 甲醛法

甲醛法即福尔马林蒸气法。这种方法能除毒也能灭菌，但福尔马林气味很大，如果被肉吸收就不能用于食用，同时福尔马林对人体刺激很大，使用时要注意安全。使用此法应先将冷库出空，打扫干净，福尔马林浓度一般为15mL/m³。使福尔马林变成蒸气的方法有两种：一种是将福尔马林放在密闭桶内用管子通入冷库，下面用火烧；另一种是将福尔马林放在开口桶中置于冷库内，由操作人员放入适量过锰酸钾或生石灰，再加些水，待产生气体时，人员外出开关闭好库门。用福尔马林蒸气消毒几小时后，再用氨水放在室内吸收福尔马林的气味，经过通风即告完成。

4. 漂白粉法

漂白粉可配置成含有效氯0.3%~0.4%的水溶液（1L水中加入含16%~20%有效氯的漂白粉20g），在库内喷洒消毒；或者与石灰混合，粉刷墙面。

在低温冷库进行消毒时，为了加强效果，可用热水配置溶液（30~40℃）。用漂白粉与碳酸钠混合液进行消毒，效果较好。配制方法是：在30L水中溶解3.5kg碳酸钠，在70L水中溶解2.5kg含25%有效氯的漂白粉。将漂白粉溶液澄清后，再倒入碳酸钠溶液中。

5. 氟化钠法

氟化钠涂料是在白陶土（含钙盐量不大于0.7%或不含钙盐）中加入1.5%氟化钠、氟化铁或2.5%氟化铵并配成水溶液，也可以用2%氟化钠和20%高岭土混合粉刷墙壁。这种方法具有强烈的杀灭霉菌的作用，在0℃下可以保证1~2年不生霉。

6. 羟基联苯酚钠法

羟基联苯酚钠法是指用2%羟基联苯酚钠溶液涂刷除霉的方法。采用这种方法产生的气味不会传到肉上，也不会腐蚀器皿，但在涂刷时要做好防护措施。

7. 硫酸铜涂料

硫酸铜涂料的配制是用2kg硫酸铜和1kg钾铝明矾溶解于30kg的热水中，再逐渐添加21kg熟石灰，仔细搅拌，呈细腻均匀的稀粥状即可。它对杀灭墙壁上的霉菌有很好的效果。

8. 过氧酚钠涂料

用2%过氧酚钠盐水与石灰水混合液粉刷冷库墙壁，有较好的抗霉菌效果。

9. 多菌灵消毒液

将多菌灵粉配成0.1%的水溶液，或者将50%多菌灵与湿性粉配成0.1%的水溶液使用。

任务实训一　冷库的消毒

本任务实训以乳酸法为例。

一、实训目的及消毒剂的选择

为了保证冷库内商品的安全和质量，新建的冷库在使用之前需要进行彻底消毒。正在使用的冷库在商品出库后，需要先升温除霜，然后对墙壁、顶棚等生长较多霉菌的地方，必须用刮刀或钢刷清除霉菌后再用药物消毒。对存放有商品的冷库，在特殊情况下也要进行必要的消毒处理。由于冷库内的商品无法搬出库房，因此，主要选择药物熏蒸的方法进行消毒。在选择消毒剂时，要考虑其对冷库内的食品无影响、无药物残留，对人体健康无害。

通过实训使学生了解冷库中的微生物种类；掌握乳酸法对冷库消毒的操作步骤。

二、实训内容与要求

实训内容与要求见表 6-10。

表 6-10　实训内容与要求

实训内容	实训要求
消毒剂的选用	采用乳酸作为消毒剂
所需消毒液的计算	按照实训过程中的要求进行计算
混合液的加热时间	按照实训过程中的要求进行
密闭库门的时间	按照实训过程中的要求进行

三、主要器材与设备

搪瓷盆 1 个（或根据情况选用搪瓷盘、不锈钢盆、不锈钢盘、不锈钢桶、铁盒或铁盘 1 个）；电炉 1 个（根据消毒液的量选择合适功率的电炉，也可以选择可调式封闭电炉）；风扇 1 台（为了使消毒气体更快地、均匀地传播到冷库的各个角落，可以在加热器的旁边放置风扇作为辅助设备）。

四、实训过程

1）将冷库打扫干净。

2）计算所需消毒药品的总量；并根据冷库的大小和数量，将消毒液按照乳酸用量为 $1mL/m^3$，每毫升乳酸再加 1~2mL 自来水的配比配成所需要的份数。

3）将混合液放在搪瓷盆内，并放置到合适的位置。

4）核查所放置的消毒药品的位置是否合适，数量是否正确，是否安全。

5）检查其他人员是否安全撤离（除消毒人员外），并全面检查冷库的门和窗是否关好。

6）将混合液放在搪瓷盆内置于电炉上加热蒸发，一般要求将药液控制在 30~180min 蒸发完。

7）密闭库门 6~24h，使乳酸充分与细菌或霉菌作用，以期达到消毒的目的。

8）熏蒸时间结束，停止消毒，将消毒用具清理干净，通风后再投入使用。

五、注意事项

1）冷库应打扫干净，以防影响消毒效果。

2）冷库应闭门熏蒸，防止漏气。

3）消毒器具内不能长时间盛放消毒液，消毒工作结束后要及时对剩余的消毒液进行集中处理。

4）清洗消毒器具时要戴上耐酸碱的橡胶手套，用无污染的清水刷洗消毒器具多次，最

后使用干净的抹布将多余的溶液吸干，并结合感官判定消毒器具清洗得是否彻底。使用完毕的消毒器具要放在指定的位置保存。

5）有商品堆积的地方消毒不彻底会影响消毒效果，因此对冷库的消毒要坚持每年腾空库位 1~2 次，进行彻底消毒。

6）在使用消毒剂时，准确核对生产消毒剂的企业的卫生许可证和卫生许可批件及经营消毒剂的单位持有的消毒剂生产企业的卫生许可批件的复印件，其有效证件的复印件上应当加盖原件持有单位的印章。还要认真核查产品的生产日期和有效期，杜绝使用“三无”产品和过期产品。

7）为保证消毒效果，配制消毒剂时容器要清洁，防止消毒溶液被污染；应按照计算好的使用量配制消毒剂，坚持当天配制当天使用。

任务实训二　冷库的除异味

本任务实训以臭氧法为例。

一、冷库产生异味的原因

冷库在长期使用中肯定会产生异味。冷库中冷藏的烹饪食品在外界因素的影响下，通过物理化学变化，产生一定反应，这种反应产生不正常的气味，时间长了这种气味就黏附于冷库的墙壁、顶棚及设备和工具上。一般说来产生异味有以下几个方面的原因：

1）冷库在未进食品前就有异味存在。

2）入冷库前食品就有腐败变质现象，如变质的蛋、肉、鱼等。

3）存放过鱼的冷库，未经清洗即存放肉、蛋或果蔬等食品，致使气味感染而变质。

4）冷库通风不畅，温度过高、湿度过大，致使霉菌大量繁殖，产生霉味。

5）冷库制冷管道泄漏，制冷剂（氨）侵蚀食品导致异味产生。

6）冷库中温度高于设计温度，致使肉品变质腐坏并产生腐败味。这种情况多发生于鲜肉未冻结、冻透即转库贮藏时。

7）不同气味的食品存在一个冷库库房内，导致食品串味互相感染。

有异味的食品会和其他食品串味，不仅影响其他食品的风味，而且会引起其他食品腐败，因此必须及时找出异味原因并加以去除。去除库内异味一般采用通风换气的方法。但这种方法对杀灭微生物没有作用，反而会促使微生物生长繁殖，还会增加库内冷量的消耗及造成食品干耗。利用臭氧消除异味具有良好的效果，还能杀菌灭霉。

二、实训目的

通过实训使学生了解冷库异味产生的原因，掌握冷库去除异味的方法。

三、实训内容与要求

实训内容与要求见表 6-11。

表 6-11　实训内容与要求

实训内容	实训要求
试剂的选用	采用臭氧作为除异味的试剂
所需臭氧量的计算	按照实训过程及注意事项中的要求进行计算
密闭库门的时间	按照实训过程中的要求进行

四、主要设备

臭氧发生器、紫外灯。

五、实训过程

1）腾空库房，打扫卫生。

2）根据库房的数量及库房容积（或面积）计算出需要的臭氧量。

3）打开臭氧发生器和紫外灯，使空气中由 2 个原子组成的氧分子裂化而成由 3 个原子组成的臭氧分子。将形成的臭氧打入冷库内，按照臭氧浓度为 1~3mg/m^3 除异味。

4）密闭库门 6~12h。

六、注意事项

1）在使用臭氧法时要注意操作安全。臭氧是一种强氧化剂，它能使瘦肉褪色和脂肪氧化，同时臭氧对人体黏膜有刺激性，使用时应注意。

2）用臭氧消毒空气，必须是在封闭空间，并且室内无人的条件下进行。消毒后至少过 30min 人才能进入。

3）这种方法不仅适用于空库，也适用于堆有食品的库房。

4）利用臭氧去除异味具有良好的效果，又能杀菌灭霉。

5）采用此方法时应使用臭氧发生器。

6）臭氧发生器一般安装在洁净的室内、空气净化系统中或灭菌设备内（如臭氧灭菌柜和传递窗等）。根据调试验证的灭菌浓度及时间，设置臭氧发生器的开启时间及运行时间，操作使用方便。

7）利用臭氧处理空库，臭氧的浓度可达 40mg/m^3。对存有食品的库房，臭氧的浓度则依食品的品种而有所区别。一般鱼类或干酪为 1~2mg/m^3，蛋品为 3mg/m^3，果蔬为 6mg/m^3，肉类为 2mg/m^3。如果库内存有含脂肪较多的食品，则不应采用臭氧处理，以免油脂氧化而变质。但由于臭氧是一种强氧化剂，浓度很高时，能够引起火灾；当浓度在 2mg/m^3 以上时，长时间呼吸也会对人体造成伤害，所以使用时应注意安全

冷库担负着果蔬、肉制品和水产品等易腐败变质食品及饮料和部分工业原料等商品的加工、贮藏任务，是商品流通中的重要环节。为了使食品能较长时间地贮藏和随时供应市场，减少经济损失，保证消费者的身体健康，必须对保藏的食品进行科学管理。

卫生管理是整个冷库管理的中心环节，冷库的卫生管理主要考虑不同种类的食品是否可以混合存放在一起，以及冷库的消毒、冷库异味的及时去除和灭鼠工作。冷库操作管理包括入库前的准备工作及冷库管理等方面的工作。冷库的管理工作涉及许多方面，必须建立和健全岗位责任制，做好每一项工作。

思考与练习

一、填空题

1. 冷库库房常采用的消毒剂有________、________和漂白粉。

2. 臭氧去异味的方法不仅适用于________，也适用于堆有食品的________。

3. 凡是进入冷库保藏的食品，必须新鲜、清洁、经检验、________。

4. 外地调入的冻结食品温度高于-8℃时，应复冻到要求温度后，方可入冻藏间冻藏，允许复冻________次。

5. 冷库是用隔热材料建成的，具有怕水、怕潮、怕热气、怕跑冷的“四怕”特性，要把好________、________、________、门、灯五大关。

二、判断题

1. 凡是进入冷库保藏的食品，必须新鲜、清洁、经检验合格。（　　）

2. 消毒剂选择标准包括安全性、杀菌效果、经济性和使用方便性等几个方面。（　　）

3. 在大批冻藏食品进、出库过程中，一昼夜升温不得超过10℃。（　　）

4. 进入冷库贮藏的食品，对易于镀冰衣的食品，如水产品、禽、兔等，最好直接贮藏，目的是减少食品的干耗，保持原有食品的色泽。（　　）

5. 冷库冲霜时必须按规程操作，冻结间至少要做到出清三次库，冲一次霜。冷风机水盘内和库内可以有少量积水。（　　）

6. 没有经过冻结的食品，可以直接进入冻结物冷藏室。（　　）

7. 冷库消毒的目的是保证库内商品的安全和质量，新建的冷库使用之前需进行彻底消毒。（　　）

8. 常用的冷库消毒方法有熏蒸法、喷洒法、涂刷法和消毒器消毒四大类；也可以将不同的方法结合使用，达到设定的消毒效果。（　　）

三、选择题

1. 冷库卫生的四个方面包括（　　）。

A. 内部卫生、冷库维修、设备卫生和工作人员的个人卫生

B. 外部卫生、内部卫生、设备卫生和设备的运行

C. 外部卫生、食品入库、设备卫生和工作人员的个人卫生

D. 外部卫生、内部卫生、设备卫生和工作人员的个人卫生

2. 在生产前，冷库内有异味，可以进行（　　）处理。

A. 通风　　B. 降温　　C. 除霜　　D. 运行

3.（　　）食品经过挑选、整理或更换包装后才能入库。

A. 患有传染病的畜禽商品

B. 经过雨淋或水浸泡过的鲜蛋

C. 污染或夹有污染物的食品

D. 流汁流水的食品

4.（　　）至少要做到出清一次库，冲一次霜。

A. 低温库　　B. 冻结间　　C. 高温库　　D. 冷却间

四、简答题

1. 冷库对入库食品是如何要求的？
2. 食品入库前对库内运输工具有哪些要求？
3. 常用的消毒器具有哪些？

模块七 食品冷链运输与销售

学习目标

了解食品冷链运输设备的种类及工作原理。
掌握冷藏汽车的操作方法和步骤。
掌握食品冷链销售设备的种类及工作原理。
了解冷链运输设备的节能措施。

学习任务一 食品冷链的运输设备

重点及难点

重点：托盘的特点、规格和分类；食品冷链的常见搬运设备；食品冷链的路上运输设备；冷藏集装箱。

难点：冷藏汽车的使用要求；冷藏集装箱。

一、库内搬运工具

搬运设备是冷库中的重要设备，是指用于升降、装卸和搬运冷藏品和短距离运输的设备。目前，搬运设备的种类非常多，它们一般是由电力来驱动的，通过自动或手动控制，把货物从一处搬到另一处。搬运设备的形式可以是单轨的、双轨的、地面的和空中的等。在具体使用时，要根据冷库的工艺要求来正确选用。

1. 集装设备

冷库内的集装设备主要为托盘。作为与集装箱类似的一种集装设备，托盘现已广泛应用于生产、运输、仓储和流通等领域，被认为是 20 世纪物流产业中两大关键性创新之一。托盘作为物流过程中重要的运输、搬运和存储设备，与叉车配套使用，在现代物流中发挥着巨大的作用。在难以利用集装箱的地方可利用托盘，托盘难以完成的工作由集装箱完成。

托盘是指在运输、搬运和存储过程中，将物品规整为货物单元时，作为承载面并包括承载面上辅助结构件的装置。在没有特别说明的情况下，以下所述的托盘均为这个物流意义上的托盘。托盘具有自重小，返空容易，返空时占用运力很少；货物集装容易；装载量适宜，组合量较大等优点。但托盘的保护性比集装箱差，露天存放困难，需要有仓库等配套设施。另外，托盘的自重和体积虽然较小，但仍增加了附加重量和体积，有时反而会影响车辆和库房的装载和储存能力。

（1）托盘的规格　国际标准化组织（ISO）规定了四种托盘国际规格，见表 7-1。

表 7-1　托盘国际规格

国家	欧洲大部分国家	欧洲一部分国家、加拿大、墨西哥	美国	亚洲国家
托盘规格	800mm×1200mm	1000mm×1200m	1016mm×1219mm	1100mm×1100mm

我国国家标准《联运通用平托盘主要尺寸及公差》（GB/T 2934—2007）中规定了联运通用平托盘的尺寸主要有两个规格：1200mm × 1000mm 和 1100mm×1100mm。

（2）托盘的分类　托盘按结构、材质、承托货物台面和叉车的插入方式分为多种类型。托盘按结构可分为平托盘、柱式托盘、箱式托盘和轮式托盘等，如图 7-1 所示。

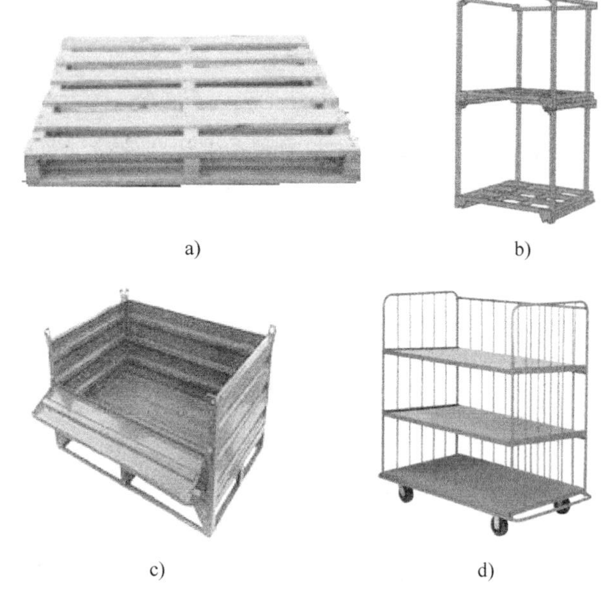

图 7-1　托盘的类型（按结构分）

a）平托盘　b）柱式托盘　c）箱式托盘　d）轮式托盘

托盘按材质可分为木质托盘、纸质托盘、塑料托盘和金属托盘等；按承托货物台面可分为单面型托盘、单面使用型托盘、双面使用型托盘、单翼型托盘和双翼型托盘等；按叉车的插入方式可分为单向插入型、双向插入型和四面插入型等。不同材质的托盘的特点见表 7-2。

表 7-2　不同材质的托盘的特点

项目	木质托盘	纸质托盘	塑料托盘	金属托盘
价格	便宜	一般/较高	较高/高	较高/高
卫生清洁性	易虫蛀，不易清洗	无虫蛀，不易清洗	无虫蛀，易清洗	长时间使用后可能会出现生锈情况
耐潮湿性能	易受潮、发霉	不易受潮、发霉	耐潮湿，不发霉	耐潮湿，不发霉
摩擦系数	摩擦系数大，适合上货架使用	摩擦系数大，适合上货架使用	摩擦系数一般，可以上货架	摩擦系数小，上货架需要操作谨慎或配置其他防护措施
承载能力	较小	一般	较好	好
使用寿命	短	一般	较长	长
环保性	对环境无污染，但消耗森林资源	好（可回收）	好（可回收）	好（可回收）
自重	轻	轻	较重	重
耐低温能力	强	强	普通塑料托盘在低温下容易变脆、损坏	强，但用于超低温冷库可能会出现冷脆

（3）托盘的正确使用规则　托盘的正确使用规则如下：

1）承载物应均匀平整地摆放在托盘上，以使托盘表面均匀受力。

2）在使用叉车提升货物前，应使叉车工作臂完全进入到托盘内且在提升货物时保证叉车工作臂水平。

3）使用叉车时，切勿直接推拉或撞击托盘，严重的碰撞会使托盘损毁。

4）员工工作时切勿站立在托盘上，以免发生危险。

另外，防止托盘散垛的方法有：捆扎；加网罩紧固；加框架紧固；中间夹摩擦材料紧固；用专用金属卡具固定；黏合；胶带粘扎；平托盘周边垫高；收缩薄膜紧固；拉伸薄膜紧固。

2. 常见的搬运设备

搬运车辆可分为人力搬运车和机动搬运车。

1）人力搬运车。一般将不带动力（不包括自行）的小型搬运车辆称为人力搬运车。手推车是一种以人力为主，在路面上从事水平运输的搬运车。它的特点是轻巧灵活，易操作，回转半径小，广泛地应用于厂内、车间、仓库、货场和站台等处，是短距离运输较小物品的一种方便且经济的运输工具。图 7-2 为常用手推车。

图 7-2　常用手推车

图 7-3 所示为手动托盘搬运车，用于搬运装载于托盘、托架上的冷藏品。当货叉插入托盘或托架后，上下摇动手柄，液压千斤顶提升货叉，托盘或托架就随之离地。当物品运到目的地后，踩动踏板使货叉落下，放下托盘或托架。手动托盘搬运车灵活、轻便，适合于短距离的水平搬运作业。图 7-4 所示为手动叉车，它一种利用人力提升货叉的装卸、堆垛和搬运多用车。手动叉车适合用于工厂车间、冷库内需要一定起升高度的搬运作业。

2）机动搬运车。机动搬运车主要包括叉车、托盘搬运车、牵引车与挂车和集装箱跨越车等。

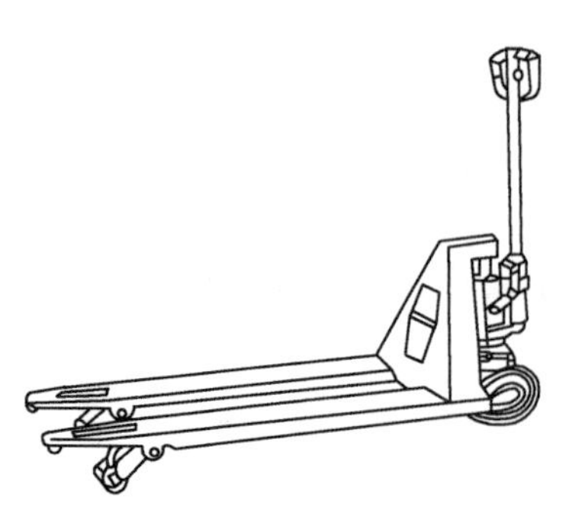

图 7-3　手动托盘搬运车

图 7-4　手动叉车

① 叉车。叉车又称铲车、叉式取货机，是一种配有各种叉具，能够对货物进行升降、移动和装卸作业的搬运车辆，具有装卸和搬运的双重功能。叉车的功能强大，使用非常方便，可用来提取、搬运和堆码冷藏品，能够完成成件货物的搬运和装卸工作。表 7-3 为几种常用叉车的性能指标。

表 7-3　几种常用叉车的性能指标

叉车名称	最大起重量/t	起重高度/m	最高时速/(km/h)	适用场合
前移式叉车	5	3	15	室内搬运作业
侧面式叉车	40	3	30	室外搬运作业
通用跨车	—	1.2~2.5	60	中短距离搬运长、大货物
门式跨车	50	7~13	8	跨越铁路车辆、汽车及并列集装箱之间的货物搬运
集装箱跨车	40	2~3 层集装箱高	60	专用于搬运、堆垛集装箱

冷库中所用的叉车都以蓄电池为动力，没有废气排出，而且轻便灵活，维护管理简单，操作容易。平衡重式叉车（内燃机）、平衡重式叉车（蓄电池）、高位拣选叉车、前移式叉车、侧面式叉车的外形分别如图 7-5~图 7-9 所示。

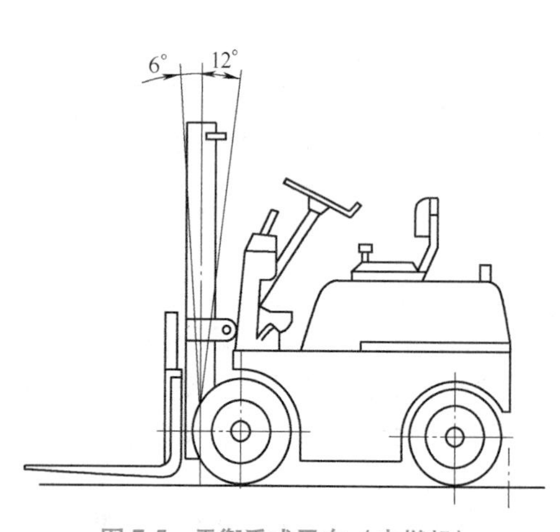

图 7-5　平衡重式叉车（内燃机）

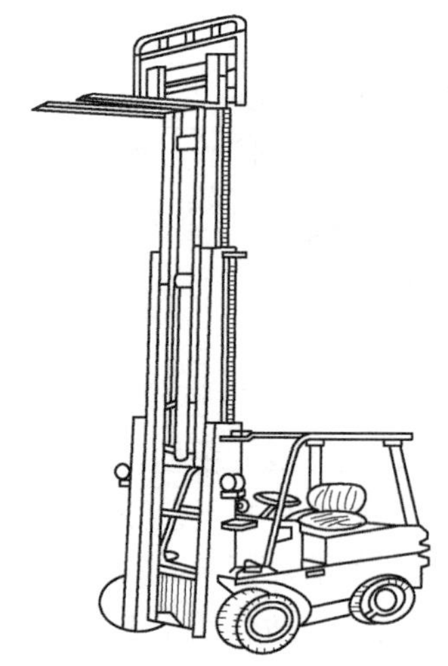

图 7-6　平衡重式叉车（蓄电池）

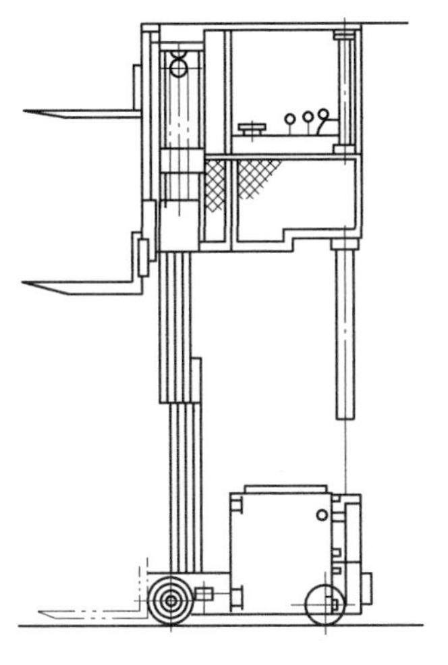

图 7-7　高位拣选叉车

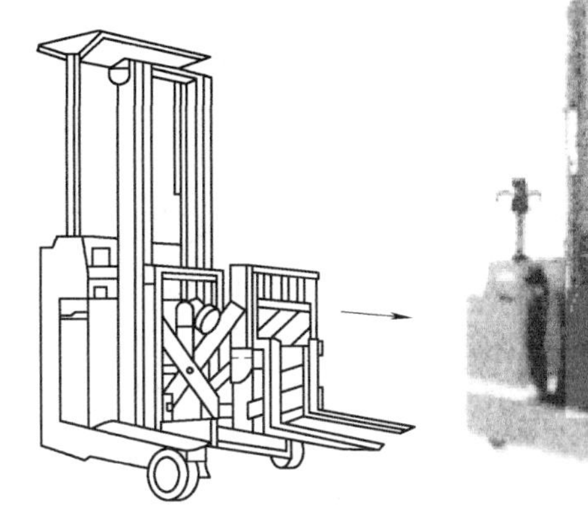

图 7-8　前移式叉车

② 电动托盘搬运车、电动托盘搬运车适合于冷库内间距及高度不大场合的冷藏品搬运，如图 7-10 所示。其优点是体型小，重量轻，操作与维修方便。其插腿的前端有两个或两组小直径的行走轮，用来支承托盘货物的重量。

图 7-9　侧面式叉车

图 7-10　电动托盘搬运车

③ 牵引车与挂车。牵引车又称拖车，是指具有牵引装置，专门用于牵引载货挂车进行水平搬运的车辆。牵引车的特点是没有承载货物的平台，只能作为牵引工具，用来牵引挂车，牵引车必须和挂车配合使用才能运输冷藏品。采用牵引—挂车方式搬运货物，往往比采用搬运车方式能获得更好的效果，如图 7-11 所示。

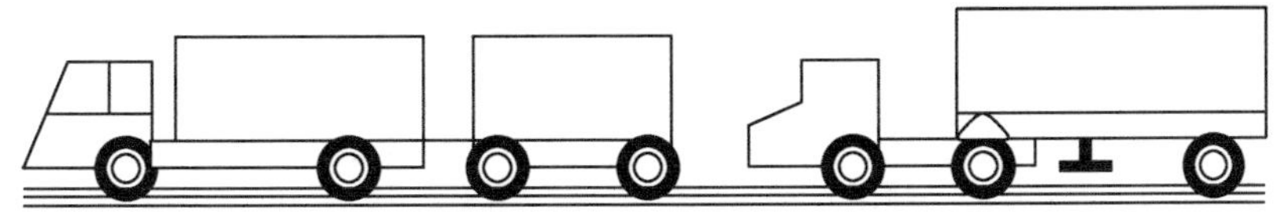

图 7-11　牵引车（左：全挂车；右：半挂车）

④ 集装箱跨运车。集装箱跨运车由发动机、底盘（传统系统、支承行走系统、制动系统和转向系统）及工作装置三大部分组成。有的跨运车的走行轮可同时转向，这样在货场有限的空地上有很大的灵活性。集装箱跨运车如图 7-12 所示。

3. 堆垛设备

堆垛设备是冷库中最重要的运输及装卸存取设备。它分为巷道式堆垛机、桥式堆垛机、高架叉车、拣选式电动堆垛机和装卸堆垛机器人等。一般来讲，前两类堆垛设备实质上是起重机，第三类堆垛设备属于叉车，都是冷库中堆垛货物的专用设备。

图 7-12　集装箱跨运车

（1）巷道式堆垛机　巷道式堆垛机由运行机构、起升机构、载货台、机架（车身）、电气设备和安全保护装置六部分组成。它的主要工作特点是可在高层货架的巷道内纵横穿梭，来回运行，将位于巷道口的货物存入高层货架的货格内，或者取出货格内的货物运送到巷道口。巷道式堆垛机的额定载重量在几十千克至几吨之间，由电力驱动，通过手动或自动控制来实现运行和存取货物。巷道式堆垛机如图 7-13 所示。

（2）桥式堆垛机　桥式堆垛机在冷库中主要用于高层货架仓库存取作业，同时也适用于堆垛。它的额定载重量一般为 0.5~5t，也可达 10t、15t 和 20t。该堆垛机一般都是中、小跨度，如 22.5m 以下，并主要适合于高度在 12m 以下的仓库。桥式堆垛机主要由桥架、大车运行机构、小车和电气设备四部分组成。桥式堆垛机如图 7-14 所示。

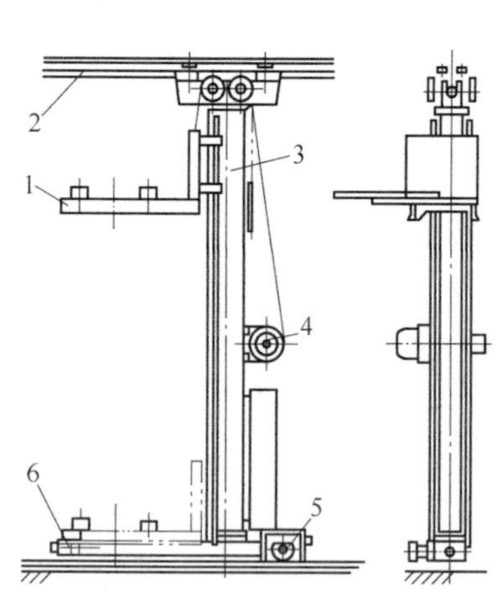

图 7-13　巷道式堆垛机

1—托盘架　2—横梁支架　3—堆垛机立柱
4—电动机　5—控制柜　6—盘底座

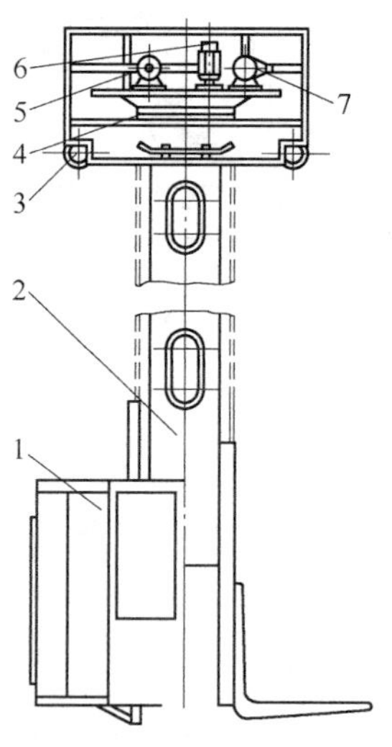

图 7-14　桥式堆垛机

1—驾驶室　2—立柱　3—走轮　4—回转盘
5—驾驶室走升机构　6—回转机构　7—货叉起升机构

（3）高架叉车　高架叉车又称无轨巷道堆垛机，是一种变形叉车，适用于作业不太频繁或临时保管，不太高的冷库。高架叉车保留了叉车的一些特点，又发展了适用于在高货架中工作的性能。高架叉车的起升高度可达 12m；有特殊的货叉机构，不但能单独侧移、旋转，而且也能侧移和旋转联动；控制方式一般分为有人操作和无人操作两种；一般都采用蓄电池作为电源，使用方便，但耗电量大。

(4) 拣选式电动堆垛机　拣选式电动堆垛机没有货叉，人和货物同在一个有栏杆的平台上升降来完成拣选作业，适用于一般的立体仓库或普通平面仓库中，在货架上存取货物或其他搬运、堆垛作业。其机身窄、转弯半径小、机动性强，适合在狭窄场所作业，且结构简单、价格便宜、走行和升降都采用蓄电池供电，起升高度为2～3m，额定载重量为200～400kg。拣选式电动堆垛机如图7-15所示。

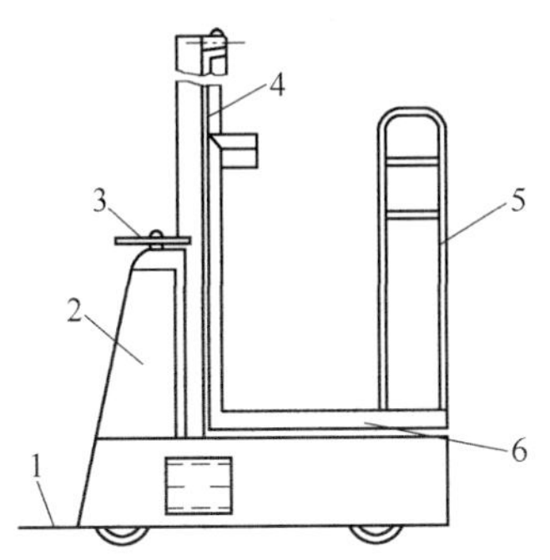

图7-15　拣选式电动堆垛机
1—板　2—车体　3—转向盘
4—起升链条　5—栏杆　6—平台

(5) 装卸堆垛机器人　装卸堆垛机器人的主要结构包括控制系统、执行机构、驱动机构、检测传感系统和人工智能系统等几部分。在冷库中，其主要作业内容是码盘、搬运、堆垛和拣选，因而称之为装卸堆垛机器人。它的作业速度快、动作准确，尤其适合于污染、高温和低温等特殊环境和反复单调作业的场合。

特别注意

叉车的操作注意事项

1）经培训并持有驾驶执照的驾驶员方可开车；在开车前检查各控制和警报装置，如发现损坏或有缺陷时，应在修理后操作；搬运时不应超过规定载荷，不许用单个货叉拣挑货物；装载行驶时应把货物放低，门架后倾。

2）平稳地进行起动、转向、行驶、制动和停止，在潮湿或光滑的路面上转向时必须减速；坡道行驶应小心，在坡度大于1/10的坡道上行驶时，上坡应向前行驶，下坡应后退行驶，上坡和下坡时忌转向；叉车在行驶时，请勿进行装卸作业；行驶时应注意行人、障碍物和坑洼路面，并注意叉车上方的空隙。

3）货叉上禁止站人，车上不准载人；不准人站在货叉下，或者在货叉下行走；不准在驾驶员座位以外的位置上操纵车辆和属具；不要搬运未固定或松散堆垛的货物，小心搬运尺寸较大的货物；起升高度大于3m的高门架叉车应防止上方货物掉下，必要时应采取防护措施。

4）离车时，将货叉下降着地，并将档位手柄放在空档位置，发动机熄火并断开电源，拉好驻车制动；在坡道停车时，还必须用垫块挡住车轮。

二、陆上运输设备

冷链食品的陆上运输主要有铁路冷藏运输和公路冷藏运输。铁路冷藏运输有运输量大、运输距离长、速度快和安全性高等优点，对于大运量、远距离的运输，其经济性较好。公路冷藏运输有机动灵活、方便快捷、周转环节少和密度大（几乎所有的冷链场合均能到达）的特点，对于小运量、近距离的运输，其经济性较好，已成为冷链食品运输的重要组成部分。公路冷藏运输既可以单独进行冷链食品的短途运输，也可以配合铁路保温车和水路冷藏船进行短途转运。

铁路冷藏运输和公路冷藏运输互为补充，构成了冷链食品运输的有机网络。冷链食品的冷藏运输及配送，包括冷链食品的短、中、长途运输及区域配送等，所用的陆上运输设备主要包括铁路保温车和冷藏汽车。

1. 铁路保温车

铁路保温车具有较大的运输能力，适于长距离的冷藏运输。铁路保温车具有良好的保温性能，厢壁传热系数小于 0.25W/(m^2 · K)。铁路保温车按其冷却方式不同可分为机械保温车、加冰保温车、冷板保温车和液氮保温车等。

(1) 机械保温车　机械保温车是以机械式制冷装置为冷源的冷藏车，是目前铁路冷藏运输中的主要工具之一。其优点是制冷速度快；温度调节范围大，车内温度分布均匀；适应性强，制冷、加热、通风换气和融霜能实现自动化；新型机械冷藏车还设有温度自动检测、记录和安全报警装置。

机械保温车按其供冷方式可分为整列车集中供冷和每个车厢分散供冷两种。集中供冷的机械保温车在一整列车的中部设有装有柴油发电机组的发电车，装有制冷机设备的制冷车、乘务车和 10 节或 20 节冷藏车，其冷量常用盐水输送到各个车厢，厢内的空气用风机强制循环。这类列车使用机动性差，不能任意编组，不适于小宗货物的运输。分散供冷的机械保温车通常由 5~10 节车厢组成，车组集中供电，即一节为发电乘务车，其余为冷藏车。发电乘务车编挂于冷藏车的中部，各冷藏车可以任意换位或掉头连接，如图 7-16 所示。目前，分散供冷的机械保温车应用较广，其典型结构如图 7-17 所示。

图 7-16　B22 型机械保温车

分散供冷的机械保温车的制冷系统有单级压缩和无中间冷却的双级压缩两种形式。有些机械保温车的制冷系统设计成可单级、双级切换运行模式，即在起动降温过程及运输一般冷却物时，可按单级压缩运行；运输冻结物时，待车厢降温至设定的切换温度时，按双级压缩运行，以满足食品的冷藏要求并提高制冷系统的经济性。现在使用较多的是分散供冷的机械保温车。

机械保温车的温度要求：通常按外界温度为 40℃时，车内最低温度可达−18℃；当外界温度为−45℃时，使用电加热器，可使车内温度保持在 15℃以上。

(2) 加冰保温车　加冰保温车是在车厢内贮存一定量的冰，车厢内的空气与冰自然对流换热，利用冰的融化来吸收车厢内及外部传入的热量。为了使车厢内的温度能降到 0℃以下，通常向冰中加入食盐。

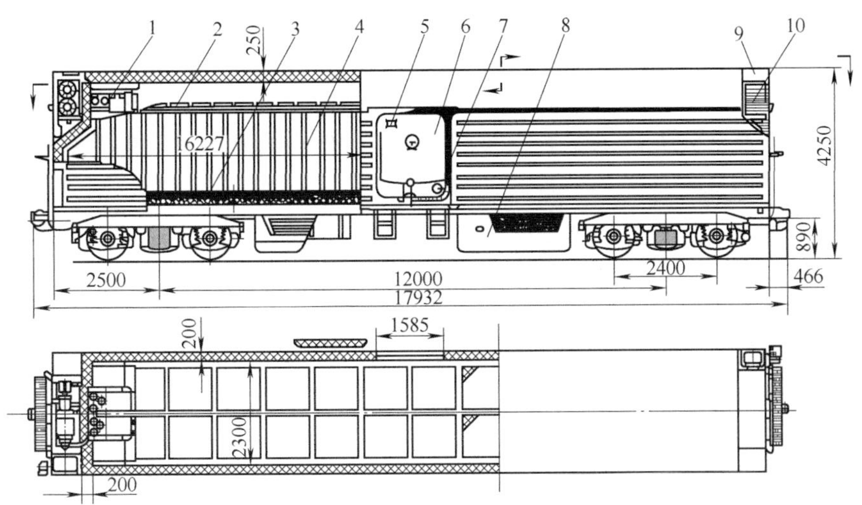

图 7-17　分散供冷的机械保温车的典型结构

1—制冷机组　2—车顶通风风道　3—地板离水格栅　4—垂直气流格墙　5—车门排气口　6—车门　7—车门温度计　8—独立柴油发电机组　9—制冷机组外壳　10—冷凝器通风格栅

加冰保温车按其盛冰容器结构的不同可分为端装式和顶装式两种，如图 7-18 和图 7-19 所示。

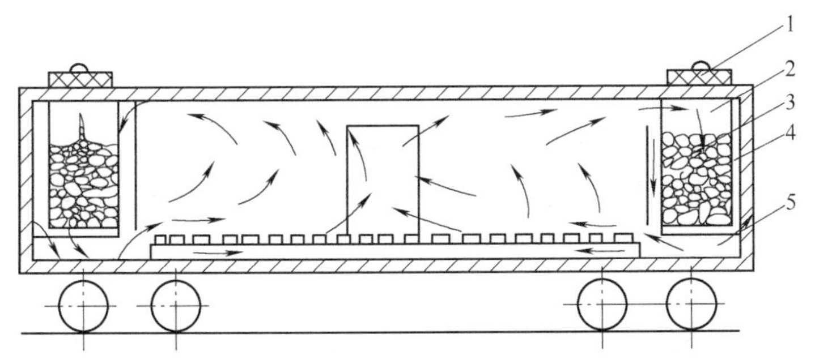

图 7-18　端装式加冰保温车

1—加冰盖　2—冰箱　3—空气循环挡板　4—车体　5—通风槽

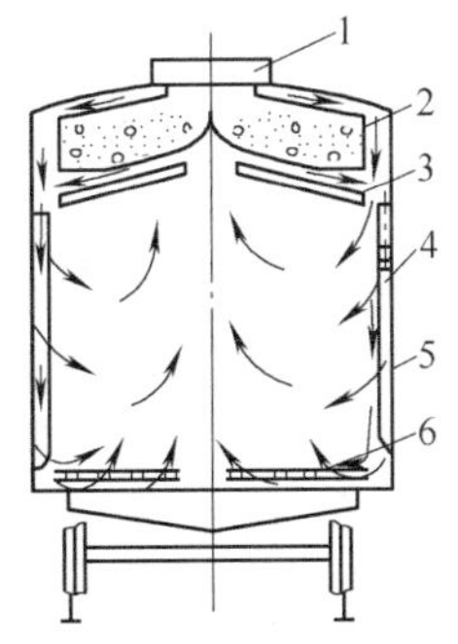

图 7-19　顶装式加冰保温车

1—加冰盖　2—冰箱　3—空气循环挡板　4—通风槽　5—车体　6—离水格栅

端装式加冰保温车是在车厢的两端设置盛冰的栅框，冰和盐由上部的加料孔加入，冰融化后产生的盐水落入栅框下面的底盘中，然后经虹吸管排出。端装式加冰保温车的缺点是：由于冰框占地，约使载货面积减少 25%；栅框设于两端，车厢内温度不均匀，卫生条件也较差。

顶装式加冰保温车是在车厢顶上均匀地布置六对金属板焊成的马鞍形冰箱，加料口也设在车厢顶上。冰箱的底板向外倾斜，冰融化后产生的盐水由底部经排水管排出。这种保温车虽然克服了端装式加冰保温车的缺点，但结构比较复杂，传热效果较差。

铁路加冰保温车设备简单、使用方便、造价低，冰和盐的冷源价廉易购。其缺点是车厢内温度波动较大，温度调节困难，使用局限性较大；行车沿途需要加冰、加盐，影响列车速度；排出的冰盐水不断溢流排放，腐蚀钢轨、桥梁等。目前，我国铁路沿线大都设有制冰厂及加冰站，因而仍然在使用加冰保温车。

（3）冷板保温车　铁路冷板保温车是在隔热车体内安装冷板，冷板内充注一定量的低温共晶溶液，当共晶溶液充冷冻结后，即贮存冷量，低温共晶溶液融化后将冷量散于车体内，从而实现货物的冷藏。

冷板保温车的冷板装在车顶或车墙壁上，充冷时可以地面充冷，也可以自带制冷机充冷，低温共晶溶液可以在冷板内反复冻结、融化循环使用。

铁路冷板保温车的造价低、结构简单，充冷后冷源温度恒定，一次充冷可运行 120h，但是由于其温度控制不稳定，适用范围具有局限性，并没有广泛应用。

（4）液氮保温车　液氮保温车是在具有隔热车体的冷藏车上装设液氮贮罐，罐中的液氮通过喷淋装置喷射出来，突变到常温常压状态，并汽化吸热，对周围环境进行降温。

液氮保温车在装卸货物时，需要敞开车门数分钟，保证车厢内进入足够的氧气后再进入操作，以防操作人员缺氧而出现意外；还要谨防喷淋液氮时操作人员进入车厢，以防造成皮肤冻伤。液氮保温车兼有制冷和气调的作用，能较好地保持易腐食品的品质，在国外已有较大的发展，我国尚在起步阶段。

2. 冷藏汽车

冷藏汽车一般有机械冷藏汽车、保温冷藏汽车、干冰冷藏汽车、冷板冷藏汽车和液氮冷藏汽车等。机械冷藏汽车采用机械制冷设备给车厢提供冷源，而其他冷藏汽车（保温冷藏汽车除外）则不带制冷装置，仅靠蓄冷材料（冷板冷藏汽车）、液氮或干冰提供冷源，保温冷藏汽车既无制冷装置，也无低温物质提供冷源。

冷藏汽车设有隔热车厢，厢壁外侧为薄钢板，内侧为薄钢板或铝板，中间为隔热材料。车厢壁的厚度一般为 60~150mm，隔热材料采用泡沫塑料时，应选用环保材料、燃烧性能等级为 B2 级的泡沫塑料。除了良好的隔热性能，冷藏汽车的车厢还应具有良好的防雨密封性、气密性能和力学性能等。冷藏汽车的车厢应符合食品安全法有关食品容器的规定，车厢内部应留有充分的冷气循环空间，车厢内应设置保证气密性的排水孔，车厢外部应设置紧急报警装置，其操作按钮应设置在车厢内靠近后门的侧壁上且标识明显。冷藏汽车的车厢地板通常采用带通风的铝导轨地板，但也有一些冷藏汽车采用不带铝导轨的平防滑地板。

当环境温度为 30℃时，按车厢内保持的平均温度的范围，我国冷藏汽车的国家强制性标准《道路运输　食品与生物制品冷藏车安全要求及试验方法》（GB 29753—2013）将运输易腐食品的冷藏汽车分为 A~F 共六类，见表 7-4。

表 7-4　运输易腐食品的冷藏汽车的分类

冷藏汽车类别	A	B	C	D	E	F
车厢内平均温度/℃	0~12	-10~12	-20~12	≤0	≤-10	≤-20

（1）冷藏汽车的类型　冷藏汽车的类型如下：

1）机械冷藏汽车。机械冷藏汽车是冷藏汽车的主力车型。它采用制冷机组给车厢提供冷源，适合于货物的长距离运输，它可以维持-25~12℃的工作温度范围。机械冷藏汽车通常使用 R134a 小型制冷机组，对于车厢温度在-20℃以下的场合，也有使用 R404a 制冷机组的。卤代烃压缩机和风冷式冷凝器常装在汽车驾驶室顶上，并可根据外界温度来调节冷凝器

的空气量。蒸发排管沿车厢前面和两侧的厢壁布置，当采用冷风机时，将冷风机布置在车厢前部的上方。图 7-20 所示为机械冷藏汽车的制冷设备布置示意图。

机械冷藏汽车要求的自动化程度高，能实现制冷装置自动降温、自动加热和自动融霜。在进行系统设计时，从工艺上要既能满足冷冻食品的温度要求，又能满足 0~12℃冷藏食品的温度要求。

机械冷藏汽车有多种分类方法，按驱动方式可分为发动机驱动（机组以发动机作为驱动动力工作）和电力（电动机）驱动（机组以电力作为驱动动力工作）；按是否使用车辆发动机动力驱动可分为独立式（机组使用独立的动力做驱动，不使用车辆发动机动力）和非独立式（机组使用车辆发动机的动力驱动，用电磁离合器来控制制冷压缩机是否工作）。非独立式机械冷藏汽车的基本结构及制冷系统如图 7-21 所示。

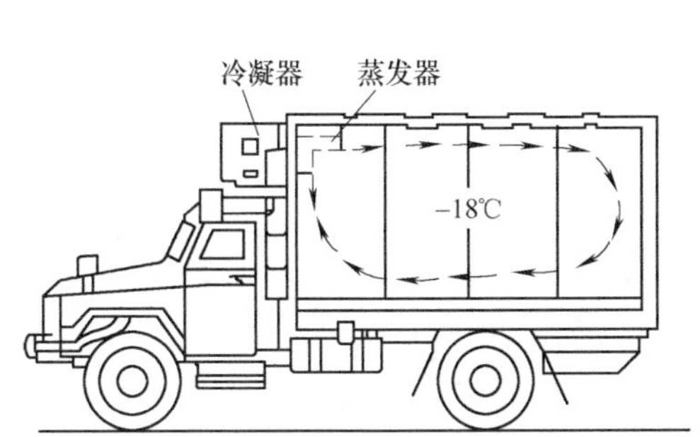

图 7-20　机械冷藏汽车的制冷设备布置示意图

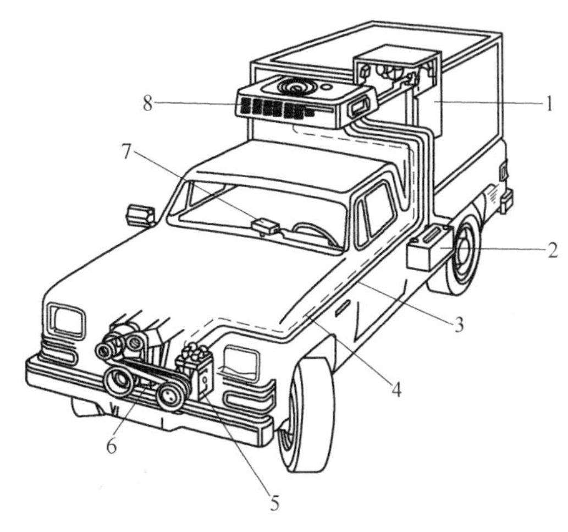

图 7-21　非独立式机械冷藏汽车的基本结构及制冷系统

1—冷风机　2—蓄电池箱　3—制冷管路　4—电气线路
5—制冷压缩机　6—传动带　7—控制盒　8—风冷式冷凝器

为了满足不同温度要求的冷藏食品的同车运输，可使用机械多温冷藏汽车，如图 7-22 所示。机械多温冷藏汽车的多个蒸发器往往共用一台制冷压缩机，这样的制冷系统实际上与“一机多库（多个库温）”的制冷系统类似。其结构简单，但制冷系统的效率低、经济性较差。如果只有两个温区，可将制冷系统的蒸发器置于低温区，温度较高的温区通过来自低温区的低温空气获取冷量，以维持其温度。

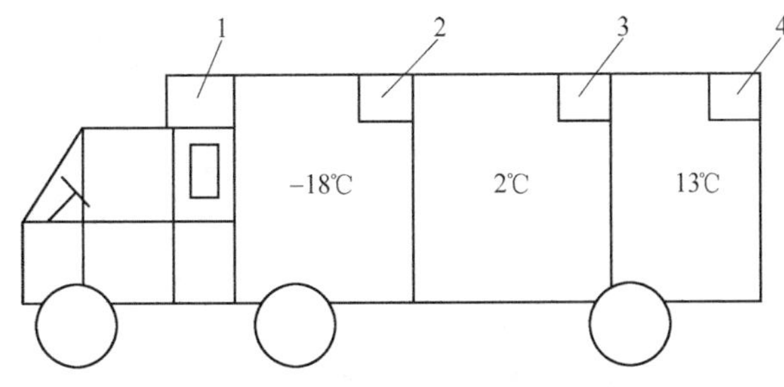

图 7-22　机械多温冷藏汽车

1—冷凝器　2—蒸发器一　3—蒸发器二　4—蒸发器三

2）保温冷藏汽车。保温冷藏汽车一般用于冷链食品的短途运输，由于没有制冷设备和其他形式的冷源，保温冷藏汽车仅仅是将货物保持在较低的温度。也有部分保温冷藏汽车采用干冰（固态二氧化碳）来冷却，此时，可以用空气自然对流或强制对流的干冰箱（此时的保温冷藏汽车也称为干冰冷藏汽车），当运输冻结食品时，也可直接将干冰撒在食品垛上。保温冷藏汽车由于没有制冷设备，结构简单，运输成本低。其缺点是不能用于较长距离的运输，以防冷链食品回温过高而对食品品质产生明显的影响。

3）干冰冷藏汽车。干冰冷藏汽车是利用干冰升华吸热来降低车厢温度的。当采用通风机强制冷却空气并使其在车厢内循环时，可通过调节通风机的风速来控制车厢温度。干冰冷藏汽车的车厢上装有排气管，以防止压力过高。

干冰的成本高，车厢温度分布不均、冷却速度慢、车厢温度不易控制等都是干冰冷藏汽车的不足之处，因此其在冷藏运输中的使用受到了较大的限制。

4）冷板冷藏汽车。冷板冷藏汽车与铁路冷板保温车类似，也是利用冷板中充注的低温共晶溶液蓄冷和放冷，实现冷藏汽车的降温。

目前，冷板冷藏汽车的充冷均用蒸气压缩制冷装置，制冷剂多为 R22、R134a 和 R404A。与机械冷藏汽车相比，冷板冷藏汽车有以下特点：结构简单，使用与维修方便；冷板的自重较大，并且温度调节比较困难；冷板的降温速度慢。因此，冷板冷藏汽车的应用范围远不及机械冷藏汽车。

5）液氮冷藏汽车。液氮冷藏汽车与铁路液氮保温车类似，也是利用车厢内部的喷嘴喷出的液氮汽化吸热，实现冷藏汽车的降温。液氮冷藏汽车主要由汽车底盘、隔热车厢和液氮制冷装置组成，通常其温度控制箱由温度控制器和温度显示仪表组成。液氮冷藏汽车的基本结构如图 7-23 所示。

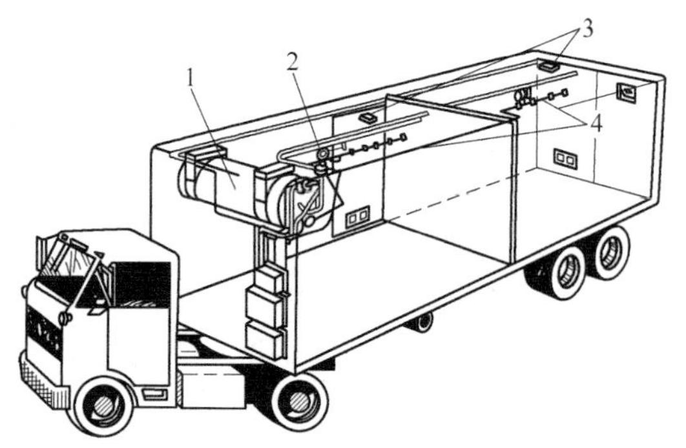

图 7-23　液氮冷藏汽车的基本结构

1—液氮罐　2—液氮喷嘴　3—门开关　4—安全开关

与铁路液氮保温车一样，在使用液氮冷藏汽车时一定要注意安全。在装卸货物时，需要敞开车门 30s 以上，保证车厢内进入足够的氧气后再进入操作，以防操作人员缺氧而出现意外；还要谨防喷淋液氮时操作人员进入车厢，以防造成皮肤冻伤。

液氮成本高且在运输途中不易补充，这成了液氮冷藏汽车的发展瓶颈，影响了其普及应用。

（2）冷藏汽车的使用要求　冷藏汽车的使用要求如下：

1）车厢预冷或预热。在装货之前，必须要先对车厢进行预冷或预热，这样有利于保证货物的温度稳定，同时，对于机械冷藏汽车，制冷系统的压缩机也不易出现过载。

2）货物温度。应对货物进行预冷处理，并冷却、冻结到所要求的温度，因为冷藏汽车制冷系统的设计制冷能力一般仅能用于保持货物的温度，而不是用于降低所装运货物的温度。如果货物温度过高，过大的负荷对制冷压缩机的运行非常不利，会影响压缩机的使用寿命。

装货时应检查货物温度，对超过规范规定温度的货物，可以拒绝装车。

3）货物包装。冷冻食品不使用通风包装箱；生鲜食品使用侧壁通风的包装箱，并且包装箱必须有一定的抗压能力。

4）货物堆装。车厢内货物的堆装应保证车厢内的冷风循环。车厢为平防滑地板时，严禁将货物直接堆放在平面的地板上，一定要用双面托板来装货，以保证地板处冷空气的流通；货物与车厢内的顶部应有足够的距离；车厢地板的通风槽应畅通，以确保空气的良好循环。

货物的堆放不能妨碍蒸发器冷风的吹出，一定要确保装货高度低于出风口的水平高度。如果出风口被货物挡住或离货物太近，空气不能在车厢内正常循环，不但会影响货物的储运温度，还会影响冷冻机组的正常工作。

5）运输过程。运输过程中车厢内的温度应控制在合适的范围，温度太高或太低将影响货物的品质，甚至会使货物损坏或变质。

6）货物装卸。对于机械冷藏汽车，蒸发器形式通常为冷风机。此时，打开车门装卸货物时应关闭制冷机组，使冷风机停止运行，这样车厢冷量散失较慢，有利于车厢内温度的稳定。货物的装卸应迅速、准确。

装卸货物时，应避免叉车或其他硬物等撞击车厢内壁，以防内壁受损、接缝开裂及隔热层受损。货物应按“后到先装，先到后装”的规则装车。

 **经验总结**

冷藏汽车的保养及维护

1）冷藏汽车的车厢应定期用水冲洗或彻底打扫，扫除地板及排水孔中的碎片、碎屑等杂物，以确保车厢干净清洁，并按食品卫生的相关要求定期消毒。清洗冷藏汽车车厢的一个作用是保持车厢内部的环境卫生，防止车厢内出现异味，另一个作用是及时清除可能残留于车厢地板通风槽中的杂物，以确保空气循环通畅。

2）常检查门封及下水口盖，并根据情况修理或更换。

3）定期擦拭风机，用软毛刷、无尘布清除制冷机组散热器上的灰尘，以保证散热效果。

4）根据需要更换油过滤器、冷冻机油和补充制冷剂。

5）检查蒸发器的结霜状况。

6）检查温控系统的工作是否正常。

7）检查温湿度记录仪的工作是否正常。

8）检查门封是否密封严密。

9）定期或不定期对冷藏汽车进行验证，并按验证结果调整冷藏汽车设备运作。

10）按照行驶里程定期进行车辆维护和保养。

三、水上运输设备

食品冷链中冷藏运输所用的水上运输设备主要为冷藏船。冷藏船的货舱可分成若干小舱，每个舱室都独立构成一个封闭的保温载货空间，以满足不同货物的温度要求。冷藏舱的温度一般为-25~15℃。冷藏船用制冷系统及其自动控制器、阀件的技术和可靠性等比陆用更高。冷藏船一般航速较高，近来设计的万吨级多用途冷藏船的航速均在37km/h（20节）以上。

1. 冷藏船的分类

（1）按航区分　按航区分，冷藏船可分为无区域限制的远洋冷藏船、有区域限制的沿海冷藏船和内陆河冷藏船。

（2）按温度分　按温度分，冷藏船可分为高温冷藏船（一般指运送已经预冷的货物或未经预冷的货物，需要保持货品温度在0℃以上的冷藏船）、低温冷藏船（一般指运送的货物已经冻结，并需保持在-18℃以下的冷藏船）及高低温通用冷藏船（既能运送0℃以上的货物，又能运送-18℃以下冻结货物的冷藏船）。

（3）按用途分　按用途分，冷藏船分为冷藏运输船和渔业冷藏船。

1）冷藏运输船。冷藏运输船担负港口与港口之间冷藏货物的运输。由于不同货物要求的运输温度不同，有些冷藏运输船可以是专用的，如香蕉运输船等；而有些是通用的，即同一冷藏运输船可运送多种冷藏货物。图7-24所示为500DWT冷藏运输船。

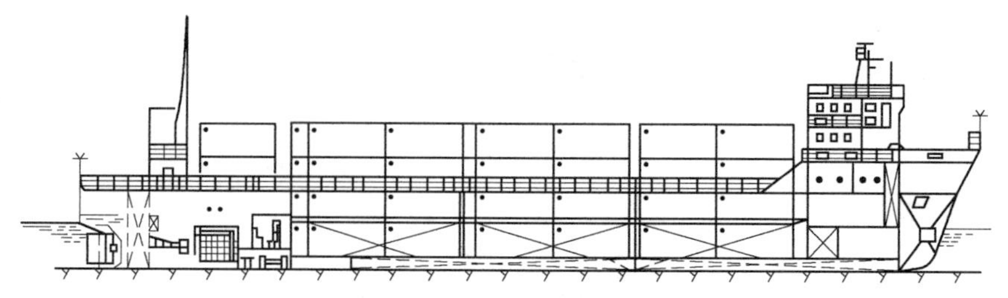

图7-24　500 DWT冷藏运输船

2）渔业冷藏船。渔业冷藏船除了用来运输水产品外，还能完成其他任务，如捕鱼、收鲜、制冰或对捕获的水产品进行冷加工和较长时间的冷藏等，这样可以减少水产品的周转损耗，保证其质量。

2. 冷藏船的制冷系统

冷藏船的制冷系统有直接蒸发冷却系统和载冷剂间接冷却系统两种。蒸发器为冷风机或表面冷却器。空气的循环方式有风道式和无风道式两种。有风道的冷风机安置在与冷藏舱隔开的一个独立舱室内，冷风被风道输送和分配。设计风道时应考虑船上的舱容量有限，货物载放密度很大，这不同于陆上冷库，因此在保证空气有最佳分布的情况下，应力求减少风道占用的容积。冷藏舱的吹风方式有水平吹风和垂直吹风两种。

出于安全的考虑，船舶制冷装置一般采用卤代烃制冷机，并且自动化程度要求较高。冷藏船由于其特殊的工作环境，需要制冷装置的体积小、重量轻、安全可靠、耐潮湿、抗震、耐冲击及不受船体摇摆的影响。在这些方面，螺杆压缩机比活塞压缩机更有优势，因而目前的应用也越来越广泛。

渔业冷藏船上使用隧道式冻结装置和其他速冻设备，如平板冻结装置、液体冻结装置和流态冻结装置等。冷藏舱的容量应当足够冻结和贮藏1~2个月的渔获量，冷藏温度要根据所运输易腐货物的种类进行调节，达到最佳冷藏效果。例如，冻结水产品一般要求在-18℃以下，并有采用更低温度的趋势，有的国家已采用-25℃的冷藏温度。特种水产品（如金枪鱼）则冷藏温度要求更低，为-60~-50℃。如果冷藏舱容积超过2000m^3，则应有两套制冷设备，一套运行，另一套备用。

四、航空运输设备

航空冷藏运输是使用飞机或其他航空器进行冷链货品运输的一种形式，使用的设备通常为飞机，其特点为：

（1）运输速度快　专用飞机的出现，最大限度地缩短了运输的时间和距离。它不受江河

山川等地形条件的影响，能跨越国界和地界飞行，这对鲜活易腐食品来说有着重要的意义。

（2）安全性能高　随着高科技在航空运输中的应用和不断对飞机进行技术革新，要求地面服务、航行管制、设施保证、仪表系统和状态监控等技术都要得到提高，从而保证了飞机飞行的安全性。而且航空冷藏运输采用集装箱装载，因此，航空冷藏集装箱运输的安全性比较高。

（3）运量小，运价高　飞机的机舱容积和载重能力较小，单位运输周转量的能耗较大，因此只有高经济价值的鲜活易腐食品才适合航空运输。

（4）受气候条件限制　为了保证安全，飞机飞行条件要求很高，航空运输在一定程度上受到气候条件的限制，从而影响运输的准点性与正常性。

（5）可达性差　飞机往往只能运行于机场与机场之间，一般情况下难以实现货物的“门到门”运输，冷藏货物必须借助其他冷藏运输工具（主要为冷藏汽车）转运。

航空冷藏运输一般都使用冷藏集装箱，这样既可以减少起重装卸的困难，又可以提高机舱的利用率，而且也方便空运的前后衔接。限于飞机的实际情况，航空冷藏集装箱的冷却一般使用液氮或干冰。

五、冷藏集装箱

1. 冷藏集装箱的概述

冷藏集装箱是一种具有良好隔热和气密性能，并且能维持一定低温，适用于各类易腐食品的运送、贮存的特殊集装箱。冷藏集装箱适用的货物类型有冷冻货物（冻畜禽肉类、冻鱼和其他水产品、冻水果和蔬菜、冰激凌、奶制品）、新鲜的水果和蔬菜等。

随着冷藏集装箱的普及与发展，目前水上运输的冷藏运输船大部分已被冷藏集装箱运输船代替。冷藏集装箱有装卸灵活，温度稳定，货物污染、损失小，适用于多种运载工具，装卸速度快，运输时间短，以及运输费用低等特点，与陆上、水上运输设备（如冷藏集装箱运输船）配合使用，已在食品冷链中表现出强大的竞争力。冷藏集装箱运输船如图 7-25 所示，它已成为水上运输的主要工具。

图 7-25　冷藏集装箱运输船

冷藏集装箱采用镀锌钢结构，箱内壁、底板、顶板和门由金属复合板、铝板、不锈钢板或聚酯制造。国际上集装箱尺寸和性能都已标准化，其温度范围一般为-30~20℃。

2. 冷藏集装箱的基本类型

冷藏集装箱冷量的获得，可以采用机械制冷，也可以使用液氮和干冰。冷藏集装箱可以用于陆运、水运和空运，但由于空运成本较高，故常用于陆运和水运。

冷藏集装箱有保温集装箱、外置式冷藏集装箱、内藏式冷藏集装箱、液氮冷藏集装箱、干冰冷藏集装箱、冷板冷藏集装箱和气调冷藏集装箱等。图 7-26 所示为一种可移式气调冷藏集装箱。气调冷藏集装箱利用气调贮藏的原理，通过干预箱内气体的组分比例来抑制导致食品变败的生理生化过程及微生物的活动，从而实现货物的长期贮藏。

图 7-26　可移式气调冷藏集装箱

3. 冷藏集装箱的材料和参数

集装箱的制造材料要有足够的刚度和强度，应尽量采用质量轻、维修保养费用低的材料。制造冷藏集装箱常用的材料有铝材和钢材。铝质冷藏集装箱的优点是自重轻，装载能力强，具有较强的防腐能力，弹性好；缺点是造价高，焊接性也不如钢质冷藏集装箱，受碰撞时易损坏。钢质冷藏集装箱的优点是强度大，结构牢固，价格低；缺点是防腐能力差，箱体笨重，装货能力相对较低。国际标准铝质冷藏集装箱的主要参数见表 7-5。

表 7-5　国际标准铝质冷藏集装箱参数表

参数		20ft[1]		40ft	
材质		铝质		铝质	
单位		mm	ft—in[2]	mm	ft—in
外部尺寸	长	6058	19-10 $\frac{1}{2}$	12192	40
	宽	2438	8	2438	8
	高	2438	8	2591	8-6
内部尺寸	长	5391	17-8 $\frac{3}{16}$	11480	27-7 $\frac{15}{16}$
	宽	2254	7-4 $\frac{11}{16}$	2234	7-3 $\frac{15}{16}$
名义高度		2130	6-11 $\frac{13}{16}$	2235	7-3 $\frac{15}{16}$
门框尺寸	宽	2254	7-4 $\frac{11}{16}$	2234	7-3 $\frac{15}{16}$
	高	2049	6-8 $\frac{5}{8}$	2163	7-1 $\frac{1}{8}$
单位		m^3	ft^3	m^3	ft^3
容积		25.9	914	57.3	2024
单位		kg	lb[3]	kg	lb
自重		2750	6070	4750	10480
总重		24000	52913	30480	67200
载重		21250	46873	25730	56720

[1] 1ft = 0.3048m。

[2] 1in = 0.0254m。

[3] 1lb = 0.454kg。

4. 冷藏集装箱的货物拼箱混装

对低温深冷货物拼箱运输，除了受卫生情况及不同种类货物串味的影响外，一般不存在其他重大影响。一般货物在比其推荐设置温度更低的温度下冻藏，更有利于保证质量。由于承运货量、品种和成本等因素需要拼箱装运时应注意下述问题：

（1）温度　温度是水果和蔬菜拼箱混装的首要考虑因素。拼箱混装的水果和蔬菜，冷藏温度越接近越好，因水果和蔬菜对温度变化特别敏感，低温可降低呼吸强度，但温度过低会造成冻害，高温不仅会增加呼吸强度，加快成熟，而且会降低抗腐能力，还会导致产生斑点和变色等。

（2）湿度　湿度是水果和蔬菜拼箱混装的重要条件。湿度过高时水果和蔬菜易腐败，湿度过低又会使水果和蔬菜脱水、变色，失去鲜度。大部分水果和蔬菜所要求的相对湿度通常为85%~90%。

（3）呼吸作用　呼吸作用也是水果和蔬菜拼箱混装的重要因素。水果和蔬菜的呼吸作用可产生少量乙烯（一种催熟剂），可使某些水果和蔬菜早熟、腐烂。不能将会产生较多乙烯气体的水果和蔬菜与对乙烯敏感的水果和蔬菜拼箱混装在一起。

（4）气味　有些水果和蔬菜能发出强烈的气味，而有些水果和蔬菜又能吸收异味，这两类水果和蔬菜不能混装。

5. 冷藏集装箱内的货物堆装

冷冻货物、保鲜货物和一般冷藏货物等特性不同，在冷藏集装箱内的堆装方式也不同。

冷冻货物、一般冷藏货物及危险品等，由于货物自身不会发出热量，而且在装箱前已预冷到设定的运输温度，其堆装方法非常简单，仅需将货物紧密堆装成一个整体即可。在货物外包装之间、货物与箱壁之间不应留有空隙。但所装货物应低于红色装载线，只有这样，冷空气才能均匀地流过货物，保证货物达到要求的温度。

保鲜货物因有呼吸作用会产生二氧化碳、水汽、少量乙烯及其他微量气体和热量，堆装方式应使冷空气能在包装材料和整个货物之间循环流动，带走因呼吸作用产生的气体和热量，补充新鲜空气。

6. 冷藏集装箱的装箱要求

（1）预检测试　在每个冷藏集装箱交付使用前应对箱体和制冷系统等进行全面检查，保证冷藏集装箱清洁、无损坏、制冷系统处于最佳状态。经检查合格的冷藏集装箱应贴有检查合格标签。

（2）装箱前的准备工作　根据不同货物的易腐程度应确认下述事项：最佳温度的设定；新鲜空气换气量的设定；相对湿度的设定；运输总时间；货物体积；采用的包装材料和包装尺寸；所需的文件和单证等。

（3）货物预冷　应对货物进行预冷处理，并预冷到运输要求的温度，因为冷藏集装箱制冷系统的设计制冷能力一般仅能用于保持货物的温度，而不能降低所装运货物的温度。如果货物温度过高，将使制冷系统超负荷工作，导致该系统出现故障，影响货物安全。

（4）冷藏集装箱预冷　一般情况下冷藏集装箱不应预冷，因为预冷过的冷藏集装箱一打开门，外界热空气进入冷藏集装箱后遇冷将产生水汽并凝结，水滴会损坏货物外包装和标签，在蒸发器表面凝结的水滴会影响制冷量。

但在冷库的温度与冷藏集装箱内温度一致，并采用“冷风通道”装货时，可以预冷冷藏集装箱。当用冷藏集装箱装运温度敏感货物时，冷藏集装箱应预冷，预冷时应关紧箱门。若冷藏集装箱未预冷，可能造成货物温度波动，影响货物质量。

（5）装箱前及装货时应注意的事项　设定的温度应正确；设定的新鲜空气换气量应正确；设定的相对湿度应正确；装箱时制冷系统应停止工作；箱内堆装的货物应低于红色装载线和不超出T形槽的垂直面；箱内堆装的货物应牢固、稳妥；箱内堆装货物的总重量应不超过冷藏集装箱最大允许载重量；冷藏集装箱装货后的总重量（包括附属设备的重量）在运输途中不应超过任一途经国的限定值。

（6）脱离制冷时间　各种运输方式之间的交接或制冷系统故障都会造成停止制冷，短时间停止制冷状态是允许的，许多产品可以接受几小时的停止制冷，但并非所有货物都如此，对任何冷藏货物均不允许出现长时间的停止制冷。

对特种货物和温度敏感货物应保持制冷系统连续工作，避免任何温度波动造成货物质量下降。

7. 冷藏集装箱的新技术

随着冷藏集装箱制冷与控制技术的发展和日臻完善，冷藏集装箱适装货物的范围不断拓展，包括温度为-60℃的冷冻鱼和30℃的花球茎，温度控制偏差要求小于1℃的温度敏感货物，以及采用气调保鲜的水果和蔬菜等，均可保证将货物以最佳质量交付货主，延长上市保鲜期，提高经济效益。

（1）制冷系统　新型冷藏集装箱逐步采用涡旋式压缩机和变频技术，高效节能且易实现制冷量的调节。采用双级压缩制冷技术的冷藏集装箱能达到-60℃的低温。采用双制冷机组的冷藏集装箱，可单独运行也可同时运行，制冷量调节范围大，并且制冷系统的可靠性更高。

（2）控制系统　新型冷藏集装箱均采用可控程序微处理控制系统，具有温度设置、温度控制、除霜、温度显示、温度记录和报警等功能，可达到对冷藏集装箱的智能化控制和工作状态连续记录。

（3）除湿系统　可根据货物的特殊要求降低箱内湿度并保持最佳湿度范围，使货物在最适宜的环境中运输。但应注意，除湿系统只能降低箱内空气的湿度，无法增加湿度。

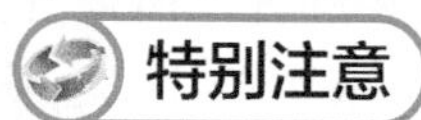

冷藏集装箱的货物包装

包装是冷藏货物运输的重要组成部分，是防止货物损坏和污染的基础。合适的设计和高质量的包装材料应能承受冷冻和运输全过程。冷藏集装箱的货物包装应能够满足：①防止货物积压损坏；②承受运输途中发生的冲击；③标准的外形与尺寸适于货盘或直接装入冷藏集装箱；④防止货物脱水或减低水汽散失速度；⑤有防止氧化的氧气障碍作用；⑥在低温和潮湿情况下保持强度；⑦防止串味；⑧经得住-30℃或更低的温度；⑨能支持堆放高度为2.3m的货物。由于上述原因，不同货物要有不同的设计和达到质量要求的包装材料。

易腐烂水果和蔬菜应使用能使空气在货物中间循环，并带走货物呼吸产生的气体、水汽和热量的包装。

知识拓展

冷库搬运设备的管理

1. 卫生管理

冷库中的搬运设备应进行彻底清洗，并且保持足够清洁，不能对冷藏品造成污染。应在工作期间的所有主要间歇对污染的搬运设备进行及时处理。

对冷库内搬运设备的卫生要求应做到以下几点：

1）冷库中的一切运输工具和其他用具都要符合卫生要求。

2）所有手拉车都要保持干净，并将运输肉和鱼的手拉车区分开来。

3）运输工具要定期消毒。搬运设备要定期在库外冲洗、消毒，可用热水冲洗，并用2%碱水（50℃）除油污，然后用含有有效氯0.3%~0.4%的漂白粉溶液消毒。

2. 日常维护

为了保证装卸、搬运设备处于良好的技术状态，应做好设备运行中的保养，对于设备的摩擦面、轴承部分和链条部分要定期使用润滑油脂进行润滑，以减少摩擦，并延长使用寿命。对于大型机械设备还要定期进行全面检修，检修中发现有较大问题的设备应根据情况进行中修和大修。修理完毕，验收合格后方可投入使用。

3. 安全注意事项

安全技术是在冷库作业中，为保障劳动者和生产设备的安全而采取的一系列管理措施。它主要是指冷库机械作业安全，如装卸、搬运及堆垛的安全技术，以及起重搬运设备的安全操作知识等。通常装卸、搬运的安全注意事项主要有以下几点：

1）根据不同的货物、包装、装卸与搬运状态、运载工具及装卸、搬运作业类型的要求，合理确定作业方案并选择搬运设备。例如，对高空堆垛作业和长大笨重的物品、危险品的装卸与搬运作业，都需分别制订详细的安全操作规程。

2）人工装卸、搬运的货物每件质量最好在30kg以内，并且条件允许时，要尽可能减少体力劳动，采用机械作业。

3）采用机械作业时，要做好装卸、搬运工作前与作业过程中的安全检查工作。

① 作业前的安全检查工作。操作装卸、搬运设备的驾驶员和司索工应检查劳动服装和安全帽是否紧缚戴齐；清楚装卸、搬运路线；检查电气动力系统是否完整良好；检查操作手柄是否放在零位，制动器、仪表、照明音响信号和安全防护装置是否正常等。

检查中发现故障应及时排除，不得使机械带“病”作业。司索工在作业前应确认货物的重量、重心部位、包装坚固程度，然后选用相应索具和加索的方法。

② 装卸、搬运作业过程中的安全检查工作。使起重机的第一钩试吊物资离地面或车底板0.5m，然后降至地面，以确定拴挂状态和制动器动作是否可靠；驾驶员根据司索工的指挥信号进行操作，信号不明或不符时必须与司索工联系，明确后才能继续作业；机械设备起动或停止应平滑稳定，不得跳档变速或突然倒转；作业中遇有突发情况（机械故障或突然停电）时，必须将操作手柄恢复至零位，拉开总闸，使用摇把缓慢降低货物

至地面；吊钩上货物应离地面最高障碍物 0.5m 以上；禁止站在吊起的货物上或在其下行走；应特别注意起重机作业的稳定性，按照起重指示器规定的起重量进行作业；作业完毕后将起重吊钩提高到最高处；装卸完毕后电动机械手柄应置于零位，拉开电器开关，检查仪表指针是否正常；作业完后应对机械进行保养并将作业中机械运转的情况记入工作日志。

装卸、搬运作业需要与设备、冷藏品及其劳动工具相结合，工作量大，情况变化多，作业环境复杂，这些都导致了装卸、搬运作业中存在着不安全的因素和隐患。所以，应创造装卸、搬运作业适宜的作业环境，改善和加强劳动保护，对任何可能导致不安全的现象都应设法消除，防患于未然。

任务实训一　冷藏汽车的现场教学

一、实训目的

以带有温湿度监控的机械冷藏汽车为例，学习食品冷链运输设备的操作方法和操作步骤。

二、实训内容与要求

实训内容与要求见表 7-6。

表 7-6　实训内容与要求

实训内容	实训要求
冷藏汽车的起动	按照实训过程中的要求进行操作
打开制冷机组	按照实训过程中的要求进行操作
设定参数	按照实训过程中的要求进行操作
预冷与装货	按照实训过程中的要求进行操作

三、主要器材与设备

冷藏汽车，货物。

四、操作准备

1）检查燃油量是否充足。

2）检查发动机是否能正常工作，或者检查发动机和发电机是否能正常工作。

3）确认冷藏汽车车厢内的清洁卫生，严禁有积水和杂物。

4）检查内外风机运转是否正常。

5）检查门封是否密封良好。

6）检查温湿度记录仪是否正常。

五、实训过程

步骤1：起动

对于制冷机组为非独立式的冷藏汽车，选择起动主发动机。

对于制冷机组为独立式的冷藏汽车，选择起动专用发动机。

步骤2：接通电源

主发动机模式下，首先发动车辆，怠速运行2min后，打开制冷机组，发动机怠速运行3min后才能发车。

打开电源供电开关，开启温控系统和温湿度记录仪。

步骤3：设定参数

根据货物的温度要求和环境温度，选择制冷或加热模式。当环境温度高于货物冷藏温度时，选择制冷模式；反之选择加热模式。

根据货物的冷藏温度，在温控系统中设置制冷机组的开机温度和停机温度。

根据本批货物的温度范围要求，在温湿度记录仪中设置报警参数：温度上限，温度下限；相对湿度上限，相对湿度下限。

在温湿度记录仪中设置数据记录步长、更新数据的步长。

步骤4：预冷

制冷系统运行至停机温度，制冷系统停机，完成预冷（预热），之后关闭制冷机组开关。

步骤5：装货

按冷藏汽车货物堆装和装卸的要求，快速、准确地完成装货操作。

步骤6：确认

装货完毕，确认内外风机运转正常，关闭车厢门。

检查车厢门的密闭情况，确认无异常情况后起动制冷机组，并确认制冷（制热）正常。

确认温湿度记录仪正常工作。

制冷模式时，确认车厢温度达到设定温度下限时，制冷机组自动停止工作；达到温度上限时，制冷机组自动开始工作。制热模式时，确认车厢温度达到设定温度上限时，制冷机组自动停止工作；达到温度下限时，制冷机组自动开始工作。

步骤7：配送

确认车厢温度在设定的范围内后，发车配送。

步骤8：中途装卸

模拟中途装卸，开启车门前应关闭制冷机组，卸货时应快进快出并随手关门。装卸对车厢温度有特别要求的货物时，每次开门时间有特别限制，应分批次卸货。

步骤9：再次配送

完成中途装卸后，关闭车厢门，起动制冷机组，发车再次配送。

步骤10：完成

模拟完成所有配送工作，关闭温控系统和温湿度记录仪，关闭制冷机组电源，关闭发动机并停车。

学习任务二　食品冷链终端

重点及难点

重点：食品冷冻冷藏陈列柜的功能、分类、结构、选择方法、设计方法和节能方式；冰箱的卫生和使用注意事项方法。

难点：食品冷冻冷藏陈列柜的选择和设计方法。

一、销售设备

冷链食品经过冷加工、包装、贮藏和运输，将到达冷链的销售环节。在销售环节的商店、超市和便利店，用来展示、销售食品的设备叫食品陈列柜，也称食品展示柜；用于冷藏冷冻食品的展示、销售的食品陈列柜称为食品冷冻冷藏陈列柜。在本任务中为了叙述方便，在没有特别说明时，所述的陈列柜均指食品冷冻冷藏陈列柜。

1. 陈列柜的功能

（1）冷藏功能　对于冷链食品来说，陈列柜的冷藏功能是最基本，也是最重要的功能。根据不同食品所要求的冷藏温度，陈列柜被设计为不同的柜内温度（简称“柜温”），常见的名义柜温有0℃和-18℃等。为了满足不同食品的冷藏要求，柜温往往可在一定范围内进行调整、设定，如柜温为0℃的冷藏陈列柜的柜温一般在0~10℃可调。

（2）展示功能　陈列柜还要有良好的展示功能，以完美展现其内所陈列的食品的外形和颜色等特征，为此，陈列柜往往被设计为敞开式的结构，并且配以良好的照明。

（3）贮存功能　陈列柜有短期贮存冷冻冷藏食品的功能，一般为几天至十几天。长期贮存冷藏冷冻食品应采用冷库，一方面冷库的库温更稳定，波动相对较小，再者冷库贮存食品比陈列柜节能。

2. 陈列柜的分类

由于冷冻冷藏食品的多样性，为了满足食品的冷藏需求，陈列柜有多种类型，可按柜温、外形结构、展示面是否有遮挡物和制冷机组的放置位置等分类。

（1）柜内温度　根据柜内温度的不同，陈列柜可分为冷藏陈列柜（也称高温陈列柜）、冷冻陈列柜（也称低温陈列柜）和双温陈列柜等。双温陈列柜仅应用于特殊场合，通过转换开关可做冷藏陈列柜或冷冻陈列柜使用。冷藏陈列柜和冷冻陈列柜的名义柜温见表7-7。

表7-7　陈列柜名义柜温

项目	冷藏陈列柜	冷冻陈列柜
名义柜温/℃	0	-18
柜温可调范围/℃	0~10	-20~-16

（2）外形结构　根据陈列柜的外形结构的不同，陈列柜可分为卧式、立式和组合式等，如图7-27所示。

（3）展示面是否有遮挡物　根据陈列柜的展示面是否有遮挡物，陈列柜可分为敞开式、封闭式。

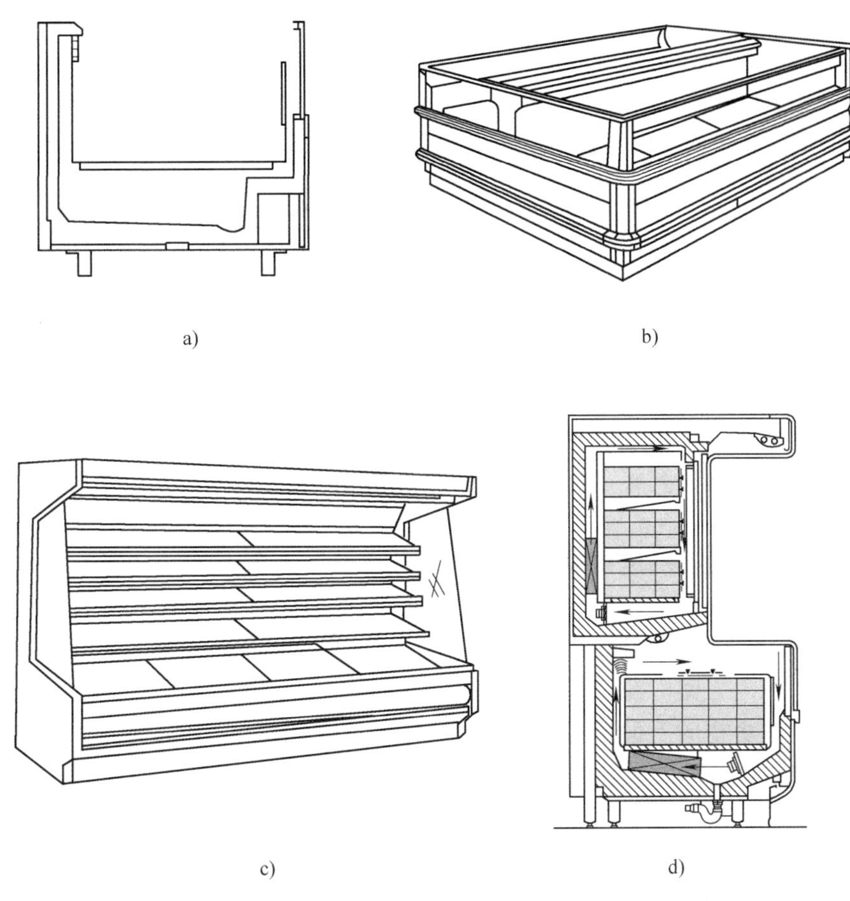

图 7-27　陈列柜按外形分类

a）靠墙式卧式陈列柜　b）岛式陈列柜　c）立式陈列柜　d）组合式陈列柜

敞开式陈列柜的展示面是靠风幕把陈列柜内的冷区域和外界环境隔开的，这种陈列柜的优点是展示效果好，顾客取放食品方便，但由于其敞开的特点，陈列柜的热负荷大，耗电多，并且柜温易受外界条件的影响而出现较大的温度波动，所以柜内温度较高的冷藏陈列柜通常会采用这种形式。也有部分冷冻陈列柜采用这种敞开式的结构设计，不过此时往往要采用多层风幕来减少陈列柜的冷量散失和维持柜温的稳定。

封闭式陈列柜的展示面通常用玻璃门作为隔离层，这样可以在减少冷量散失的同时尽量不影响陈列柜的展示功能。为了防止玻璃门上结露，往往采用中空的双层玻璃，特别是对于柜内温度较低的冷冻陈列柜。与敞开式陈列柜相比，封闭式陈列柜的展示效果较差，顾客取放食品不太方便，但其热负荷较小，较为节能。

（4）制冷机组的放置位置　根据制冷机组是否与陈列柜柜体集成为一体，陈列柜可分为整体式和分体式。

整体式陈列柜的制冷机组内置于陈列柜中，和陈列柜成为一个整体。整体式陈列柜的容量一般都较小，仅适合在小型的便利店和零售商店等场合使用。

分体式陈列柜的制冷机组置于室外，和陈列柜柜体分开，大型超市和商场中一般都采用分体式陈列柜。分体式陈列柜数量较多的场合，通常还要设置专门的制冷机房。

3. 陈列柜的种类

(1) 卧式陈列柜　卧式陈列柜基本上都采用敞开式的结构，展示效果较好，冷量散失也较少，所以是经典的陈列柜柜型之一，如图 7-28 所示。图 7-28a 所示为靠墙式，背面靠墙安装于卖场，从陈列柜前面取放货物；图 7-28b 所示为岛式，可以从四周取放货物，安装于卖场的中央。

由于卧式陈列柜的风幕是水平的，所以能很好地将柜内的低温区与环境隔开。陈列柜的热负荷主要是环境对柜内的热辐射、风幕和环境之间的对流换热、通过陈列柜隔热柜体的传热及陈列柜中风扇辅助加热设备的热量。卧式陈列柜通常采用单层风幕。

卧式陈列柜的蒸发器和风机设于柜内的底部，风扇强制空气在柜内循环，空气流过蒸发器时被降温，流经隔热柜体和柜内之间的流道后从出风口排出，在货物的上面形成风幕，从而确保柜内在合适的温度范围，混合了一部分环境热空气的气流，从回风口被风扇抽回，再经过蒸发器被降温，从而形成一次循环。

卧式陈列柜的展示功能不如立式陈列柜好，因此可以用玻璃代替部分柜体的隔热发泡层，以增强其展示功能。为了防止玻璃上结露（甚至会结霜），通常要采用中空的双层玻璃，特别是柜内温度较低的冷冻陈列柜。

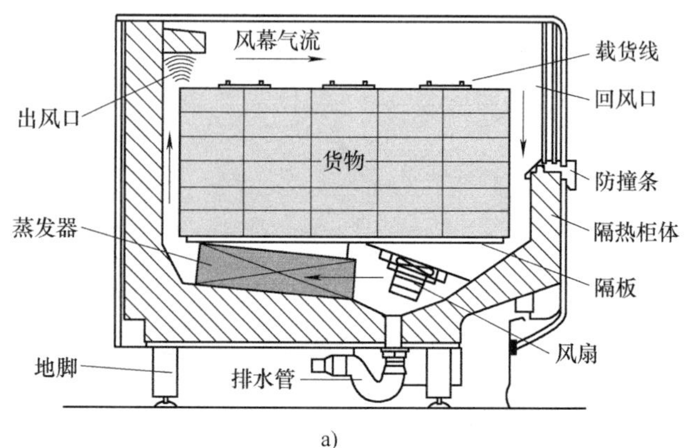

a)

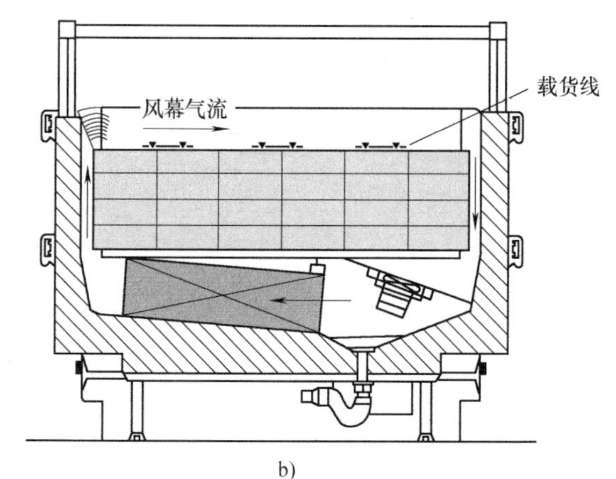

b)

图 7-28　卧式陈列柜

a）靠墙卧式陈列柜　b）岛式陈列柜

(2) 立式陈列柜　立式陈列柜的展示面积大，展示效果好，不过冷量散失也较卧式陈列柜多，耗冷量大。图 7-29 所示的立式陈列柜也是经典的陈列柜柜型之一。

立式陈列柜一般靠墙安装，也可以两组背靠背安装于卖场的中间位置。

立式陈列柜的风幕是垂直的，风从上向下吹。相对于卧式陈列柜，立式陈列柜的风幕较容易受到外界的干扰，冷量散失较为严重。因此，立式陈列柜一般都采用两层风幕或三层风幕，图 7-29 所示的立式陈列柜为三层风幕。每层风幕都有单独的风机和相对独立的风道，外层风幕直接用环境空气，中层和内层风幕的循环空气是经过蒸发器降温的冷空气。

采用多层风幕不仅节能，而且柜内温度也比单层风幕的陈列柜稳定。不过，采用多层风幕的陈列柜结构复杂，多层风幕将一定程度地占用陈列柜的内容积，从而减小了其有效容积。

4. 陈列柜的选择

虽然冷冻冷藏食品多种多样，但在选择陈列柜时，最根本的还是要满足它们的温度要求，因此，应根据冷冻冷藏食品的最佳贮藏温度来选择陈列柜。

例如，鲜肉等食品使用柜温为0～4℃的生鲜陈列柜，而速冻饺子、速冻汤圆、冻鱼和冻虾等速冻食品用-20～-18℃的低温陈列柜。需要指出的是，冰激凌的最佳贮存温度为-24～-20℃，因此冰激凌的销售推荐使用专门的冰激凌低温陈列柜。

而对于卧式还是立式、敞开式还是封闭式、整体式还是分体式的选择，则应充分考虑不同类型陈列柜的特点，并结合卖场的实际情况确定陈列柜的具体类型。

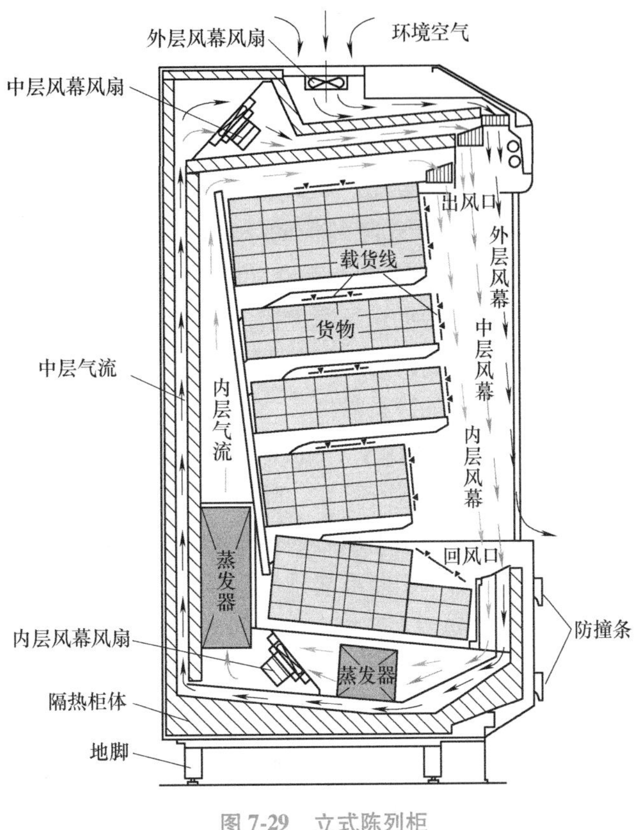

图 7-29　立式陈列柜

5. 陈列柜的设计

陈列柜的类型很多，以最具代表性的卧式敞开式陈列柜和立式敞开式陈列柜为例，对陈列柜的设计做简单介绍。

（1）柜体　卧式陈列柜为一层货架，货品的堆放从陈列柜下部的底部盖板直到载货线。立式陈列柜的货架为多层，一般为3～5层，并且除底层货架外，其他货架的安装位置（即高度）往往可调，柜体的总高度为2～2.2m。

陈列柜的柜体内外层为镀锌钢板或不锈钢板，中间填充发泡保温材料，为了防止生锈和美观，内外层的镀锌板和不锈钢板表面通常要进行喷漆、烤漆或喷涂处理。柜体的底盘通常为整体结构，没有接口和接缝，这是因为柜体内有融霜水、小冰粒融化后的水等，整体底盘可以从根本上防止柜体漏水。

陈列柜的地脚一般都设计为可调高度型，以方便柜体的水平调整。

（2）制冷系统　整体式陈列柜的制冷系统与陈列柜集成为一体，压缩机和冷凝器等部件通常在陈列柜的下部，蒸发器和节流机构在陈列柜柜体底盘的上面或背部。整体式陈列柜一般容量都比较小，所以制冷系统多采用全封闭压缩机和风冷冷凝器，热力膨胀阀、翅片管蒸发器，也有一些小型整体式陈列柜采用毛细管作为节流装置。

对于分体式陈列柜，压缩冷凝机组置于室外，陈列柜柜内有蒸发器和节流机构，安装时用制冷管道（通常为纯铜管）把陈列柜和压缩冷凝机组连接成一个完整的制冷系统。

（3）负荷计算　敞开式陈列柜的负荷主要包括四部分：风幕与外界的换热量、柜内与外界的辐射换热量（主要是敞开的展示面）、陈列柜柜体与外界的传热漏热量和柜内热负荷[（风机、照明、融霜热、各种辅助加热（如防结露加热等）]，分别计算出这几部分热量，求和即为陈列柜的总负荷。有人提出了利用风幕进出口的焓差法确定陈列柜热负荷的方法，这种方法适用于不同类型的陈列柜，包括单层风幕和多层风幕、卧式陈列柜和立式陈列柜等，其与传统的方法相比，需要给定的已知参数相对较少，应用方便。

（4）风幕　敞开式陈列柜的风幕冷量散失占陈列柜总热负荷的比例：卧式陈列柜为20%~40%，立式陈列柜更是高达40%~70%。所以对于敞开式陈列柜，风幕的设计显得非常重要。陈列柜风幕的送风速度通常为0.8~2.4m/s，同时要布置位置、形状、尺寸合适的出风口和回风口。卧式陈列柜通常采用单层风幕，立式陈列柜一般都采用两层风幕或三层风幕，以减少风幕处的冷量散失。

（5）除霜　陈列柜运行一段时间后，蒸发器上会结霜，霜层会影响蒸发器的换热性能，所以要定期对蒸发器进行除霜。除霜的形式有电加热除霜和热气除霜。电加热除霜是在蒸发器上安装电加热管，用电加热的热量把蒸发器上的霜层融化。热气除霜则是将制冷压缩机的排气引入到蒸发器中，制冷剂排气在蒸发器中冷凝，将霜层融化。

（6）排水　融霜水及柜内小冰粒等融化后的水，从陈列柜底盘的落水口排出。现场安装时，用PVC水管与陈列柜上预留的排水管连接，就近将水引入卖场的地漏中。

还有，陈列柜运行一定时间后，会有破碎的食品和标签等落入柜内，因此要定期对陈列柜进行清理，清理时可以用温水冲洗或用专业的洗涤剂，清洗水也要从落水口排出。

落水口处设U形弯水封，避免此处形成冷桥，以尽量减少冷量通过落水口的散失。

（7）附件。在没有顾客购物的夜间运行期间，为了减少冷量的散失，陈列柜上都配备有夜帘或夜盖。立式陈列柜上一般配备夜帘，平时夜帘隐藏在陈列柜的顶部，夜间把夜帘拉下，挂于陈列柜下部的挂钩上。卧式陈列柜上配备有夜盖，夜盖中间夹层为隔热材料，可以是聚苯乙烯或发泡材料。

在陈列柜上设置防撞条，以减小顾客购物时手推车等对陈列柜造成的不可避免的碰撞而引起的碰伤。防撞条为有一定缓冲作用的塑料件，可以方便地从陈列柜上拆卸下来，损坏后更换新的即可。

陈列柜中通常装有日光灯或LED灯，以增强陈列柜的食品展示效果。

（8）电气控制　陈列柜上有控制照明灯的开关，以及陈列柜温度控制、融霜控制和柜内风扇控制装置。其电气控制可以是机械式的，也可以是单片机型的微电子控制式。

6. 陈列柜的节能

（1）风幕的优化设计　风幕性能的好坏对陈列柜的性能有很大的影响。风幕的风速要选择适当，风速太小，风幕不闭合，外界侵入的热量较多；风速太大，冷量溢出较多，还会使顾客产生不适感。一般情况下，陈列柜风幕的送风速度为0.8~2.4m/s，同时要布置合适的出风口和回风口，并对其位置、形状和尺寸等进行优化。

（2）封闭式结构　陈列柜应尽量采用封闭式结构，该结构节能效果显著，柜内温度也较为稳定。

（3）并联机组技术　用两台或两台以上的压缩机共同拖动一组陈列柜，控制系统能根据陈列柜所需的制冷剂自动调整压缩机的运行台数，这样的压缩机组称为并联机组。采用并联机组能实现较为显著的节能，这是因为压缩机的产冷量始终可以和陈列柜所需的冷量实现较好的匹配。

采用并联机组的制冷系统，要处理好压缩机的回油和非均匀磨损等问题。

（4）变频技术　若并联机组所用的多台压缩机均为非变频压缩机，虽然可以采用不同型号压缩机的多种组合来实现更多的能级，但仍然是有级调节，为此，可以采用变频压缩机。采用变频压缩机的并联机组（只需一台压缩机为变频压缩机）将更节能，但压缩机组的控制系统将变得很复杂，整套并联机组的造价也较高。

单台压缩机的制冷机组也可采用变频压缩机，以实现良好的节能效果，但造价较高。

（5）热回收技术　传统制冷系统的冷凝器产生的热量排放到大气环境中，若将冷凝热回收用于加热生活用水等，则会提高整个制冷系统的能量利用率。陈列柜系统越大，采用热回收的节能效果越明显。对于小型系统，可以不采用热回收。

（6）热气除霜技术　热气除霜是指将制冷系统的排气引入到蒸发器中用于除霜。热气除霜的节能效果是显而易见的：一方面是相对于传统的电加热除霜，热气除霜没有额外的热量进入陈列柜系统中，而且被霜层冷凝成液体的制冷剂（采用热气除霜的陈列柜系统，除霜时的蒸发器实际上起到了冷凝器的作用）同样可以用于系统的制冷。

二、食品在冰箱中的贮藏

消费环节是食品冷链的最后一环，此环节中，冷冻冷藏食品会有一定的升温，但应尽量降低升温幅度。消费者购买的冷冻冷藏食品，除即食外，应尽快放入冰箱中。

1. 食品的贮藏

总而言之，应按食品最佳的贮藏温度将其放置于冰箱的冷藏室或冷冻室中。例如，应将速冻饺子和速冻汤圆等食品贮藏于-18℃的冷冻室中，水果和蔬菜等通常贮藏于冰箱的冷藏室中。贮藏于冰箱中的食品应尽快食用，不宜在冰箱中长期贮藏，因为过长的贮存期不利于保证食品的品质。

香蕉、荔枝等热带水果不宜在冰箱内存放，因为冷藏室的温度约为10℃，此温度也比香蕉等的最佳贮藏温度低，较低的温度易使这些水果的表面出现黑褐色的斑点，这是水果冻伤的表现，即冷害。水果冻伤之后不但营养成分遭到极大破坏，而且很容易变质。

2. 冰箱的卫生

冰箱使用一段时间后，其隔板和储物盒会受到不同程度的污染。特别是冷藏室，由于经常会有水果、蔬菜、盛放剩饭剩菜的碗和盘置于其中，果蔬表面的泥土、碎菜叶、碗和盘外壁的汤汁等会污染冷藏室的隔板。冰箱冷藏室的温度通常调整为3~6℃，此温度下绝大多数的细菌生长速度会放慢，但有些细菌嗜冷，碎菜叶和汤汁等恰好成了细菌的营养基，如耶尔森菌、李斯特氏菌等在这种温度下反而能迅速生长繁殖。因此，应定期清洗冰箱的隔板和储物盒，以保证冰箱内有较好的卫生条件。

另外，存放于冰箱内的食品，最好使用食品保鲜袋，在有效防止食品之间串味的同时，也能较好地保持冰箱内的卫生。

特别注意

冰箱的使用注意事项

当前，绝大多数冰箱制造商生产的冰箱，其外壳钢板通常兼做冰箱制冷系统的冷凝器，因此，冰箱四周应有约 150mm 的空间以使冷凝器散热，冰箱不能离热源太近，并且应避免被阳光直射。具体要求可查阅冰箱的使用说明书。

冰箱第一次开机使用时，应先运行足够长的时间直至停机，即让冰箱冷却至设定温度，然后再向冰箱内放入冷冻冷藏食品。

除霜方式为人工除霜的冰箱（如直冷冰箱），建议 2 个月除霜一次，以确保蒸发器良好的换热性能。进行人工除霜时冰箱必须断电，因此应在冰箱内食品（特别是冷冻食品）食用完时进行除霜操作。断电后，取出冰箱内的食品、隔板和储物盒，保持箱门打开状态，蒸发器上的霜开始慢慢融化。蒸发器上的霜层应靠环境的热量自然融化，不能使用机械外力强行去掉，以防损坏蒸发器。一般需要 2~3h（具体时间由环境温度的高低决定），冷冻室蒸发器上的霜层会全部融化。之后用干净的抹布把冰箱的蒸发器、内壁擦干，放置好隔板和储物盒，关闭箱门，接通电源，待冰箱运行至停机后再放入食品。

知识拓展

陈列柜的安装、使用、维护与废弃

1. 陈列柜的安装

整体式陈列柜的安装，有的需要连接好融霜水管将融霜水引至地漏，有的则直接接上电源就可以使用（融霜水被制冷系统中高压管路放出的热量加热蒸发，若此部分热量不足以将融霜水全部蒸发掉，则用电加热补充），所以整体式陈列柜基本上不存在安装问题。在下面叙述中所提到的安装事项，若没有特别说明，均是指分体式陈列柜的安装，特别是敞开式的分体式陈列柜。

（1）陈列柜的使用环境　陈列柜的运行性能受其使用环境的温度、湿度、风速的影响很大，特别是敞开式陈列柜。立式敞开式陈列柜 70%以上的热量是由环境空气从风幕处带入的，所以环境空气的温度和相对湿度对陈列柜负荷影响很大。空气的湿球温度每升高 2.8℃，立式陈列柜的回风温度就升高 1.7~2.2℃，而对于低温立式敞开式陈列柜，回风温升更大。有研究表明，总换热量随环境相对湿度的增大而增大，几乎与相对湿度呈线性关系。因此，在国外，陈列柜的设计工况都采用空调工况，当然这也和欧美等发达国家的商场、超市和零售商店等的高空调普及率有关。表 7-8 为来自 EN441 标准的环境级别。

表 7-8 陈列柜环境级别（EN441 标准）

实验环境级别	1	2	3	4	5	6
干球温度/℃	16	22	25	30	40	27
相对湿度（%）	80	65	60	55	40	70
湿球温度/℃	12	15	17	20	24	21

若使用陈列柜的卖场为空调环境，用环境级别为“3”的陈列柜即可，否则至少要用环境级别为“6”的陈列柜。同时，卖场空调环境在全年中应相对稳定，冬季为20℃，夏季为25℃。并且，卖场的相对湿度和风速也要控制在合适的水平，通常相对湿度小于或等于65%，风速小于或等于0.2m/s。

在国内，一些超市、商场和连锁店等卖场没有空调设备，或者即便有空调设备，但卖场中的温度、湿度等并不能被控制在合适的范围。虽然国内的陈列柜生产企业已针对这样的实际情况对陈列柜的设计和实验等做了相应的调整，但这样的卖场环境仍给陈列柜的运行带来了很大的挑战。

（2）陈列柜的安装位置　陈列柜的安装位置要尽量远离热源，尽量避免空气的剧烈扰动对风幕造成的不利影响，如应避免太阳光的照射，尽量远离卖场的门和空调出风口，陈列柜旁的通道不应是卖场中的主通道等。

对于贮存低温食品的陈列柜，其安装位置应尽量靠近收银台，顾客挑选好食品后就可以付款，这样可以最大限度地保证食品的品质。

（3）陈列柜柜体的安装　对于多段型陈列柜，拼接时应注意在连接处不能有缝隙，以避免形成冷桥。可以在两段陈列柜的端面上贴隔热性良好的海绵胶带后，再拼接到一起，之后在接缝处涂上防水玻璃胶。有些厂家的陈列柜在出厂时，端板并没有安装于柜体上，此端板和柜体的连接也可以做类似的处理。制冷管路穿过柜体处，安装完成后也应做防水、防漏冷处理。

陈列柜的货架要安装到位、牢靠，以防使用中货架因脱落而损坏。

陈列柜的排水管应有一定的坡度坡向地漏，以确保柜内的水能顺利流走。

2. 陈列柜的使用

食品冷冻冷藏陈列柜仅是为了将销售的食品维持在一定的低温下，不是用来冷却和冻结食品的，所以放入陈列柜的食品应该有足够低的温度。例如，对于柜内温度为-18℃的低温陈列柜，欲放入陈列柜的食品温度不应低于-15℃。若食品温度高于-15℃，应将食品放到冷库中冷却降温，然后再放入陈列柜，并且把食品从冷库运送到陈列柜的时间应尽量短。

陈列柜内都标有载货线，在载货线内的食品才能被维持在合适的温度，因为超过载货线的食品会阻碍陈列柜的出风或回风，从而影响正常风幕的建立。

陈列柜中食品的销售应遵循“先放入的食品先销售”的原则，即在给陈列柜中补充货物时，应将柜中剩余的货物调整到上面（岛式陈列柜）或前面（立式陈列柜），以使这些货物尽快售出。

在非营业期间，陈列柜应使用夜盖或夜帘，节省电能的同时也利于柜内的温度稳定。

3. 陈列柜的维护

应每天检查陈列柜的运行情况，确保系统的正常运行，检查的主要项目有：

1）检查温度是否偏离了运行范围。

2）陈列柜系统各运动部件是否有异常的噪声。

3）融霜装置的动作是否正常。

4）食品的摆放位置。顾客挑选食品后，有可能将食品放到了载货线以外的地方。

5）制冷系统的排气压力和吸气压力有无异常。

应每天擦拭陈列柜的外表，以保持陈列柜表面的洁净卫生，并建议每个月对陈列柜内部进行一次彻底的清理。

每月一次的陈列柜内部清理，应在停机的情况下进行，用温水或专用的清洗剂冲洗柜内的非电气部分。在开始清理之前，应将柜内的货物转移到冷库中，对于使用了多台陈列柜的用户，也可将需要清理的陈列柜中的货物转移到其他正常工作的陈列柜中，逐个对陈列柜进行清理。清理完成后，应用干布将柜内擦干，然后开机制冷，等陈列柜达到设定的温度后，再向柜内摆放货物。

压缩冷凝机组也应定期清理，如风冷冷凝器经过一段时间运行后，冷凝器翅片可能会被灰尘、纸屑和树叶等杂物堵塞，堵塞的程度与当地的空气清洁程度、机组使用地点周围的具体环境情况，以及清理冷凝器的周期有关。风冷冷凝器的清理周期视当地具体的环境条件而定，一般情况下，建议每月清理一次。

一旦陈列柜系统出现故障而不能正常工作，应立即盖上夜盖、拉下夜帘，停止此故障陈列柜的食品销售，并断开其融霜和防雾设备，以延缓陈列柜柜温的上升。经过诊断，若故障不能在短时间内排除，应将此陈列柜中的货物转移到运行正常的陈列柜中，或者将货物转移至冷库中。

陈列柜在暂停使用或长期存放不用时，应切断电源，擦干柜内水分，打开陈列柜内的盖板等，让陈列柜充分晾干后，存放在避免阳光直射、干燥的场所。

4. 陈列柜的废弃

当陈列柜到了设计的使用寿命需要报废时，因陈列柜、压缩冷凝机组、系统的管路中可能含有会破坏环境的成分，如非环保型的发泡材料和制冷剂等，所以不能随便丢弃，应找专业人员并联系当地的环保部门进行妥善处理。

减小陈列柜热负荷的措施

敞开式陈列柜的负荷主要包括四部分：风幕与外界的换热量 Q_1、柜内与外界的辐射换热量 Q_2、陈列柜柜体与外界的传热漏热量 Q_3 和柜内热负荷 Q_4，各项热负荷占陈列柜总热负荷的百分比随陈列柜的使用温度、柜体结构、风幕形式和环境温湿度的不同而异。表 7-9 列出了陈列柜各项热负荷占总热负荷的大致比例。

表 7-9　陈列柜各项热负荷占总热负荷的大致比例（%）

陈列柜分类	风幕类型	Q_1	Q_2	Q_3	Q_4
立式冷藏陈列柜	二层	67	11	6	16
立式冷冻陈列柜	三层	38	14	7	41
岛式冷冻陈列柜	一层	22	55	14	9

从表中可以看出：

1）岛式陈列柜的风幕比立式陈列柜的风幕隔热效果要好，这是因为前者的风幕是水平的，而后者的风幕是垂直的。

2）通过柜体的传热漏热量 Q_3 的所占比例较小，因此，通过减小这部分漏热量来提高陈列柜的节能效果意义不大，即没有必要采用导热系数更小的隔热材料或采用真空保温板等。

3）对于立式陈列柜，风幕与外界的换热量 Q_1 占有总热负荷较大的比重，因此改进风幕的设计显得较为重要。随着风幕层数从二层增加到三层：① Q_1 明显减少，这说明立式冷冻陈列柜的确有必要采用三层风幕。②柜内热负荷 Q_4 成了热负荷的主要来源，其主要原因是 Q_1 的减少突出了 Q_4 所占的比例；另一方面，三层风幕比二层风幕需要更多的耗电元件。所以，对于三层风幕陈列柜，优化造成柜内热负荷 Q_4 的各个耗电元件的设计显得较为重要。

4）对于岛式冷冻陈列柜而言，柜体与外界的辐射换热量 Q_2 占到了陈列柜总负荷的55%，因此减少此部分换热量对减少岛式冷冻陈列柜的总热负荷有重要意义。

从以上的分析可知，可以采用下面的办法以减少陈列柜的总热负荷：

1）采用高效蜂窝式出风口，使冷风幕气流尽量平稳而均匀，以减少柜外空气的渗入量，同时可以减少循环风机的风量，从而减少风机的耗电量。

2）风幕应有合适的风速，风速太小，风幕不闭合，柜内将达不到设计温度；风速太大，有较多的冷量溢出陈列柜，增大了冷量消耗，顾客还会对此产生不适的感觉。

3）增大陈列柜蒸发器的面积，强化蒸发器换热。这不仅可以提高蒸发温度，减小压缩机能耗，而且可以减少融霜次数，从而减少融霜带给陈列柜的热负荷。增大陈列柜蒸发器面积将直接导致产品成本的提高、占用陈列柜的内容积，所以应该以强化传热为主，对蒸发器的设计进行优化。

4）为提高陈列柜的展示效果，陈列柜往往有较多的照明灯，尤其是立式陈列柜。因此照明热不能忽视，可将柜内照明灯的变压器置于柜外，或者改柜内照明为柜外照明，起到减少照明热负荷的作用。同时，把照明强度控制在合理的范围内，一般为600~700lx，过大的照明强度对提高展示效果的作用不明显。

5）对于岛式低温陈列柜，为了充分展示商品，部分壳体采用透明玻璃，为防止凝露或结霜，常采用电加热膜等加热设备提高玻璃表面的温度，此时应根据柜外空气的温度和湿度的季节性变化，合理控制电加热器的通电时间，以减少因此带来的热负荷。

6）对于岛式陈列柜，可以通过降低柜内壁或货物包装材料的黑度，以及尽量减小敞开口的面积来减小从敞开口进入的辐射热负荷。

7）在夜间不营业的时候，应及时使用夜帘和夜盖。

任务实训二　超市冷柜的现场教学

一、实训目的

以整体式陈列柜为例，熟悉陈列柜的结构，掌握陈列柜基本的日常操作和维护项目。

二、实训内容与要求

实训内容与要求见表7-10。

表 7-10　实训内容与要求

实训内容	实训要求
超市冷柜温度的设定	能够按照说明书正确设定温度
冷柜照明设备开关的使用	能够按照说明书正确使用开关
冷柜夜帘（或夜盖）的使用	使用方法正确，覆盖后不跑冷
冷柜的落水口清扫方法	应清扫干净，没有污物

三、主要器材与设备

整体式陈列柜，模拟用货品，翅片梳、压力空气（或气筒），水桶、抹布，笔、纸等。

四、实训过程

步骤 1：设定温度

根据不同厂家的产品特点（查阅陈列柜使用说明书），输入陈列柜控制器操作密码或按组合键进入参数设定界面。

按存放货物的温度要求设定停机温度值和开停机温差（或开机温度值）。

之后，退出参数设定界面。

步骤 2：堆放货品

按陈列柜货品的堆放要求，如有呼吸热的货品之间要有适当的空隙、货品不能超出载货线、生产日期较晚的货品放于陈列柜底部或货架靠里面处等，正确摆放货品。

步骤 3：确认风幕情况

在出风口处确认风速是否均匀，风幕情况是否良好。

步骤 4：检查制冷系统

检查制冷系统的运行情况，确认是否有异常噪声、震动，冷凝风扇、蒸发器风扇是否工作正常。

步骤 5：清理冷凝器

确认空冷冷凝器翅片上是否严重积尘。

若积尘较为严重，应先切断电源，将冷凝器表面上的杂物去掉后，用软毛刷子顺着翅片方向轻轻刷拭，然后用压力空气吹干净翅片。若翅片上有油污等难以去掉的污物，可用中性清洗剂清洗，之后用清水冲洗干净，最后用压力空气吹干。

步骤 6：夜帘（或夜盖）的使用

关闭陈列柜的照明电源开关，从立式陈列柜的顶部拉下夜帘手柄，并将夜帘手柄挂于陈列柜下部的挂钩处，并确认牢靠。对于岛式陈列柜，关闭陈列柜的照明电源开关（若有照明时），盖上夜盖，并确认夜盖放置牢靠。

步骤 7：清扫落水口

打开陈列柜的底部盖板，把落水口处的杂物清理干净。

步骤 8：记录

记录维护、操作的内容，并记录风幕出风口的风速和柜温。

五、注意事项

清理冷凝器时，应先切断电源。用水清洗冷凝器翅片时，不要让水淋到冷凝电动机上。清洗冷凝器翅片时不能将翅片碰倒，不要用强力撞击铜管。若不小心将冷凝器翅片碰倒，可用翅片梳将翅片扶正。

学习任务三　冷链运输设备的节能

重点及难点

重点：影响冷链运输设备能耗的主要因素；降低冷链运输设备能耗的措施。

难点：影响冷链运输设备能耗的主要因素；降低冷链运输设备能耗的措施。

影响冷链运输设备能耗的因素主要有漏热量、漏气量、田间热和呼吸热、蒸发器的送风方式、制冷机组的性能和通风换气热的回收等。分析这些影响因素，并采取相应的措施，即可实现冷链运输设备的节能。

一、漏热量

冷链运输设备良好的隔热性能是保证冷链食品品质的重要条件之一，同时也是实现节能的前提。

低温冷链运输设备，车厢内温度常在-18℃以下，受太阳辐射的影响，车外温度往往超过60℃，若冷链运输设备的隔热性能良好，假设传热系数为0.2W/(m^2·K)，则热负荷为1.2kW左右，但如果隔热性能较差，传热系数为0.5W/(m^2·K)，则热负荷将接近3kW。对于使用年限较长的冷藏运输车辆，保温箱体的传热系数在0.5W/(m^2·K)左右非常普遍，漏热量的增加会使能耗较高。一般情况下，45ft的冷藏集装箱在箱内温度为-20℃、环境温度为30℃的工况下，其所需的制冷量为6~10kW，箱体漏热量较大时不仅使能耗增加，也有可能因车厢内温度较高而无法保证食品品质。

在最初选择冷链运输设备时，应尽量选用隔热性能良好的设备，同时在使用过程中要有良好的维护、维修，以保证设备良好的隔热性能。

目前我国在进行冷藏车隔热性能测试时，多以传热系数K为依据。传热系数K反映了厢体材料的导热系数、厢板的保温材料种类及厚度等因素，但无法完整地反映因厢体几何尺寸的不同、不同位置的材质不同（车厢部分位置需采用钢筋进行强化）所造成的整体传热和车厢隔热的薄弱环节（冷桥效应）。使用一段时间后，由于车辆的振动而使车厢各接口的拼缝增大等，这些薄弱环节的漏热量会越来越大，而车厢的漏热量受这些薄弱环节的影响最大。因此，采用漏热率L(W/m^2)能更好地反映车厢的隔热效果，其表征了冷藏车单位面积的传热量。选择冷藏车时应综合考虑车辆传热系数K和漏热率L，避免过于注重车辆传热系数K，从而能更全面地评价车辆的隔热效果。

在使用和更换冷链运输设备时，应充分考虑车辆的老化率。目前，冷链运输设备通常采用硬质聚氨酯泡沫塑料制作隔热材料，这种隔热材料有绝热性能好、易加工、整体成型等优点。硬质聚氨酯泡沫塑料的良好隔热性能得益于其内部众多的充满气体的微小空隙结构。随着使用年限的增加，硬质聚氨酯泡沫塑料逐渐老化，气体会从微小空隙逃逸，而外界的空气和水便会渗入这些空隙，从而大大降低其隔热性能。研究表明，车辆隔热性能下降率约为每年 5%，5 年将达 25%。在欧美地区，冷链运输公司一般 3~5 年会对冷藏车的车厢进行全面更换，而国内的冷链运输车辆往往从采购一直到报废，很少对车厢进行维护或更换，使得车辆在使用后期隔热性能严重下降，漏热量过大，大大增加了能耗。

二、漏气量

冷链运输设备的气密性并非百分之百完好，因此在运输过程中必定有气体渗入或渗出，从而改变冷链运输单元内部的温度、湿度和气体成分。过大的漏气量会导致运输食品腐败变质，也会造成冷链运输设备过高的能耗。

冷链运输设备的漏气量取决于设计标准、制作工艺水平和设备的老化率、使用年限等。我国铁路冷藏车的气密性要求为 50Pa 压差下漏气量小于 $60m^3$，远低于冷藏集装箱和冷藏汽车的相关要求。我国现存铁路冷藏车九成以上使用年限超过 10 年，超过 20 年的占到六成。

冷链运输设备的渗风量与车速成正比，在列车运行速度越来越快的今天，不论从节能还是食品品质安全的角度考虑，均应对设备的气密性提出更高的要求。

就车厢的加工工艺而言，有拼装式和整体发泡式两种。前者是先将每个车壁做好，之后拼装为一个整体，这种做法必然在各壁面间存在拼缝，所以气密性存在先天不足，并且随着使用年限的增长，漏气量也会不断增加。整体发泡式车厢是将车厢外表面整体成型后一次性充注发泡材料，易保证良好的气密性。

车门渗风也是能耗的主要来源，性能良好的门封是减少漏气量的重要装置。门封应具有良好的耐低温性能和密闭效果，并且容易更换，建议每年更换一次。应淘汰以 PVC（聚氯乙烯）为材质的门封，EPDM（三元乙丙橡胶）具有在大温差下耐疲劳的特点，建议用其作为门封材料。

在车辆装载和卸货时，车门需长时间开启，若不采取措施，车厢外的高温空气进入车内，不仅带来了热负荷，还会导致蒸发器过多结霜而影响制冷性能，因此建议采用塑料门帘进行隔热。塑料门帘的材料应选用能满足食品安全需要的食品级 PVC 材质门帘，同时还应有足够的耐低温性能；在安装方式上，应从门顶到门底完全遮盖，并且门帘与门帘之间应相互重叠，以保证良好的隔热、隔气性能。

冷链运输设备应尽量采用风幕机。风幕机又称空气幕，能有效地将室内外的空气隔离，能有效保持室内空气清洁，阻止冷空气与热空气对流，减少能耗。在冷链运输中，由于配货及其他原因，实际装货时间较长，极易导致过高的货物温升。因此，在冷链运输设备的车门处安置风幕设备不仅能有效地改善车内温度分布，也能大大降低装卸货过程中的漏气量，实现良好的节能效果。冷链运输设备的大门高度通常在 3m 以内，可选用初始风速为 7~9m/s 的风幕。

三、田间热和呼吸热

果蔬等鲜活农产品在采摘后仍有生命力，呼吸时不断产生水、二氧化碳和热量。为控制货物周围的气体成分，对于某些呼吸作用强的果蔬，在运输过程中必须强制通风，一般要求

未冷却水果、蔬菜和其他需要通风运输的货物每昼夜通风 2 次以上，在通风过程中应严格控制通风量，减少内外空气交换带来的热量损失。

果蔬等鲜活农产品的呼吸作用随温度的升高而增强，温度每升高 10K，呼吸作用约增强 2~3 倍，因此在冷链运输之前，应对货物进行预冷，将其冷却到适宜的温度。大型地面冷库的制冷成本仅为机械冷藏车制冷成本的 1/8 左右，因此，冷链运输设备的设计冷量是用于维持适当的低温而不是对高温货物降温。若生鲜食品不预冷，车辆必将减少装载量，降低了使用效率。同时，由于温度达不到设定要求，制冷压缩机长时间运行又增加了油耗。据统计，运输同样的货物，预冷和未预冷的单位能耗相差 50%。此外，未经预冷的水果、蔬菜在运输中的腐烂率高达 25%左右，而预冷后的腐烂率通常不超过 5%，其经济效益和社会效益是不言而喻的。

四、蒸发器的送风方式

目前冷链运输设备的蒸发器多采用上出风的送风方式，这种方式技术成熟，但存在一定缺陷。从上向下送风时，冷风吸热后上升，上升气流和从上而下的气流发生了冲突。再者，为保证送风速度的均匀性，风道不能太小，使得车厢装货容积减小。

为改善车厢内的温度场，已有下送上回的送风方式运用于实际运输中。该送风方式是空气以蒸发器风扇驱动为主，冷空气受热上升为辅进行循环。冷空气在冷链运输设备底部通过 T 形槽和离水格子之间的空隙流动，由货物间空隙及车壁的凹形风道吸收外界及食品的热量，冷空气受热上升，经由车厢内顶部和货物上部形成的回风通道进入蒸发器，经过蒸发器时被冷却降温，之后再由车底部送出，再次循环。

下送上回的送风方式，由于车内自然对流和强制循环一致，气流稳定性好，温度均匀，同时由于不设大送风道，车厢利用率高，装货量大，因此获得了越来越广泛的应用。目前，冷藏集装箱已基本采用下送上回的送风方式。

五、制冷机组的性能

制冷机组的性能直接影响冷链运输设备的能耗，设计时应优先考虑采用高能效的制冷机组，如采用涡旋压缩机制冷机组、具有一定气调功能的制冷机组等。

冷链运输设备的冷负荷不是一成不变的，会随着外界温度和货物的装载量等的不同而不同，带有能量调节装置的压缩机或制冷机组能实现输出冷量与负荷的匹配，从而实现良好的节能效果。另外，冷链运输设备制冷装置的自动化智能控制也能实现良好的节能效果。

在设计冷链运输设备时，可有针对性地设计为适用于冷却货物运输的冷链运输设备和适用于冷冻货物运输的冷链运输设备，优化设计以提高运行效率和节能效果。

六、通风换气热回收

在冷链运输中，因货物的需要，有时必须采用自然通风的方式对车厢进行通风换气。此时，若内外温差大则会导致货物有过高的温升，这将对货物品质造成较大的影响，同时也将消耗较多的冷量。在通风换气系统中加设空气-空气换热器则能有效地解决上述问题。所谓的空气-空气换热器，是一种能量回收设备，在通风过程中通过此设备使内、外空气进行能量交换。

目前，空气-空气换热器有三种类型：全热转轮式、板式和通道轮式。

（1）全热转轮式空气-空气换热器　全热转轮式空气-空气换热器是传统的新风处理设备，具有热回收效率高和结构简单等优点。但其体积大，阻力损失在200~300Pa，并且存在二次污染和装置再生等问题。

（2）板式空气-空气换热器　板式空气-空气换热器也是传统的热回收设备。目前，我国常见的新风换气机采用板式空气-空气换热器。板式空气-空气换热器一般采用金属板制成，板间距为3~8mm，阻力为200~400Pa，热回收效率一般为40%~60%。采用板式热回收装置的新风换气机受板式空气-空气换热器的结构限制，体积大、阻力大。当一侧气流温度低于另一侧气流的露点温度时，会产生凝结水，甚至发生结冰现象，使阻力剧增，影响使用寿命。板式热回收式新风换气机采用双风机实现通风换气，在通风系统中使用时，系统阻力损失大，通风换气效率低。

（3）通道轮式空气-空气换热器　通道轮式空气-空气换热器是近几年开发成功的新型换热装置，如图7-30所示。它集换热装置和双向风机于一身，具有结构简单、体积小和换热效率高等特点。通道轮式空气-空气换热器一般采用金属薄板作为换热通道，新风和换风通道相临且相互隔离，并由单电动机拖动处于高速旋转状态。当气流进入各自的换热通道时，气流无法在通道表面形成层流界面，增加了气体分子与通道器壁的碰撞机会，大大提高了能量的转换效率。在相同风量的情况下，换热器体积和内阻要小很多。另外，由于换热器工作时处于旋转状态，当一侧气流温度低于另一侧气流的露点温度时，也会产生凝结水。但凝结水会在离心力的作用下被甩出换热器，不会发生结冰现象和影响使用寿命。通道轮式空气-空气换热器在单电动机驱动下可实现双向通风换气，在通风系统中使用时，换气机产生的排风负压、出风正压可全部用于克服系统风管阻力，通风换气效率可达70%左右。

此技术可以应用于冷链运输设备，从而达到节能降耗、保证食品品质的目的。

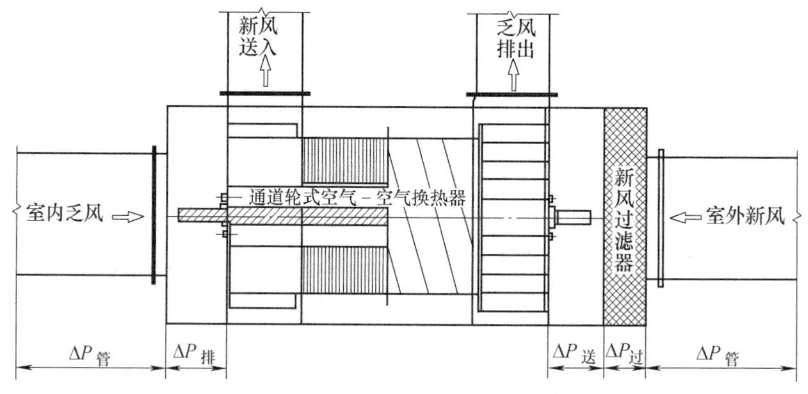

图7-30　通道轮式空气-空气换热器的工作原理

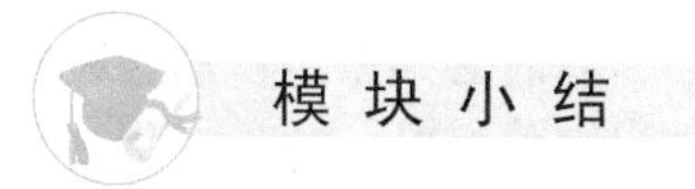

模块小结

本模块主要介绍了食品冷链的库内搬运工具设备，陆上、水上和航空运输设备，以及冷藏集装箱。在食品冷链的销售设备部分，着重介绍了食品冷冻冷藏陈列柜，简要介绍了冷链

食品在冰箱中的贮藏方式。最后介绍了影响冷链运输设备能耗的主要因素和降低其能耗的措施。

思考与练习

一、选择题

1. 食品冷链中的托盘属于（　　）。

A. 集装设备　　B. 搬运设备　　C. 堆垛设备　　D. 运输设备

2. 通常所说的托盘主要是指（　　）。

A. 平托盘　　B. 柱式托盘　　C. 箱式托盘　　D. 轮式托盘

3. 下列属于人力搬运车的是（　　）。

A. 叉车　　B. 手拖车　　C. 牵引车　　D. 挂车

4. 机械冷藏汽车的制冷系统常用的制冷剂为（　　）。

A. R290　　B. R717　　C. R134a　　D. R744

5. 我国冷藏汽车的国家强制性标准《道路运输　食品与生物制品冷藏车安全要求及试验方法》（GB 29753—2013）将运输易腐食品的冷藏车分为 A～F 共六类，其中 C 类冷藏车的车厢内平均温度为（　　）℃。

A. ≤ −10　　B. ≤ −20　　C. −10～12　　D. −20～12

6. 食品冷冻冷藏陈列柜通常不具备的功能是（　　）。

A. 冷藏食品　　B. 展示食品　　C. 冷却或冻结食品　　D. 短期贮存食品

7. 食品冷藏陈列柜（高温陈列柜）的名义柜温是（　　）℃。

A. 10　　B. 0　　C. −10　　D. −18

8. 冷链运输设备的大门高度通常在 3m 以内，风幕的初始风速一般为（　　）。

A. 3～5m/s　　B. 5～7m/s　　C. 7～9m/s　　D. 9～11m/s

9. 一般要求未冷却水果、蔬菜和其他需要通风运输的货物每昼夜通风（　　）次以上。

A. 1　　B. 2　　C. 3　　D. 4

二、判断题

1. 高货位拣选式叉车是一种冷链食品的堆垛设备。（　　）
2. 驾驶叉车的人员不需要驾驶执照。（　　）
3. 叉车货叉上的货物重心有侧偏时，可以让人站在较轻的一边以使货物平衡。（　　）
4. 铁路机械保温车是以机械式制冷装置为冷源的铁路冷藏运输车辆。（　　）
5. 铁路机械保温车只能将车厢维持在环境温度以下。（　　）
6. 装卸时为了防止货物有过高温升，打开液氮冷藏汽车车门后，操作人员应立即进入车厢进行装卸作业。（　　）
7. 航空冷藏运输有运输速度快、安全性能高的特点，但其运量小、运价高、易受气候条件限制，可达性差。（　　）
8. 航空冷藏运输的货物一般都是散装的，不使用冷藏集装箱。（　　）
9. 食品冷冻冷藏陈列柜柜体的底盘通常为整体结构，以从根本上防止柜体漏水。（　　）

10. 卧式冷冻陈列柜通常采用单层风幕，立式冷冻陈列柜通常采用二层或三层风幕。
（　　）

三、简答题

1. 简述托盘的特点。
2. 简述托盘的正确使用规则。
3. 简述冷藏汽车的使用要求。
4. 简述冷藏集装箱在货物拼箱混装时要注意的因素。
5. 简述定期清洗冰箱的隔板和储物盒的原因。
6. 简述通过减少漏气量来降低冷链运输设备能耗的主要措施。
7. 简述冷链运输设备的蒸发器采用下送上回送风方式的优势。

模块八 食品冷链信息化技术

学习目标

了解冷链运输信息化技术与管理系统、全程冷链监控系统，以及物联网与追溯技术。

了解现代信息化技术在冷链运输系统中的应用。

掌握冷链物流信息管理系统的组成及基本服务功能。

了解冷链全程温控的基本设备、方法和应用。

学习任务一　冷链运输信息化技术与管理系统

重点及难点

食品冷藏链

重点：冷链运输信息化技术所使用的智能运输系统、地理信息系统、全球定位系统、车载信息服务；冷链物流管理系统的仓储信息管理系统、运输信息管理系统、配送信息管理系统。

难点：智能运输系统、全球定位系统、车载信息服务；仓储信息管理系统、运输信息管理系统、配送信息管理系统。

一、冷链运输信息化技术

采用信息技术是提高运输效率和降低冷链成本的重要手段，一些关键信息技术，如电子数据交换（Electronic Data Interchange，EDI）、自动识别技术（条码技术、射频识别技术）、全球定位系统、地理信息系统、互联网技术，以及各种运输管理信息系统等，在冷链运输领域中的应用越来越广泛。

1. 智能运输系统（ITS）

美国、日本和欧洲等发达国家和地区为了解决共同面临的交通问题，竞相投入大量资金和人力，大规模地进行道路交通运输智能化的研究。最初的研究旨在优化道路功能和提升车辆的智能化水平，随着研究的不断深入，系统功能扩展到道路交通运输的全过程及其相关服务部门，发展成为带动整个道路交通运输现代化的智能运输系统（Intelligent Transportation System，ITS）。

智能运输系统实质上就是将先进的信息技术、计算机技术、数据通信技术、传感器技术、电子控制技术、自动控制技术、运筹学和人工智能等学科成果综合运用于交通运输、服务控制和车辆制造，加强了车辆、道路和使用者之间的联系，从而形成一种定时、准确、高效的新型综合运输系统。

目前对 ITS 的研究和利用主要集中在：提供交通信息服务、提供优化的道路交通管理服务、提供车辆安全控制服务、提供优化的商用车管理服务、提供优化的公交管理服务、提供紧急事件管理服务、提供电子收付费服务、提供交通援助服务、提供灾难解决方案服务和提供交通数据服务等。ITS 主要用于物流运输优化这一功能上，其核心是应用现代通信、信息、控制和电子等技术，如全球定位系统、地理信息系统、射频技术和网络系统，建立一个高效的物流运输系统。智能物流运输信息系统的构成如图 8-1 所示。

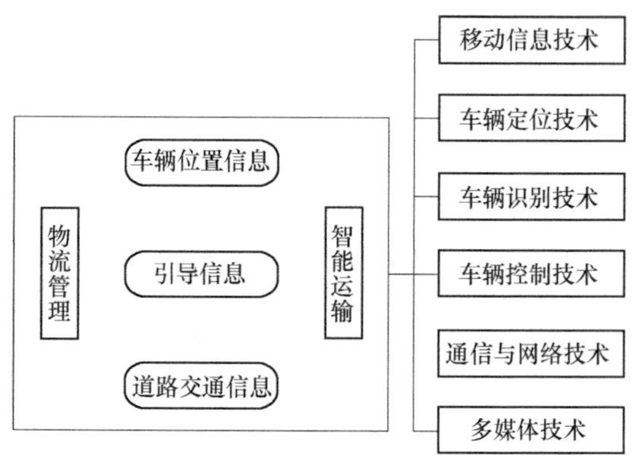

图 8-1 智能物流运输信息系统的构成

智能运输系统的主要目标是为用户提供高效的服务，所以体系结构中一个重要的组成部分就是服务领域，确定能为用户提供哪些服务。在体系结构中，通过分析用户的需求来确定服务领域，由于主要有公众和系统管理者两类用户，因此有普通用户需求和系统层面需求。

我国的 ITS 体系结构分为八大服务领域，包含 34 项服务功能，又被细分为 137 个子服务功能。其中，八个服务领域包括交通管理与规划、电子收费、出行者信息、车辆安全与辅助驾驶、紧急事件和安全、运营管理、综合运输和自动公路。

美国 ITS 的九个服务领域包括智能化的交通信号控制系统、高速公路管理系统、公共交通管理系统、事件和事故管理系统、收费系统、电子支付系统、铁路平交路口系统、商用车辆管理系统和出行信息服务系统。

欧洲智能运输系统的主要研究领域包括需求管理、交通和旅行信息系统、城市综合交通管理、城市间综合交通管理、辅助驾驶及货运和车队管理。

日本智能运输系统的服务领域包括先进的导航系统、电子收费系统、安全驾驶辅助、道路交通的优化管理、提高道路管理的效率、公共交通支持、提高商用车辆运营效益、行人援助和紧急车辆运营。

总的来说，ITS 由基础技术平台、整体管理平台和智能交通系统三大模块组成。基础技术平台主要由全球定位系统、地理信息系统、射频技术和网络系统等构成；整体管理平台则涵盖道路法规和道路建设等；智能交通系统主要由五个子系统构成，即交通通信系统、管理系统、车辆系统、公共运输系统和商用车辆运营系统。

2. 地理信息系统（GIS）

地理信息系统（Geographic Information System 或 Geo-Information System，GIS）又称为地学信息系统或资源与环境信息系统。

地理信息系统是以地理空间数据为基础，采用地理模型分析方法，适时地提供多种空间的和动态的地理信息，是一种为地理研究和地理决策服务的计算机技术系统。其基本功能是将表格型数据（无论它来自数据库、电子表格文件还是直接在程序中输入）转换为地理图形显示，然后对显示结果进行浏览、操作和分析。其显示范围可以从洲际地图到非常详细的

街区地图，显示对象包括入口、销售情况、运输线路及其他内容。地理信息系统在计算机硬件和软件系统的支持下，对整个或部分地球表层（包括大气层）空间中的有关地理分布数据进行采集、储存、管理、运算、分析、显示和描述。

（1）GIS 的组成与功能　GIS 包括硬件设备和软件系统两大部分。GIS 的主要硬件设备有：①数据采集装置，有各种类型的数字化仪；②人机图形交互装置，可采用高分辨率的彩色图形显示器和输入部件；③中央处理装置，通常使用不同类型的数字计算机；④数据存储设备，作为计算机的外存设备，包括硬盘、优盘等；⑤图形输出设备，有矢量式或光栅式绘图机、静电式符号打印设备等。GIS 的软件分为系统软件和应用软件。系统软件包括计算机系统提供的操作系统、语言编译系统、数据库管理系统和数学库，还有数字化操作软件、基本的显示绘图软件等。应用软件范围广泛、功能多样，如处理多边形信息和网格信息的各种程序、多元统计分析程序、各种地理分析程序及应用绘图程序等。

GIS 具备五种主要功能，即数据输入、数据显示、数据分析、数据操作和数据管理，其运行流程如图 8-2 所示。GIS 技术的发展主要体现在技术的综合和软件技术分化，并在物流领域得到了广泛的应用。GIS 与其他信息技术的综合，主要有其与遥感、计算机辅助设计（CAD）、全球定位系统、互联网及现实技术的结合。

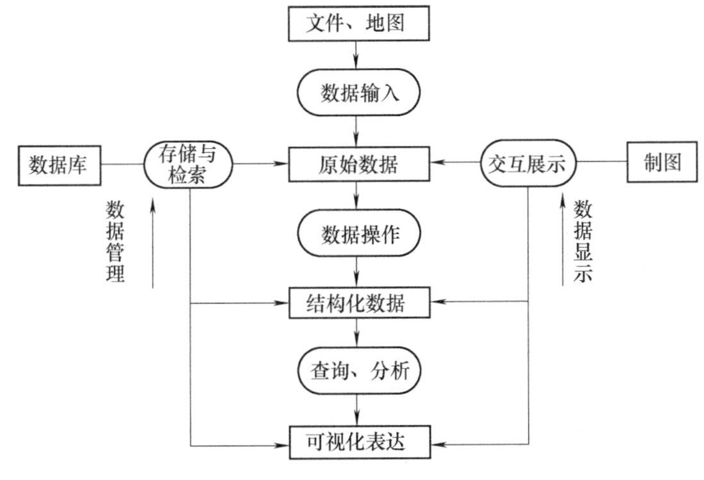

图 8-2　GIS 的运行流程

（2）GIS 在物流领域中的应用　GIS 在物流领域中的应用主要是利用 GIS 强大的地理数据功能来完善物流分析技术。在物流分析决策中，八成以上的决策信息与空间地理有关。

1）GIS 物流分析软件。物流分析软件如下：

① 车辆路线模型。车辆路线模型用于解决一个起始点、多个终点的货物运输，如何降低物流费用并保证服务质量的问题，包括决定使用多少车辆、每辆车的路线等。

② 网络物流模型。网络物流模型用于解决寻求最有效的分配货物路径问题，也就是物流网点的布局问题。例如，将货物从 *N* 个低温仓库运往 *M* 个商店，每个商店都有固定的需求量，因此需要确定从哪个低温仓库提货送给哪个商店所耗的运输代价最小。

③ 分配集合模型。分配集合模型可以根据各个要素的相似点把同一层上的所有或部分要素分为几组，用以解决确定服务范围和销售市场范围等问题。例如，某一公司要设立 *X*

个分销点，要求这些分销点覆盖某一地区，而且要使每个分销点的顾客数量大致相等。

④ 设施定位模型。设施定位模型用于确定一个或多个设施的位置。在物流系统中，低温仓库和运输路线共同组成了物流网络，低温仓库处于网络的节点上，节点决定着线路，根据供求的实际需要并结合经济效益等原则，在既定区城内设立多少个低温仓库、每个低温仓库的位置如何确定、每个低温仓库的规模如何确定和低温仓库之间的物流关系如何确定等问题，运用此模型均能很容易地解决。

2）GIS 在冷链物流中的应用。主要用于运输路线的选择、仓库位置的选择、仓库容量的设置、合理的装卸策略、运输车辆的调度、投递路线的选择等方面。图 8-3 是基于 GIS 的配送管理系统结构。该系统将各种配送要求简化为订单，配送目的地简化为第二客户，系统集成了运输管理（包括冷链运输设备跟踪）模块，配送、装载及路线规划模型，以及客户配送排序模型等。模型能对冷链配送任务进行组合分解，及时反馈冷链配送设备的运行情况，最大限度地配送各方面资源，使冷链货物配送效果最优。

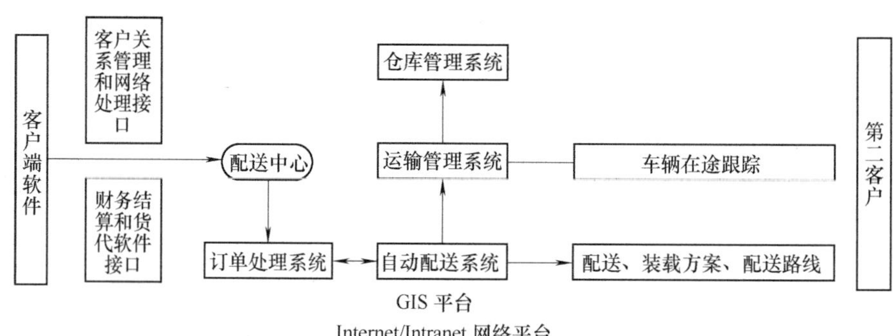

图 8-3 基于 GIS 的配送管理系统结构

3. 全球定位系统（GPS）

（1）全球定位系统介绍 全球定位系统（Global Positioning System，GPS）是美国国防部管辖的 24 颗卫星组成的基于卫星的导航和定位系统。GPS 接收器和这些卫星中的几颗（通常为 12 颗）通信，用信息传输的时间差来计算距离，并进行三角定位。一般情况下，GPS 的精确度为 15m，但是使用了广域增强系统 WAAS（Wide Area Argumentation System）后，其精确度可达 3m。民用 GPS 使用 UHF 频带中的 1575. 42 MHz 的 L1 频率。GPS 由三大子系统构成：空间卫星系统、地面监控系统和用户接收系统。

GPS 应用于冷链运输领域能实现多项功能，并有许多优点：GPS 定位速度快、功能多、精度高、覆盖面广；GPS 具有车辆动态定位功能；实时监控功能；可实现在途透明化管理；双向通信功能；动态调度功能；路线规划功能；数据存储、分析功能。

冷链运输企业应用的 GPS 一般是指网络 GPS，即在互联网上建立起来的一个公共 GPS 监控平台，同时融合了卫星定位技术、数字移动通信及国际互联网技术等。其信息传输采用公用数字移动通信网，具有保密性高、系统容量大、抗干扰能力强、漫游性能好和移动业务数据可靠等优点。在开放度高、资源共享程度高的公共 GPS 监控平台上，冷链物流运输企业可以进入网络 GPS 的监控界面对车辆进行即时定位、监控、调度和路线规划等多项操作，实现车辆实时动态信息的全程管理。

网络 GPS 系统工作流程如图 8-4 所示。当物流公司送出货物后，将提货单和密码交给收

货方，并将货单输入网络 GPS 平台中，同时输入货单与货物载运车辆信息；装有 GPS 接收机的载运车辆在运输途中实时接收到 GPS 卫星定位数据后，自动计算出自身所处的地理位置的坐标，后经 GSM 通信机发送到 GSM 公用数字移动通信网，并通过 DDN 专线将数据传送到网络 GPS 监控平台上，中心处理器将收到的坐标数据及其他数据还原后，与 GIS 系统的电子地图相匹配，并在电子地图上直观地显示车辆实时坐标的准确位置。网络 GPS 的各用户可用自己的权限上网进行自有车辆信息的收发、查询，在电子地图上清楚而直观地掌握车辆的动态信息（位置、状态和行驶速度等），同时还可以在车辆遇险或出现意外事故时进行各种必要的遥控操作。

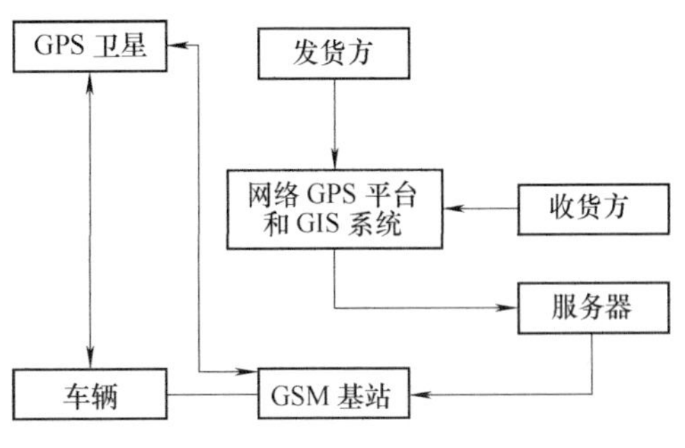

图 8-4 网络 GPS 系统工作流程

（2）GPS 的应用 GPS 的应用如下：

1）冷藏运输车辆定位管理系统。冷藏运输车辆定位管理系统是一个集成 GPS、温度检测技术、电子地图和无线传输技术的开放式定位监管平台，可实现对冷藏车资源的有效跟踪定位管理，并将定位信息和企业的业务资源进行整合。冷藏运输车辆定位管理系统不仅为冷链运输提供了一个高效、灵活的管理工具，也创造了一种崭新的管理和控制冷藏车辆资源的科学模式。此管理系统可进行冷藏车厢内温度数据的采集传输、记录和超限报警等，是冷藏行业运输车箱和货物温度监控的理想工具。

根据用户的具体需求使用射频识别冷链温度管理系统和 GPS+温度监控冷链管理系统，很好地解决食品冷链中的质量监控问题。将 RFID 技术、GPS 技术、无线通信技术及温度传感技术有机结合，在需要严格的温度管理来保证生鲜食品和药品质量的冷链中，把温度变化记录在带温度传感器的 RFID 标签上，或者实时地通过具有 GPS 及温度传感功能的终端结合无线通信技术上传到企业的管理平台，对产品的生鲜度、品质进行细致、实时的管理。

2）GPS 冷链货物跟踪系统。冷链货物跟踪系统有利于提高冷链运输企业的服务水平。从客户的角度看，当需要查询冷链货物的相关信息时，只要输入冷链货物运输的发票号码，很快就可以获得冷链货物状态的信息。从收货人的角度看，可以提前获得冷链货物运送状态的信息，及时做好接收准备。从冷链运输企业的角度看，通过冷链货物信息可以确认货物是否能够及时、准确送达，提高了服务水平。因此，GPS 冷链货物跟踪系统的运用是冷链运输企业提供差别化服务、获得竞争优势的重要手段。

3）GPS 冷链运输车辆温度实时采集系统。通过在冷藏车内几个不同温区安装的温度传感器，将其采集的冷藏车内温度通过车载 GPS 终端的无线通信模块传送到 GPS 服务器上。在冷链运输中，GPS 冷链运输车辆温度实时采集系统可以实时输出冷藏车内的温度报表、温度曲线，便于对冷链的运输环节进行全程温度监控，保证冷藏运输全程的温度要求。通过相应的监控平台登录互联网，随时得到冷藏车内准确的温度信息，还可以将冷藏车内的温度信息输出报表，以及根据冷藏（冷冻）车内的温度等核算运价。

4. 车载信息服务

车载信息服务是一个集成计算机技术和移动通信技术的终端。冷藏车的车载信息服务系统为监控冷藏车中的货物提供了一个完整的解决方案，比传统的卡车数据记录器或移动数据记录器具有更多的优点。在冷链中应用的车载信息服务系统包括冷藏车和拖车的远程通信设备。

当前车载信息服务市场的发展并不尽如人意，主要原因是汽车智能化的程度还有待提高，车载信息系统和手机等信息终端的同质化竞争及智能交通基础设施有待完善。汽车智能化、交通智能化和智慧城市的发展趋势，将使更多车辆信息陆续开放并通过高速总线上传到车载信息终端，使车载信息终端成为车辆的大脑，车载网络成为车辆的神经系统，由此实现信息采集、传递、计算、反馈和控制功能。因此，未来的车载信息终端将能更好地反映车辆本身信息，为驾驶者轻松驾驶（智能驾驶）、安全驾驶（主动安全和被动安全）、明白维修（故障提示和保养指南）保驾护航，彻底摆脱手机的同质化竞争，迎来自己专属的广阔市场。

在每一辆车上安装车载信息服务终端后，每一辆拖车随时都可以知道自己应去何处、做什么，不需要人工指挥。必要时，如有多辆车参与堆场作业（装船、移箱），每一辆拖车随时都可以确认自己已清楚指令。不论是指挥人员还是拖车驾驶员，在计算机上都不需要针对某一车次进行输入操作，最多只需要进行确认（堆场机械仍需要登记车号）。由于作业需要，具体的场位可能随时会发生变化，拖车驾驶员即时了解此信息时，就不需要盲目地跟随堆场机械，而只需停留在合适的位置，更可以根据作业需要，从一条作业线改变到另一条作业线，甚至跨越作业线持续作业。

第三方车载信息服务系统还可以读取冷藏车的参数，这些参数包括设置点、排风、回风、运行模式、临界报警、温度、时间表、电池电压、剩余燃料和货物感应器。

5. 自动导引运输车（AGV）

自动导引运输车（Automated Guided Vehicle，AGV）也称无人搬运车，是指装备有电磁或光学等自动导引装置，能够沿规定的导引路径行驶，具有安全保护及各种移载功能的运输车，可充电的蓄电池为其动力来源。一般可通过计算机来控制其行进路线和行为，或者利用电磁轨道来设置其行进路线。电磁轨道粘贴于地板上，无人搬运车则依循电磁轨道携带的信息进行移动与动作。AGV 通常也被称为 AGV 小车，属于轮式移动机器人（Wheeled Mobile Robot，WMR）的范畴。

AGV 以轮式移动为特征，与步行、爬行等非轮式移动机器人相比，具有行动快捷、工作效率高、结构简单、可控性强和安全性好等优势。与物料输送中常用的其他设备相比，AGV 的活动区域无须铺设轨道、支座架等固定装置，不受场地、道路和空间的限制，因此应用于自动化物流系统中，最能体现其自动性和柔性，实现高效、经济、灵活的无人化生产。

（1）AGV 的控制系统　由地面（上位）控制系统、车载（单机）控制系统及导航/导引系统组成。其中，地面（上位）控制系统是指 AGV 系统的固定设备，主要负责任务分配、车辆调度、路径（线）管理、交通管理和自动充电等；车载（单机）控制系统在收到地面控制系统的指令后，负责 AGV 的导航计算、导引实现、车辆行走和装卸操作等；导航/导引系统为 AGV 单机提供系统绝对或相对位置及航向。

1）地面（上位）控制系统。地面（上位）控制系统是 AGV 系统的核心。其主要功能是对 AGV 系统中的多台 AGV 单机进行任务管理、车辆管理、交通管理和通信管理等。

① 任务管理：类似计算机操作系统的进程管理，它提供对 AGV 地面控制程序的解释执

行环境，提供根据任务优先级和启动时间的调度运行，提供对任务的各种操作（如启动、停止和取消等）。

② 车辆管理：车辆管理是 AGV 管理的核心模块，根据物料搬运任务的请求，分配调度 AGV 执行任务，根据 AGV 行走时间最短原则，计算 AGV 的最短行走路径，并指挥 AGV 的行走过程，及时下达装卸货和充电命令。

③ 交通管理：根据 AGV 的几何尺寸大小、运行状态和路径状况，提供 AGV 互相自动避让的措施，同时提供避免因车辆互相等待而死锁的方法和出现死锁的解除方法。AGV 的交通管理主要有行走段分配和死锁报告功能。

④ 通信管理：提供 AGV 地面控制系统与 AGV 单机、地面监控系统、地面 IO 设备、车辆仿真系统及上位计算机的通信功能。和 AGV 间的通信使用无线电通信方式，需要建立一个无线网络，AGV 只与地面系统进行双向通信，AGV 间不进行通信，地面控制系统采用轮询方式和多台 AGV 通信。与地面监控系统、车辆仿真系统、上位计算机的通信使用 TCP/IP 通信。

⑤ 车辆驱动：车辆驱动负责 AGV 状态的采集，并向交通管理模块发出行走段的允许请求，同时把确认段下发 AGV。

2）车载控制系统。车载控制系统即 AGV 单机控制系统，在收到地面控制系统的指令后，负责 AGV 单机的导航、导引、路径选择和车辆驱动等。

① 导航：AGV 单机通过自身装备的导航器件测量并计算出所在全局坐标中的位置和航向。

② 导引：AGV 单机根据现在的位置、航向及预先设定的理论轨迹来计算下个周期的速度值和转向角度值，即 AGV 运动的命令值。

③ 路径选择：AGV 单机根据地面控制系统的指令，通过计算，预先选择即将运行的路径，并将结果报送地面控制系统，能否运行由地面控制系统根据其他 AGV 所在的位置统一调配。AGV 单机行走的路径是根据实际工作条件设计的，它由若干“段”（Segment）组成，每一“段”都指明了该段的起始点、终止点，以及 AGV 在该段的行驶速度和转向等信息。

④ 车辆驱动：AGV 单机根据导引的计算结果和路径选择信息，通过伺服器件控制车辆运行。

3）导航/导引系统。AGV 之所以能够实现无人驾驶，导航和导引系统对其起到了至关重要的作用。

目前能够用于 AGV 的导航/导引技术主要有直接坐标（Cartesian Guidance，用定位块将 AGV 的行驶区域分成若干坐标小区域，通过对小区域的计数实现导引）、电磁导引（Wire Guidance，在 AGV 的行驶路径上埋设金属线，并加载导引频率，通过对导引频率的识别来实现 AGV 的导引）、磁带导引（Magnetic Tape Guidance，通过磁感应信号实现导引）、光学导引（Optical Guidance，通过对摄像机采入的色带图像信号进行简单处理而实现导引）、激光导航（Laser Navigation，通过激光扫描器发射激光束，同时采集由反射板反射的激光束，来确定其当前的位置和航向，并通过连续的几何运算来实现 AGV 的导引）、惯性导航［Inertial Navigation，通过对陀螺仪偏差信号（角速率）的计算及地面定位块信号的采集来确定自身的位置和航向，从而实现导引］、视觉导航（Visual Navigation，AGV 上装有 CCD 摄像机和传感器，在车载计算机中设置有 AGV 欲行驶路径周围环境图像数据库。在 AGV 行驶过程中，摄像机动态获取车辆周围环境图像信息，并与图像数据库进行比较，从而确定当前位置并对下一步行驶做出决策）、GPS 导航（通过卫星对非固定路面系统中的控制对象进行跟踪和制导）。

（2）AGV 的应用　AGV 的应用如下：

1）仓储业。仓储业是 AGV 最早应用的领域。1954 年世界上首台 AGV 在美国的南卡罗来纳州的 Mercury Motor Freight 公司的仓库内投入运营，用于实现出入库货物的自动搬运。目前世界上约有 2 万台各种各样的 AGV 运行在 2100 座大大小小的仓库中。海尔集团于 2000 年投产运行的开发区立体仓库中，9 台 AGV 组成了一个柔性的库内自动搬运系统，成功地完成了每天 23400 个出入库货物和零部件的搬运任务。

2）制造业。AGV 在制造业的生产线中大显身手，可高效、准确、灵活地完成物料的搬运任务，并且可由多台 AGV 组成柔性的物流搬运系统，搬运路线可以随着生产工艺流程及时调整，从而使一条生产线能制造出十几种产品，大大提高了生产的柔性和企业的竞争力。

3）邮局、港口码头等场合及医药、食品等行业。在邮局、图书馆、码头和机场等场合，物品的运送有作业量变化大、动态性强、作业流程经常调整及搬运作业过程单一等特点，AGV 的并行作业、自动化、智能化和柔性化的特性能够很好地满足上述场合的搬运要求。

对于搬运作业有清洁、安全、无排放污染等特殊要求的烟草、医药、食品和化工等行业，AGV 的应用也受到了重视。

4）危险场所和特种行业。AGV 在军事、钢铁制造和核电站等危险场所和特种行业均有应用。AGV 还应用于胶片仓库，在黑暗的环境中能准确可靠地运送物料和半成品。

二、冷链物流管理系统

冷链物流管理系统承担着冷链物流中心的所有信息功能，任何来自市场及生产商的需求都将在这里通过信息系统的广泛应用而得到快速响应，也适用于冷链中承担不同功能的仓储企业、运输企业的冷链物流管理，包括第三方物流的信息管理系统。

目前，冷链物流信息系统主要由业务管理模块和企业管理模块两个部分组成，在此着重介绍业务管理模块，如冷链物流仓储信息管理及仓储作业管理、运输信息管理及运输作业管理，以及冷链物流配送信息管理。企业管理模块包括财务管理和人力资源管理等。

1. 冷链物流仓储信息管理系统

仓储信息管理系统（Warehouse Management System，WMS）是通过入库业务、出库业务、仓库调拨和库存调拨等功能，综合批次管理、物料对应、库存盘点、质检管理、虚仓管理和即时库存管理等功能所运用的管理系统，可有效控制并跟踪仓库业务的物流和成本管理全过程，实现完善的企业仓储信息管理。该系统可以独立执行库存操作，与其他系统的单据和凭证等结合使用，可提供更为完整、全面的企业业务流程和财务管理信息。

在冷链物流领域，随着客户对冷链货物的种类和数量需求的增加，冷链货物的产成品结构越来越复杂，客户对冷链货物的个性化要求也越来越高。同时，由于冷链货物本身的特性，使用冷链物流仓储信息管理系统能很好地解决冷链货物存储，实现可追溯性，确定合理库存，最大限度地利用库房容积，以及合理安排冷库与冷库、产地与销售点之间衔接过程中的装卸作业，以防冷链“断链”等问题。另外，冷链物流仓储信息管理系统还能支持仓储

内所有的自动化设备。

针对现场作业状态，冷链物流仓储信息管理系统能实时调整作业计划，可以有效地提供成套的解决方案。生成计划主要考虑的因素有：冷库作业面积、储位及储位分配情况、冷链货物的特性（是否对存储和搬运装卸有特殊要求）、设备运行状况、作业时间限制及客户等待时间、操作人员数和操作人员的训练程度等。冷链物流仓储信息管理系统一般具有以下几个功能模块：单独订单处理及库存控制、基本信息管理、货物流管理、信息报表、收货管理、拣选管理、盘点管理、移库管理、打印管理和后台服务系统。

冷链物流仓储信息管理系统的主要功能有：

（1）冷链货物管理　不仅支持对包括品名、规格、生产厂家、产品批号、生产日期、有效期和箱包装等在内的商品基本信息进行设置，而且货位管理功能可对所有货位进行编码并存储在系统的数据库中，使系统能有效地追踪商品所处位置，也便于操作人员根据货位号迅速定位到目标货位在仓库中的物理位置。

（2）仓储配置管理　冷链货物的存储条件需要进行配置，仓储管理能对仓储实体进行参数配置，实现对仓储资源的识别和管理。需要配置的信息主要有仓储编号、仓储面积、储位编号、储位面积及储位存储规则等。通过仓储配置，可以根据实际作业需求制订优化的仓储作业计划，在系统自动计算最佳上架货位的基础上，支持人工干预，提供已存放同品种的货位和剩余空间，并根据避免存储空间浪费的原则给出建议的上架货位并按优先度排序，操作人员可以直接确认或进行人工调整，实现对仓储环境的高效利用，使有限的人力、物力及仓储面积得到充分利用。

（3）仓储作业计划　仓储作业计划是通过采集冷链货物订单及根据系统中的仓储配置数据，结合系统中已经设定的作业规则，在规定的时间内完成仓储计划，包括冷链货物的收货上架、拣货、补货及月台或码头装载等。

系统支持自动补货。通过自动补货算法，不仅确保了拣选面存货量，也能提高仓储空间的利用率，降低货位蜂窝化现象的出现概率。系统能通过深度信息分析对货位进行逻辑细分和动态设置，在不影响自动补货算法的同时，有效地提高空间利用率和控制精度。

（4）仓储作业执行控制　仓储作业执行控制是对冷链货物冷链作业计划执行情况的管理。对于作业计划的执行，很多冷链物流仓储信息管理系统都有比较先进的解决方案和相应的产品，如EXE的Exceed和ES/LAWM等系统，其中ES/LAWM还提供了基于打印工作指令的执行管理系统以适应自动化水平较低的仓储作业环境。

（5）仓储资源管理　仓储资源除了冷链货物之外，还有仓储结构、设备及作业人员等。仓储资源管理的主要功能体现在合理配置仓储结构，提高场地利用率；合理组织仓储作业人员，合理安排工序，使作业效率最大化；合理调配仓储设备，通过设备检修计划提高设备的完好率。

（6）异常处理　在实际操作过程中，由于冷链货物的特点和客户的小批量、多品种的需求，冷链物流的仓储管理非常复杂。在仓储管理中，存在各种突发事件及异常交易作业，因此需要设计一个完善的冷链物流仓储信息管理系统来处理这些异常情况。

（7）作业成本管理　冷链物流仓储信息管理系统的主要管理对象是冷链货物，主要通过关注仓储作业活动实现作业成本的可控和优化。随着第三方冷链专业物流服务形式的出现，专业、先进的冷链物流仓储信息管理系统将提供更加全面的基于作业的成本管理功能，以便更好地进行优化管理，控制成本并提高效率。

2. 冷链物流运输信息管理系统

（1）冷链运输设备及冷链运输线路管理　冷链运输设备主要包括铁路、公路、航空及水上冷链运输工具，其中要管理的元素有运输能力（包括装载体积和重量）、运输速度和能源消耗计量等。运输业务包括外包服务，因此冷链运输资源还包括冷链运输服务提供商的管理。

冷链运输线路管理的主要目的是建立冷链运输服务区域数据库，可分为区域型、线路型和混合型运输线路管理。运输线路的通畅是进行优化的基础，需要考虑站点之间的路径流量、高峰时间流量、站点之间发生事故的频率及运输工具等因素。

（2）操作人员管理及客户管理　在冷链货物运输途中可能会遇到许多意外情况，因此要综合考虑驾驶员的技能、操作经验与人力资源成本之间的关系，合理定岗。

冷链运输管理的需求主要来自物流公司的运输需要、厂家的送货需求及客户的提货需求。冷链物流公司主要是指第三方物流公司，包括货代企业。因此，冷链物流运输信息管理系统主要针对不同的客户需求分别提供不同的运输服务。

（3）冷链运输订单管理及冷链运输成本核算　冷链物流运输信息管理系统根据客户的不同需求产生不同的运输订单，提供合理、成本最低的运输方案。根据运输订单进行组合作业，可以提高运输效率。另外，冷链运输管理还应关注可变成本中的能源消耗的影响因素，如路径长度、道路的通畅能力、驾驶员的操作技术及气候原因等因素。

在实际的冷链运输作业中，作业跟踪主要通过运输订单的回单收集、手机短信和 GPS 实现合理安排运输计划、减少空车营运和提高异常事件的处理应对能力。

3. 冷链物流配送信息管理系统

冷链物流配送信息管理系统主要是针对采购或承运冷链货物的管理系统，包括冷链货物相关信息的更新、库存货位或配送车辆的安排及信息更新，以及将冷链货物发往客户所在地等。

仓库管理指的是对仓储货物的收发、结存等活动的有效控制，其目的是保证仓储货物的完好无损，确保生产经营活动的正常进行，并在此基础上对各类货物的活动状况进行分类记录，以明确的图表方式表达仓储货物在数量、品质方面的状况，以及目前所在的地理位置、部门、订单归属和仓储分散程度等情况。在冷链物流领域，仓库管理主要是低温仓库温度的设置与调节、库存控制、冷链货物盘点和货架管理，以及根据配送安排，将冷链货物调度出库发往客户所在地。

配送管理主要是冷链货物的管理，包括配送冷链货物的查询、添加、更新和检验，实现对冷链货物的装车、运输情况，以及发往目的地等信息的管理。

车辆信息管理主要是对冷链运输设备进行管理，如车辆的数量添加、删除等操作及根据配送路线优化方案进行统筹调度，安排合适的车辆为客户快速、经济、安全地提供所需的冷链货物。

4. 其他信息系统

冷链物流信息公共服务平台是配合冷链配送业务，将所有与冷链应用相关的信息公布到平台上对社会开放的公共服务系统。该平台可以应用于冷链工程设计开发，整合冷链配送业务，与农产品电子商务于一体，解决冷链设备调控和回程缺货的问题，有利于合并运输、共

同配送，提高农产品的冷链物流效率。

食品物流安全信息系统可实现食品信息的可追溯性，保证食品从原料采购到送达消费者手中的全过程信息（如原料产地、加工配料、包装、储运温度及有关作业信息）可追溯、透明。它也包括相关的知识库、辅助决策支持系统及食品物流安全事故应急预案。

此外，还有适应冷链物流系统需求的财务管理和人力资源管理功能模块。

知识拓展

AGV 的操作注意事项

1）起动 AGV 小车之前，应确认小车是否处于导引线中间。如果位置不正确，应关闭小车电源后，将小车推到导引线中间后再起动小车。起动小车时必须保证车头和车尾都在线上，即导引线在车头和车尾的中间，左右偏差应在 10cm 以内，小车起动后会自动调整车头和车尾，使之在最佳位置。

2）起动 AGV 小车之前，应查看红色紧急停车按钮是否按下。如果处于紧急停车状态，请旋转紧急停车按钮使之弹出。

3）一次起动未成功，应将钥匙旋回原位（关闭电源），5s 后重新起动小车。如果连续 3 次起动未成功，应尽快给小车充电。

4）AGV 小车的蓄电池一般能连续工作数小时，如果正常运行中经常发生读地址卡不成功问题，或者起动时不成功，应尽快给小车充电，充电时间一般应保证 8h。

5）给 AGV 小车充电时应关闭电源，并按下紧急停车按钮。

6）AGV 小车运行时出现异常情况导致小车出轨后，应按下紧急停车按钮，关闭电源。之后将小车推回导引轨道重新运行。若有出轨保护，小车在离开轨道几秒后会自动停止运行，此时也需关闭小车电源，并将小车推回轨道重新运行。

7）受场地所限，小车应尽量使用 1 档、2 档运行。转弯时应使用 1 档，停车及从停车状态起动运行时，也应使用 1 档。直线运行时可以使用 2 档，尽量不要使用 3 档和 4 档。

学习任务二　全程冷链监控系统

重点及难点

重点：温度记录器，射频识别技术，货车控制系统，温度监控系统，温度与湿度测量。

难点：射频识别技术，温度监控系统，温度与湿度测量。

全程冷链监控主要用于监测、控制冷链货物的温度、位置，以及车辆的行驶路线、开门情况等根据监控对象可将冷链温度监控分为货物温度监控和设备运行监控。

温度监测和控制（简称温度监控）能让物流企业和客户等知道冷链物品在冷链流通中所处的条件和位置。监控设备监测冷冻冷藏设备（如冷藏汽车、低温仓库）的运行性能，以及冷链物品在运输过程中处于不同环境下的温度。监测和跟踪冷链物品能获得产品的整个温度历史记录，包括在产品中转和在途运输过程中。另外，监控冷冻冷藏设备能实时了解其运行性能和状态，一旦发现问题（如冷冻冷藏设备非正常停机、温度不在设定范围内等）便于及时进行处理，以保障冷链食品安全，并尽量降低或避免不必要的经济损失。

一、货物监测设备与技术

1. 手持温度检测器

手持温度检测器是冷链中应用最多的基本设备，有各种各样的形式，包括使用热电偶的无线探测器和一些新型电子温度计。手持温度检测器需要手工操作，如将探头插入货物中或手工打开电子温度计。这些设备具有准确、容易使用和价格便宜等特点。

2. 圆图记录仪

圆图记录仪发明于 100 多年前，通常被称为帕罗特图，可在图纸上显示设备数据曲线并定期存档。圆图记录仪数据采集和存储方法简单，因此被应用到各种各样的设备上。圆图记录仪的缺点是经常需要手动更换笔和纸，设备记录需妥善保存，自动化程度不高，有时会因机械故障而导致记录不准确。

3. 货物温度记录器

在冷链中使用最广泛的是货物温度记录器。这种记录器体积很小，由电池供电，可以跟随货物记录温度和湿度。货物温度记录器有多种存储容量，用户可根据具体需求进行选择。其数据记录的时间间隔、报警值可根据具体情况进行设置。在冷链货物装载后发货前，将温度记录器装于货物间隙或与货物包装在一起，运输过程中若货物的温度超出设定范围，警报器会发出警报，并记录报警的时间和温度等数据。货物温度记录器记录的时间和温度等数据可以通过数据接口下载到计算机中，还可以用一些网络软件对数据进行处理，以适应多站点应用。

货物温度记录器的准确度较高，应用于冷藏时允许误差为±0.6℃，应用于冷冻时允许误差为±1.1℃。大多数货物温度记录器使用的不是一次性电池，电池寿命取决于具体使用情况，如数据的记录和下载频率，电池寿命一般为 1 年左右。一些货物温度记录器制造商提供一次性产品，这些产品的电池是不可更换的，通常具有更高的精度和更长的电池寿命，并且能够适用于一些要求较高的货物，如药品等。这种一次性货物温度记录器到达使用年限后，制造商提供回收服务。

货物温度记录器有多种类型，包括单个构造和具有硬接线的探头设备。有些货物温度记录器可以利用机械、模拟或电子信号与控制系统连接，大多数是利用热电偶采集温度数据，然后用各种各样的方式进行存储和显示。有一些货物温度记录器可直接在本地设备上显示温度，而另外一些则将数据传送到远程显示设备上，不过这些设备通常也会存储数据，并有数据读取接口。若有需要，这些货物温度记录器也可以包含打印设备，或者与打印设备相连以打印温度记录。

与其他冷链监控技术一样，货物温度记录器也有各种各样的形式，可以是安装在各种冷冻冷藏设备上（如冷藏库、冷藏运输车或冷藏零售柜）的固定设备，也可以是移动式设备，主要用来跟踪一些冷链货物，实现从冷链的发货地到接收地的全程监测。

4. 射频识别（RFID）技术

射频识别（Radio Frequency Identification，RFID）技术又称无线射频识别，是一种通信技术，可通过无线电信号识别特定目标并读写相关数据，而无须识别系统与特定目标之间建立机械或光学接触，是一种利用射频通信实现的非接触式自动识别技术。射频一般是微波，频率范围为 1~100GHz，适用于短距离识别通信。RFID 读写器也分移动式和固定式。RFID 技术应用很广，食品冷链只是其应用领域之一。

射频识别技术和条码技术比较相似，它由连接在微处理器上的天线构成，里面包含了唯一的产品识别码。当用户激活标志的感应天线时，标志将返回一个识别码。和条码不同的是，射频识别可以容纳更多的数据，不需要可见的瞄准线即可读取数据，并允许写入计算机。

射频识别标志的分类：按可读性可以分为可读写、一次写入和只读标签；按能量供给方式可分为有源、无源和半有源标签；按工作频率可分为低频、中频和微波标签。射频识别系统最重要的优点是非接触识别，能穿透雪、雾、冰、涂料、尘垢和无法使用条码的恶劣环境阅读标签，并且阅读速度极快，大多数情况下阅读时间不到 100ms。有源式射频识别系统的速写能力也是一个突出的优点。

（1）射频识别标志

按能量供给方式分为无源、半有源和有源，可分别称为被动射频识别标志、半被动射频识别标志和主动射频识别标志。

1）被动射频识别标志。大多数射频识别标志是简单的被动标志。这些被动标志的天线监测阅读器的能量并将其传送到微处理芯片中，然后向阅读器传送数据。因为射频识别标志的主要目的是产品管理和跟踪，所以并不需要能量去操作温度传感器或进行远程通信。

2）半被动射频识别标志。半被动射频识别标志保持休眠状态，被阅读器激发后会向阅读器发送数据。与主动射频识别标志不同，半自动射频识别标志的电池寿命较长，并且不会有太多的射频频率干扰。另外，半被动射频识别标志有更大的数据传输范围，可达 30m，而被动射频识别标志一般只有 3m。

3）主动射频识别标志。主动射频识别标志也装有电池，不过与半被动射频识别标志不同的是，它们主动地发送信号，并监测从阅读器传来的响应。一些主动射频识别标志能够更改程序而转变成半被动射频识别标志。

主动式温度感应射频识别标志能被用于提供自动化程度更高的冷链监测程序，它可以贴在托盘上或货物的包装箱上，保存的温度记录在经过阅读器时被下载，阅读器可以放置在冷链运输的开始、中间或终端的交接站。主动式温度感应射频识别标志为冷链温度监测提供了能 100%存储数据的解决方案。

（2）RFID 在冷链物流中的应用　RFID 标签具有体积小、容量大、寿命长和可重复使用等特点，具有很强的环境适应性，可支持快速读写、非可视识别、移动识别、多目标识别、定位及长期跟踪管理。RFID 技术与互联网、通信等技术相结合，可实现全球范围内的物品跟踪与信息共享。RFID 技术应用于物流、制造和公共信息服务等行业，可大幅提高管理与运作效率，降低成本。RFID 技术应用在物品的流通环节，实现物品跟踪与信息共享，彻底改变了传统的供应链管理模式，极大地提高了企业运行效率。其具体应用方向包括仓储管理、物流配送、零售管理、集装箱运输和邮政业务等。

RFID技术在冷链物流领域的应用目标就是要保持冷链货物始终处于规定的低温状态，从而保证质量，减少物流过程中的损耗。因此，冷链物流过程对温度控制的要求非常高，任何一个环节温度出现问题，都可能造成物品的变质、腐烂或污染。由于其信息更精确，企业及其联盟可以建立应用RFID技术覆盖全程冷链的冷链检测中心平台，有效控制全程冷链。

使用射频识别标志的最大问题是成本，每个射频识别标志大约需要5美分，因此仅限于一些价值较高的货物。一些新的制造技术，如Alien Technology公司的FSA（液体自动分布式）封装工艺，能够大大降低射频识别标志的成本。可读性方面，含有金属和水的产品会减弱射频波，导致数据不可识别。2.4GHz波段的射频识别标志不适合在水分较多的环境中使用，因为水分子在2.4GHz波段会发生共振，并且吸收能量，导致信号减弱。

作为一种新的非接触自动识别技术，RFID技术有使用寿命长、读取数据大、数据可加密、存储量大和存储数据可以更换等优点，因而在多个领域具有广泛的应用前景。其应用将给零售业和物流业带来革命性的变化，给未来世界经贸带来巨大影响。任何物品从生产、运输、存储、销售到售后服务，将全面实现智能化管理，即全球建立起一个庞大的物联网，和目前的计算机网络、无线通信网和互联网一起构成新一代的数据和网络系统，人类经济和社会生活将会发生巨大变化。

5. 通用分组无线服务（GPRS）技术

通用分组无线服务（General Packet Radio Service，GPRS）技术是基于GSM的一种无线通信服务技术。GPRS通常被描述成“2.5G”移动通信技术，也就是说这项技术位于第二代（2G）和第三代（3G）移动通信技术之间。GPRS利用GSM网络中未使用的时分多址（Time Division Multiple Access，TDMA）信道，提供中速的数据传递，它的传输速率可提升至56kbit/s、114kbit/s。

GPRS突破了GSM只能提供电路交换的思维方式，通过增加相应的功能实体和对现有的基站系统进行部分改造来实现分组交换，这种改造的投入相对来说并不大，但得到的客户数据速率却相当可观。而且，因为其不再需要现行无线应用所需的中介转换器，所以连接及传输都更为方便。使用者可联机上网，参加视讯会议等互动传播，而且在同一个视讯网络上（VRN）的使用者，甚至可以无须通过拨号上网而持续与网络连接。

GPRS具有56~114kbit/s的高速传输速度和永远在线功能，建立新的连接几乎不需时间，随时都可以与网络保持联系。另外其覆盖范围广，中国移动和中国联通的网络覆盖基本都可以使用，价格适中。

GPRS网络基于GSM网络，即只要存在着GSM网络，理论上就可以构建GPRS网络服务。目前中国移动和中国联通基本上对原有的GSM网络进行了GPRS升级，因此，在GSM网络覆盖的区域都可能支持GPRS，并支持远程监控服务。GSM网络已覆盖我国的大多数地区，为全面的冷链温度监控提供了可能。

随着GPRS技术的快速发展，与其配套的冷链无线通信终端产品也越来越多，并在无线远程监控中得到了广泛应用。这些终端产品被称为GPRS数据传输单元（Data Transfer Unit），可以在互联网上查询到它们的详细信息。通过与移动公司（中国移动或中国联通）的网络结合，利用这些设备可以实现无线数据传输，进行冷链数据的监控和记录。GPRS数据传输单元是一个集成GPS、温度检测技术、电子地图和无线传输技术的开放式定位监管平台，具有应用灵活、成本低、良好融合移动或联通公司网络的特点。

二、货车控制系统

现代的货车或拖车的冷冻、冷藏单元装载的计算机控制系统，不但能够优化货车和冷冻、冷藏单元的燃料消耗，还能根据产品和客户的需求进行冷冻、冷藏单元的温度控制。某公司开发的一款控制系统可根据运输者的需求，在运输过程中对货物进行温度监控，运输者可以预设冷链物品的 10 种运输条件，确保货物在运输者或客户要求的环境下运输；而另一种控制系统，能在运输过程中对生鲜物品进行质量优化管理。这两种系统都可以与一个高性能的数据采集系统一起使用，记录运输过程中的参数，包括温度、设定点、运行模式和外在事件。

货车上的数据记录器也可以用来记录温度。在欧洲，运输过程需要满足 2005/37/EC 和 EN12830 标准，这些标准要求提供运输过程满足温度要求的证明材料，并且需要持续记录一年。欧盟标准 2005/37/EC 规定，所有速冻食品必须符合 EN12830 的要求。EN12830 要求冷藏货车上必须有单独的数据记录器来记录速冻食品的数据，数据记录器必须是独立的，不能是冷藏货车上的某个控制设备。

某公司在疫苗的运输中采取了完善的温度监控措施，疫苗在 2~8℃ 的温度条件下运输，使用的温度记录器在运输过程中对疫苗的配送起始时间、到达时间，以及过程中的温度变化曲线都有详细的记录，在很大程度上保证了疫苗运输的安全。

我国一些大型肉制品、乳制品企业，已建立了成熟的低温冷链运输队伍，拥有自己的冷链物流配送车队，并有良好的运输调度系统，积累了丰富的冷链物流监控经验，从产品出厂到消费阶段，一直让产品处于低温状态，同时在运输过程中冷藏运输车辆也有温度记录器进行全程的温度记录。

三、冷链温度监控

为了维持一个高效、完整的冷链，在贮藏、处理和运输全过程中需要进行温度控制，在低温存储设施和加工配送中心都需要安装温度监控系统。在监测之外，这些系统还需提供数据采集和警报等一些其他功能，使货物能够一直处在合适的温度环境中。

1. 温度监控系统

冷链温度监控系统可分为手工型和自动型两种。

手工型冷链温度监控系统有两类：①纸和笔：这是一种最简单的设备监测方式，即让操作人员定时记录冷链设备的显示数据。这种方法虽然非常简单，但需要靠人工实现，并且很难保证持续性与高精确性。②图表记录：设备的运行数据自动生成图表记录，需要定期存档。数据记录功能通常整合在设备中，所以此方法的数据存储比较简单，但仍需大量人工操作，记录的准确度也不高。

自动型冷链温度监控系统也有两类，即中央监控系统和网络数据记录系统。中央监控系统在各设备上装有远程感应器，组成一个网络并与输入设备连接。而网络数据记录系统具有更高的分布程度，多个数据记录器与各个设备相关联，每个记录器都有自己的感应器、存储器、时钟和电池，独立地记录各个设备的数据，并与计算机网络相连。这些网络的规模和配置都非常灵活，能让操作人员简单地添加记录器，或者将一个记录器从一个位置移动到另外一个位置。此网络可同时实现中央监控、报警和数据采集功能。

2. 数据采集

实时数据采集的能力，即容量和速度，反映了一个监控系统的监控能力和对故障反应的及时性，一些标准和认证也对数据的采集容量和速度进行了规定。同时，管理设备的操作人员也需要实时地获取这些信息，以确保冷链的完整性，并在故障发生时能迅速采取相应的措施。许多先进的系统和硬件能同时允许本地监控和远程监控，本地监控通常与计算机连接即可实现，远程监控则往往利用有线或无线网络实现。

3. 温度监控规程

温度监控系统需要一个合适的规程来进行温度控制，并需要使用温度读取设备来读取冷藏或冷冻区域的温度。除了温度监测和记录设备本身之外，还需要按照规程整合所有的温度记录。这些规程规定的温度监控不仅包含产品的温度记录，也要记录拖车、货车和容器等运输工具的温度。规程还要求记录产品从一个处理环节到另一个处理环节的时间，如从运输车到零售商或其他物流中心的时间。这些步骤对保证冷链的完整性非常重要，一旦出现问题，能够迅速找到发生问题的时间和地点。

规程还规定，操作人员需要定期对温度计和其他设备进行校准，并做好校准记录。校准记录包括所用的校准设备、校准方法和校准时间等。温度计的校准通常使用冰水混合物，在一个大气压下，温度计在冰水混合物中的读数应为 0℃。若不为 0℃，则应记下示值误差，在实际使用此温度计时对示值进行修正。而且，若有必要，应对温度计及其他测量设备在整个量程范围内进行多点校准。

4. 温度与湿度测量

由于温度、湿度分布的不均匀性，应选用合适的测量方案并合理布置温度与湿度的测量点，以准确反映货物所处的环境及冷藏设备所处的工作状态。

设计温度与湿度测量方案时，操作人员应先确认重点区域。一般来说，对于大的开放式冷藏、冷冻区域，如距离顶棚、外墙很近的空间易受到外界的影响，温度特别容易波动；当冷库门打开时，外界热量会对门附近区域的温度造成很大影响；棚架、支架或集装架区域，因为阻挡了空气循环，可能出现温度较高的点。上述这些区域即为重点区域，应优先在这些区域布置温度与湿度监控设备。同时，在冷藏、冷冻区域的出口、外部和冷藏、冷冻区域的不同高度处等均应布置温度与湿度监控设备，以方便进行对比。许多冷冻冷藏设备的设计者还建议在蒸发器的回风处设置温度计，因为此处能比较准确地反映制冷空间中空气的平均温度。蒸发器出风口的温度比回风口的温度低，其温差与设计参数的选择和设备类型等有关，并且对于一套确定的冷冻冷藏设备，蒸发器的出风口与回风口的温差还与设备实际所处的状态有关，如冷库刚完成货物入库、冷库无进出货时处于稳定运行阶段等，此温差一般为 3~8℃。

温度监控设备的数据采集步长应尽量小一些，以便在温度变化较为剧烈时也能获得可靠的温度记录。但数据采集步长也不能太小，以免带来大量的多余数据，一般来说每 15min 进行一次采样即可。

一个良好的物流体系，不但需要完善的设备和操作能力强的实施人员，也需要有良好的监控系统进行管理，应对冷链中的温度进行全程跟踪监控，以确保冷链食品安全。目前，我国的冷链市场还处于快速发展的初始阶段，冷链运营者往往在冷冻冷藏设备上有较大的投入，而在温度监控系统上的投入较少。随着食品安全受重视程度的不断提高、标准法规的健全及与国际接轨，在国外已经得到广泛应用的冷链温度监控系统必将在国内得到越来越多的应用。

知识拓展

RFID 在生鲜食品冷链物流中的应用（一）

配送中心的冷藏车准时到达超市指定的交货点，卸下货物，超市的工作人员用手持式 RFID 阅读器一次性读取所有货物信息，确认货物信息与订货单是否一致。如果信息一致，则更新零售商的销售系统中的相关数据。

生鲜食品应立即上架销售，以最大限度地保证食品的新鲜度，并防止出现“缺货”“断货”的现象，满足消费者的消费需求和零售商的销售需求。

超市在摆放生鲜食品的冷藏陈列柜上方安装了一个 RFID 阅读器，该阅读器的读取范围可以辐射到整个生鲜食品的摆放区域。这个冷藏陈列柜能利用阅读器对每件商品包装上的 RFID 标签进行信息获取，从而自动识别新添的商品。同时，冷藏陈列柜上的 RFID 阅读器可以实时读取冷藏陈列柜的温度信息并及时反馈给超市管理中心，保证冷藏陈列柜的温度在一定的范围内，以保证生鲜食品的新鲜度。

顾客从冷藏陈列柜拿走一定数量的商品，RFID 阅读器能自动获取被取走商品的相关信息，并及时地向超市的自动补货系统发出信息。

冷藏食品的外包装上都贴有 RFID 标签，当顾客的购物车经过装有 RFID 阅读器的门时，阅读器可以一次性辨认出购物车中的商品种类、数量和金额等信息，计算机显示屏会显示该顾客消费的总金额，然后顾客付款离开。

当顾客消费完毕离开，超市的销售系统立即自动更新，将所销售的商品信息及销售额全部记录下来。

RFID 在生鲜食品冷链物流中的应用（二）

从生猪养殖阶段开始，就为其佩戴载有其唯一 ID 号码的 RFID 标签，在饲养过程中采集并记录所有相关信息，应用动物射频芯片管理系统来处理生猪养殖信息，对单个生猪生长全过程进行记录，获取有关生猪的饲料、病历、喂药、转群和检疫等信息并进行数据分析和管理。

在运输阶段，养殖场用固定的运输车辆运输出栏猪，并且将每车生猪的 RFID 标签通过读写器记录到动物产品 RFID 信息登记卡上，经生猪产品 RFID 检疫卡道口检疫登记后前往指定屠宰场，数据通过专线传至管理中心。

在屠宰阶段，全过程都需要在挂钩上安装 RFID 芯片进行过程管理和追溯。采用标准芯片，封装后镶嵌进猪肉挂钩中，在猪肉流转的各个环节，导轨两旁均安装读写器。屠宰完成后，将屠宰好的原始猪肉进行分割加工，采用原料上携带的 RFID 继续追踪，凡需要对原料进行分切的环节，均对标签进行复制张挂，使识别码跟随原料完成整个分割加工过程。

在生产线末端，对完成加工的产品进行包装时，读取 RFID 标签中的信息，通过系统转换打印成条码标签贴在产品的包装上。

在零售阶段，顾客通过推车上的“购物助手”，可以方便地找到需要的肉类产品。当顾客从货架上取下商品后，装有 RFID 识读器的货架就自动记录货架上的存货情况，并及时通知仓库补货。店员不再多次搬运和扫描，当顾客将装有商品的推车推至收银台时，所购物品的清单和价格已经显示在计算机上。在顾客走出店门之前，识读器在瞬间就可以实现商品的自动智能销售结算，并从顾客的结算卡上自动扣除相应的金额。

学习任务三 物联网与追溯技术

重点及难点

重点：物联网的内涵、关键技术及在冷链中的应用；冷链追溯系统的建立、温度信息采集、追溯信息管理、实施追溯及冷链追溯的相关技术。

难点：物联网在冷链中的应用；冷链追溯系统的建立、实施追溯及冷链追溯的相关技术。

一、物联网

物联网（Internet of Things）被称为物物相连的互联网，即把所有物品通过射频识别、红外感应器、全球定位系统和激光扫描器等信息传感设备与互联网连接起来，进行信息交换和通信，实现智能化识别、定位、跟踪、监控和管理。物联网可以广泛地应用于公共管理、企业应用、个人和家庭应用等方面，被称为继计算机、互联网之后，世界信息产业的第三次浪潮。

1. 物联网的内涵

物联网是新一代信息技术的重要组成部分，也是信息化时代的重要发展阶段。顾名思义，物联网就是物物相连的互联网。这有两层意思：其一，物联网的核心和基础仍然是互联网，是在互联网基础上延伸和扩展的网络；其二，其用户端延伸和扩展到了任何物品与物品之间，进行信息交换和通信，也就是物物相息。物联网通过智能感知、识别技术与普适计算等通信感知技术，广泛应用于网络的融合中，也因此被称为继计算机、互联网之后世界信息产业发展的第三次浪潮。物联网是互联网的应用拓展，与其说物联网是网络，不如说物联网是业务和应用。因此，应用创新是物联网发展的核心，以用户体验为核心的创新是物联网发展的灵魂。

物联网这一概念由凯文·阿什顿（Kevin Ashton）于 1999 年提出，阿什顿认为计算机最终能够自主产生及收集数据，而无须人工干预，因此将推动物联网的诞生。简单来说，物联网的理念在于物体之间的通信，以及相互之间的在线互动。2005 年，在突尼斯举行的信息社会世界峰会上，国际电信联盟发布了《ITU 互联网报告 2005：物联网》，正式提出了物联网的概念。尽管上述场景令人难以置信，但随着物联网的发展，类似场景终将成为现实。

目前，世界各国的物联网发展基本上处于技术研究与试验阶段。美国、日本、韩国、中国、欧盟等国家和组织都投入巨资深入研究物联网，并启动了以物联网为基础的“智慧地球”“U-Japan”“U-Korea”“感知中国”等国家或区域战略规划。IBM 的学者认为：“智慧地球”就是将感应器嵌入和装备到电网、铁路、桥梁、隧道、公路、建筑、供水系统、大坝和油气管道等各种物体中，并通过超级计算机和云计算组成物联网，实现人类与物理系统的整合。

2. 物联网关键技术

在物联网应用中有三项关键技术：传感器技术、RFID 技术和嵌入式系统技术。

（1）传感器技术　传感器技术是计算机应用中的关键技术。计算机处理的是数字信号，因此，需要传感器把模拟信号转换成数字信号，以便计算机进行处理。

（2）RFID 技术　RFID 技术也是一种传感器技术，它是融无线射频技术和嵌入式技术为一体的综合技术，在自动识别和物流管理方面有广阔的应用前景。

（3）嵌入式系统技术　嵌入式系统技术是综合了计算机软硬件、传感器技术、集成电路技术和电子应用技术的复杂技术。经过几十年的演变，以嵌入式系统为特征的智能终端产品随处可见，小到人们身边的 MP3，大到航天航空的卫星系统。嵌入式系统正在改变着人们的生活，推动着工业生产等的发展。如果把物联网比作人体，那么传感器相当于人的眼睛、鼻子和皮肤等感官，网络就是神经系统，用来传递信息，嵌入式系统则是人的大脑，在接收到信息后要进行分类处理。

3. 物联网在冷链中的应用

将物联网应用于冷链中将使冷链物流智能化，即管理智能化、物流可视化及信息透明化，使冷链创造更多的价值。冷链产业中的生产商、物流商、销售商和消费者，通过可接入互联网的各种终端，能随时随地获知冷链货物的状况，享受物联网技术带来的安全性和及时性等方面的变革。

物联网技术接口丰富，可以对冷链运输车辆进行自动识别，提高通关速度，减少集疏作业的拥堵现象，也可以对冷链货物进行跟踪。在作业指导方面，物联网技术可以进行智能预警，通过对重要或异常数据的预警，提高管理的效率，规避风险。消息通知可对实效性要求高的信息进行即时提醒，加快作业效率，也可以进行柔性智能控制、统一指挥作业。同时，物联网技术的应用还可以减少冷链中的冷库和分销点因雇佣劳动力所带来的人力成本，也节约了大量的冷库和分销点监控成本。

4. 物联网技术在港口物流中的应用

港口口岸物联网是物联网的一个子系统，它利用各类传感器、GPS 定位和视频监控等技术采集港口物流的信息，并通过互联网把陆路客货运输、港口码头作业、堆场（园区）仓储作业和物流装备等港口物流系统有机整合起来，为口岸管理部门和港航企业提供各类监管和生产信息。港口物流物联网技术主要体现在无线终端、电子闸口、电子地磅、条码应用、电子标签、EDI 接口；支持手持终端操作、车载终端操作，EDI 电子数据交换功能可产生自定义报文，与客户的信息系统进行资料交换；能够完成船舶管理、集装箱单证管理、堆场管理、场站管理、数据交换、客户管理、综合自动计费管理及数据统计分析等业务功能。港口信息物流系统主要包括客户管理子系统、船务管理子系统、码头堆场管理子系统、机械设备管理子系统、综合计费管理子系统、EDI 管理子系统和查询统计子系统。

二、追溯技术

1. 追溯系统的概述

国际标准化组织对可追溯性的定义是通过标识信息追踪个体的历史、应用情况和所处位置的能力。在欧盟委员会2002年178号法令中，可追溯性被定义为：食品、饲料、畜产品和饲料原料，在生产、加工、流通的所有阶段具有的跟踪追寻其痕迹的能力。

根据以上概念，冷链物流追溯系统数据建立包含生产、收购、运输、储存、装卸、搬运、包装、配送、流通加工和分销，直到终端客户的物流全过程，并在每一环节进行严格记录。

食品可追溯系统（Food Traceability System）是在以欧洲疯牛病危机为代表的食源性恶性事件在全球范围内频繁爆发的背景下，由法国等部分欧盟国家在CAC生物技术食品政府间特别工作组会议上提出的一种旨在加强食品安全信息传递、控制食源性危害和保障消费者利益的信息记录体系，主要包括记录管理、查询管理、标识管理、责任管理和信用管理五个部分。

冷链追溯系统可对冷链产品从生产到销售进行全方位跟踪，以确保产品安全，为消费者提供一个可以可靠获取产品信息的渠道，极大地保护了消费者的利益。对于政府而言，建立冷链物流追溯系统能迅速识别食品安全事故责任，大大降低产品召回成本；就整个冷链市场来说，可以促进企业通过科学的手段进行生产、运输、贮藏和销售，有利于改善市场竞争环境。

当今客户越来越希望知道产品原料的来源、能量值、贮存温度、生产日期和销售日期。有些食品加工企业已经建立了全流程追溯体系，如每一头生猪都配备唯一的“检验检疫及胴体追溯”条码，真正做到“来源可追溯、去向可查询、责任可追究”，所有产品百分之百合格方能出厂。

2. 建立追溯体系

（1）通用要求　通用要求如下：

1）追溯体系的设计和实施应符合《饲料和食品链的可追溯性体系设计与实施的通用原则和基本要求》（GB/T 22005—2009）对食品链可追溯性体系的通用要求，并充分满足客户需求。

2）追溯体系的设计应将食品冷链物流中的温度信息作为主要追溯内容，建立和完善全程温度监测管理和环节间交接制度，实现温度全程可追溯。

3）应配置相关的温度测量设备对环境温度和产品温度进行测量和记录。温度测量设备应通过计量检定并定期校准。

4）应制定详细的食品冷链物流温度监测作业规范，明确食品在不同物流环节的温度监测和记录要求（包括温度测量设备要求、测温点的选择、允许的温度偏差范围、温度监测方法和温度监测结果的记录），以及温度记录保存方法和保存期限等要求。

5）应制定适宜的培训、监视和审查制度，对操作人员进行必要的培训，使其能够根据检测方法对冷链物流温度进行监测和记录，完成交接确认等操作。

6）应对食品冷链物流追溯体系进行验证，确保追溯体系的记录连续、真实有效。

（2）追溯信息　追溯信息如下：

1）食品冷链物流服务提供方在物流作业过程中应及时、准确、完整地记录各物流环节的追溯信息。

2）食品冷链物流运输、仓储、装卸环节的追溯信息主要包括客户信息、产品信息、温度信息、收发货信息和交接信息，必要时可增加补充信息，见表8-1。

表 8-1　食品冷链物流追溯信息

信息类型	信息内容
客户信息	客户名称、服务日期
产品信息	食品名称、数量、生产批号、追溯标识、保质期
温度信息	环境温度记录、产品温度记录（采集时间和温度）、运输工具或仓库名称、运输时间或仓储时间
收发货信息	前后环节的企业或部门名称、收发货时间、收发货地点
交接信息	产品温度确认记录、交接时间、交接地点、外包装良好情况、操作人员签名
补充信息	温度测量设备和方法（包括温度测量设备的名称、精确度、测温位置、测量和记录间隔时间等）；装载前运输载体预冷温度信息（包括预冷时间、预冷温度、装车时间、作业环境温度及开始装车后的载体内的环境温度）；特殊情况追溯信息

3）运输和仓储环境追溯温度信息时对环境温度记录有争议的，可通过查验产品温度记录进行追溯。

4）当食品冷链物流环节中制冷设备或温度记录设备出现异常时，应将出现异常的时间、原因、采取的措施及采取措施后的温度记录作为特殊情况的温度追溯信息。

（3）追溯标识　对追溯标识的要求如下：

1）食品冷链物流服务提供方应全程加强食品防护，保证包装完整，并确保追溯标识清晰、完整、未经涂改。

2）食品冷链物流服务过程中需对食品另行添加包装的，其新增追溯标识应与原标识保持一致。

3）追溯标识应始终保留在产品包装上，或者附在产品的托盘或随附文件上。

（4）温度记录　关于温度记录的要求如下：

1）追溯体系中的温度记录应便于与外界进行数据交换，温度记录应真实有效，不得涂改。

2）温度记录载体可以是纸质文件，也可以是电子文件。温度表示可以用数字，也可以用图表。

3）温度记录在物流作业结束后作为随附文件提交给冷链物流服务需求方。

4）运输和仓储环节内的温度信息宜采用环境温度，交接时温度信息宜采用产品温度。运输过程中产品温度的测量，应选择车厢门开启边缘处的顶部和底部的样品，如图 8-5 所示。

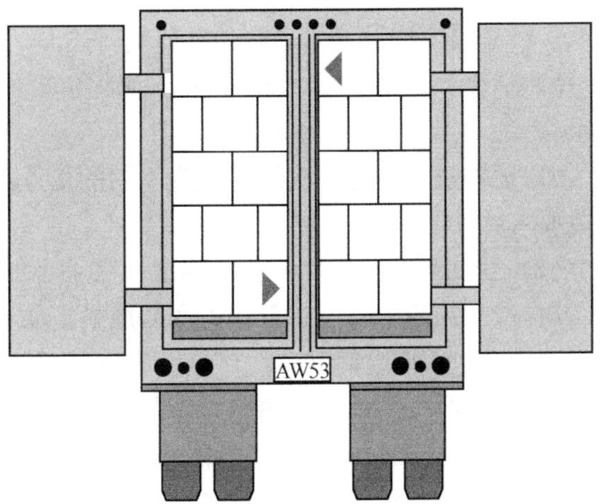

图 8-5　运输过程中产品温度测量的取样点

卸车时产品温度测量的取样点包括五个部分：靠近车门开启边缘处的车厢的顶部和底部，车厢的顶部和远端角落处（尽可能远离制冷温控设备），车厢的中间位置，车厢前面的中心（尽可能靠近制冷温控设备），以及车厢前面的顶部和底部角落（尽可能靠近空气回流入口），如图 8-6 所示。

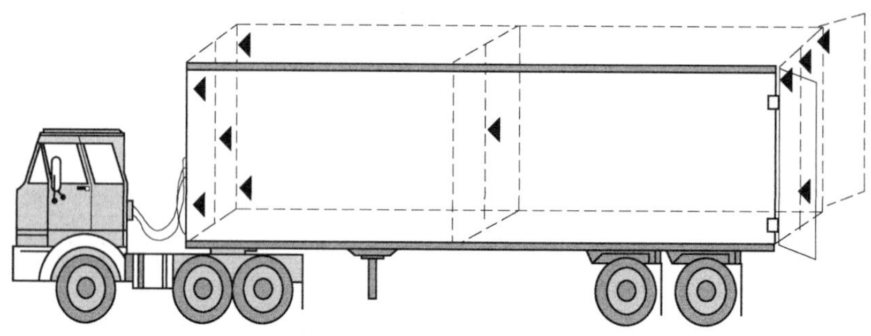

图 8-6　卸车时产品温度测量的取样点

5）进行产品交接时应按以下顺序检查、测量并记录温度信息：

①环境温度记录：检查环境温度监测记录是否符合温控要求，并记录。

②产品表面温度：测量货物外箱表面温度或内包装表面温度，并记录。

③产品中心温度：如产品表面温度超出可接受范围，还应测量产品中心温度，或者采用双方可接受的测温方式测温并进行记录。

3. 温度信息采集

（1）运输环节　运输环节的温度信息采集如下：

1）装运产品前应对运输载体进行预冷，查看相关产品质量证明文件，确认承运的货物运输包装完好，测量并记录产品温度，并和上一环节操作人员签字确认。

2）运输过程中应全程连续记录运输载体内的环境温度信息。运输载体的环境温度一般可用回风口温度表示运输过程中的温度，必要时以载体 2/3～3/4 处的感应器的温度记录作为辅助温度记录。

3）运输过程中需提供产品温度记录时，产品温度测量点的选取参见前文所述。

4）运输结束时，应与下一环节的操作人员对产品温度进行测量和记录，且经双方签字确认。产品温度测量点的选取参见前文所述。

5）运输服务完成后，根据冷链运输需求方的要求，提供与运输时间段相吻合的温度记录。

6）运输过程中每一次转载视为不同的作业和追溯环节。转载装卸时应符合装卸环节的相关要求。

（2）仓储环节　仓储环节的温度信息采集如下：

1）产品入库前，应查看相关产品质量证明文件，并与运输环节的操作人员对食品的运输温度记录、入库时间和交接产品温度进行记录并签字确认。

2）当接收产品的温度超出合理范围时，应详细注明当时的温度情况，包括接收时产品温度、处理措施和时间、处理后的温度及入库时冷库温度等温度记录的补充信息。

3）冷库温度记录和显示设备宜放置在冷库外便于查看和控制的地方。温度记录器应放置在最能反映产品温度或平均温度的位置，如放在冷库相关位置的高处。温度记录器应远离温度有波动的地方，如远离冷风机和货物进出口旁，确保温度记录准确。

4）冷库环境温度的测量记录可按《冷库管理规范》（GB/T 30134—2013）中的相关要求进行。冷库内温度记录器的设置数量需满足温度记录的需要。

5）需提供仓储过程中的产品温度记录时，冷库产品温度的测量按下述方法进行。当货箱紧密地堆在一起时，应测量最外边的单元包装内靠外侧的包装的温度值，以及本批货物中心的单元包装的内部温度值。它们分别被称为本批产品的外部温度和中心温度。两者的差异视为本批货物的温度差，需进行多次测量，以记录本批货物的准确温度。

6）产品出冷库时，应与下一环节的操作人员确认冷库温度记录，以及交接时的产品温度并签字确认。

7）涉及分拆、包装等物流加工作业的，应确保追溯标识符合相关要求，并详细记录食品名称、数量、批号、保质期、分拆和包装时的环境温度和产品温度，作为仓储环节的加工追溯信息。

8）仓储环节完成后，根据冷链仓储需求方的要求，提供仓储过程中的温度记录。

（3）装卸环节　装卸环节的温度信息采集如下：

1）装卸前应先对产品的包装完好程度、追溯标识进行检查，对环境温度记录进行确认，选取合适的样品测量产品温度并确认签字。

2）装卸环节的温度追溯信息包括装卸前的环境温度、产品温度、装卸时间及装卸完成后的产品温度和环境温度。

3）装载时的追溯补充信息包括装车时间、预冷温度、作业环境温度及开始装车后的运输载体内的环境温度。

4）卸载时的追溯补充信息包括到达时的运输载体环境温度、卸货时间及将要转入的冷库温度。

4. 追溯信息管理

（1）信息存储　应建立信息管理制度。纸质记录应及时归档，电子记录应及时备份。记录至少保存 2 年。

（2）信息传输　冷链物流前后环节交接时应做到信息共享。每次冷链物流服务完成后，服务提供方应将信息提供给服务需求方。

5. 实施追溯

食品冷链物流服务提供方应保留相关追溯信息，积极响应客户的追溯请求并实施追溯。追溯请求和实施条件可在商务协议中进行规定。

食品冷链物流服务提供方应根据相关法律法规、商业惯例或合同实施追溯，特别是遇到以下情况：

1）发现产品有质量问题时，应及时实施追溯。

2）根据服务协议或客户提出的追溯要求，向客户提交相关追溯信息。

3）当前后环节的企业对产品有疑问时，应根据情况配合进行追溯。

4）当发生食品安全事故时，应快速实施追溯。

实施追溯时，应将相关追溯信息数据封存，以备检查。

6. 追溯系统相关技术

追溯系统中的关键技术之一是可追溯信息链源头信息的载体技术，由此产生和发展起来一门重要技术——标识技术。冷链全程中常用的标识技术有条码技术和 RFID 技术等。目前，针对动物个体，在饲养场和屠宰加工厂经常使用 RFID 技术，在蔬菜等种植业产品中主要运用条码技术。RFID 技术已在前面进行了介绍，在此仅介绍条码技术。

条码技术是实现销售终端（Point of Sale，POS）系统、EDI、电子商务和供应链管理的技术基础，是现代物流管理的重要技术手段。条码技术包括条码的编码技术、条码标识符号的设计、快速识别技术和计算机管理技术，是实现计算机管理和电子数据交换不可少的前端采集技术。

20 世纪 80 年代中期，我国一些高等院校、科研部门及一些出口企业开始研究和推广应用条码技术，图书馆、邮电、物资管理部门和外贸部门逐渐开始使用条码技术。1991 年 4 月 9 日，中国物品编码中心正式加入了国际物品编码协会，国际物品编码协会分配给我国的前缀码为“690、691、692”，许多企业获得了条码标记的使用权，我国的商品大量进入国际市场，给企业带来了可观的经济效益。

条码技术属于自动识别技术范畴，在当今自动识别技术中占有重要的地位，是快速、准确地进行数据采集和输入的有效手段。条码有一维条码和二维条码。二维条码是由矩阵代码和点代码，以及包含重叠的或多行条码的编码。一维条码是由一组宽度不同、反射率不同的条和空按规定的编码规则组合起来，用以表示一组数据和符号的编码。我国常用的是一维条码，如 EAN 条码、UPC 条码、交插二五条码、三九码、Codabar 码等。一维条码共同的缺点是信息容量小、需要与数据库相连、防伪性和纠错能力较差。

条码功能强大，有输入速度快、准确率高、可靠性强和成本低等特点，在我国物流业得以广泛应用。

（1）应用于大型超市或购物中心　超级市场中打上条码的商品经扫描，自动计价，并同时做好销售记录。相关部门可利用这些记录做统计分析、预测未来需求和制订进货计划，在这种情况下，一般会配套使用 POS 设备。

POS 系统在物流中的应用通过以下流程实现：先将销售的商品贴上表示该商品信息的条码（可能是 Bar Code，也可能是内部码），然后在顾客结账时，销售终端设备通过扫描仪自动读取商品条码，通过店铺内的计算机确认商品的单价，计算顾客购买总金额，销售终端设备打印出小票，随后各个店铺的各个销售设备的销售信息通过在线连接方式传送给总部或物流中心，最后总部、物流中心和店铺利用销售信息来进行库存调整、配送管理和商品订货等作业。

实现以上流程时应注意，收银员必须在工作前登录才能进行终端操作，即门店中每个收银员都实行统一编号，每一个收银员都有一个 ID 和密码，只有收银员输入了正确的 ID 和密码后，才能进入操作界面进行操作。在交接班结束时，收银员必须退出系统以便让其他收银员使用该终端。如果收银员在操作时需要暂时离开终端，可以使终端处于“登出或关闭”状态，在返回时重新登录。

（2）应用于配送中心　订货信息先通过计算机网络从终端向计算机中心输入，然后通过打印机打印，以条码及拣货单的形式输出。操作人员将条码贴在集装箱的侧面，并将拣货单放入集装箱内。在拣选过程中，集装箱一旦到达指定的货架前，自动扫描装置会立即读出条码的内容，并自动进行分货，极大地提高了配送效率和配送速度。

（3）应用于库存管理　在库存物资的规格包装、集装、托盘货物上应用条码技术，入库时自动扫描并输入计算机，由计算机处理后形成库存信息，并输出入库区位、货架和货位的指令；出库程序则正好相反。这样经过信息系统的分析处理，可精确地掌握并控制库存信息。

特别注意

物联网的认识误区

误区之一

把传感网或 RFID 网等同于物联网。事实上，传感技术和 RFID 技术都仅仅是信息采集技术之一。除传感技术和 RFID 技术外，GPS、视频识别、红外、激光和扫描等所有能够实现自动识别与物物通信的技术都可以成为物联网的信息采集技术。传感网或 RFID 网只是物联网的一种应用，但绝不是物联网的全部。

误区之二

把物联网当成互联网的无边无际的无限延伸，当成所有物的完全开放、全部互联、全部共享的互联网平台。实际上物联网绝不是简单的全球共享互联网的无限延伸。即便是互联网，也不仅仅指我们通常认为的国际共享的计算机网络，互联网也有广域网和局域网之分。

物联网既可以是平常意义上的互联网向物的延伸，也可以根据现实需要及产业应用组成局域网、专业网。现实中没必要也不可能使全部物品联网，也没必要使专业网、局域网都必须连接到全球互联网共享平台上。今后的物联网与互联网会有很大不同，类似智能物流、智能交通和智能电网等专业网，以及智能小区等局域网才是最大的应用空间。

误区之三

认为物联网就是物物互联的无所不在的网络，因此认为物联网是空中楼阁，是很难实现的技术。事实上物联网是实实在在的，很多初级的物联网应用已成为现实。物联网理念就是在很多现实应用的基础上推出的集成创新，是对早就存在的具有物物互联的网络化、智能化和自动化系统的概括与提升。

误区之四

把物联网当成个筐，什么都往里装。基于自身认识，把能够互动、通信的产品都当成物联网应用。例如，仅仅嵌入了一些传感器，就成了所谓的物联网家电；把产品贴上了 RFID 标签，就成了物联网应用等。

知识拓展

世界主要国家应用追溯技术的概况

食品质量安全追溯系统作为保障食品安全的有效手段，在世界很多国家受到了广泛的关注，特别是欧美发达国家和部分发展中国家，美国、欧盟、澳大利亚、日本和加拿大等纷纷建立了食品质量安全追溯系统。

1. 美国

美国的食物质量安全监督管理由多个部门负责，主要为农业部、卫生和公共事业部及环境保护署，分别负责农产品、葡萄酒和饮用水等不同产品。此外，美国商业部、财政部和联邦贸易委员会也不同程度地承担了对食品安全的监管职能。

美国政府于2004年启动了国家动物标识系统（National Animal Identification System，NAIS），通过对养殖场和动物个体或群体转移进行标识，确定其出生地和移动信息，最终保证在发现外来疫病的情况下，能够在48h内确定所有与其有直接接触的企业。

2. 欧盟

欧洲食品安全局对欧盟各成员国的食物安全管理承担主要责任，成员国和欧盟共同执行食物安全管理政策。食品产业受成员国有关机构的监督，这些机构同时受欧盟的管理，欧盟委员会也参与欧盟的食物安全管理。

欧盟的畜产品可追溯系统主要应用在牛的生产和流通领域。与一些价值较低、混合包装的产品只需要追溯到生产批次不同，牛肉属于价值较高的产品，个体标记相对较为容易，其生产及包装特点决定了基本部位产品可以做到个体追溯，也因此欧盟在客观条件上能做到实行较严格、完善的追溯制度。事实上，欧盟强制性要求入盟国家对家畜和肉制品开发和流通实施追溯制度，从2002年起所有店内销售的产品必须具有可追溯标签，该标签必须包含如下信息：出生国别、育肥国别及牛肉关联的其他畜体的引用数码标识、屠宰国别及屠宰厂标识、分割包装国别、分割厂的批准号及是否欧盟成员国生产等。

3. 澳大利亚

澳大利亚70%的牛肉产品销往海外。通过实行国家牲畜标识计划（National Livestock Identification System，NLIS），澳大利亚的畜产品得以顺利出口欧盟，总值约每年5200万澳元。NLIS是一个永久性的身份系统，能够全程追踪家畜从出生到屠宰的信息。家畜个体采用经NLIS认证的耳标或瘤胃标识球来标识身份，牛迁移到新的地点时，农场、寄养销售场或屠宰场的射频身份读取器将读取并在NLIS数据库中记录其移动。NLIS的优点是：通过将胴体信息与家畜个体生产数据关联，来改善管理和提高育种决策能力，满足消费者的需求；通过自动数据采集，提高家畜个体记录的准确性。

4. 日本

日本政府已通过立法要求肉牛业实施强制性的零售点到农场的追溯系统，系统允许消费者通过互联网输入包装盒上的牛身份号码，获取所购买的牛肉的原始生产信息。针对疯牛病，该法规要求日本肉品加工者在屠宰时采集并保存每头家畜的DNA样本。

5. 加拿大

加拿大等发达国家已经形成了完整的农产品冷链物流体系，生鲜易腐农产品（以价值论）已经占到销售总量的50%，并且还在继续增长。农产品冷链物流对推动加拿大经济与社会协调发展发挥了重要作用，成为加拿大新的经济增长点。加拿大通过冷链物流使农产品减少了损耗、降低了成本，间接地增加了农产品产量和农业产值。例如，加拿大蔬菜冷链物流损耗仅为5%，是我国的1/6；物流成本不足30%，是我国的1/2。加拿大冷链物流通过低温加工、低温贮藏、低温运输及配送、低温销售四个环节，使农产品从田间到餐桌始终保持在低温环境下，有效地控制了有害微生物的滋生与蔓延，保障了食品安全。

在立法方面，各国对食品可追溯进行了强制性规定：欧盟出台了一系列相关法律法规，要求在欧盟国家销售的牛肉制品和生鲜水果、蔬菜都要具有可追溯性，同时从2005年起要求出口到欧盟国家的肉类产品必须具备可追溯性；美国通过联邦立法来要求动物产品必须使用标识；日本通过立法要求牛肉产品必须可追溯。

在信息管理方面，美国NAIS（其数据库包括国家养殖场信息库和国家动物记录信息库)、澳大利亚 NLIS 数据库等都属于国家级别的数据库，对录入的信息有统一的标准，由国家对其进行管理、分析。同时，各国均开始或已经制定法律支持系统信息的真实性。

任务实训　不合格冷藏食品的追溯

一、实训目的

以腐败变质的冷鲜猪肉为例，学习不合格冷藏食品的追溯流程和方法。

二、实训内容与要求

实训内容与要求见表 8-2。

表 8-2　实训内容与要求

实训内容	实训要求
不合格冷藏食品的判断	根据不同食品的贮藏标准进行
封存并记录	根据实训过程中的要求进行
追溯食品信息数据	根据实训过程中的要求进行

三、主要材料与设备

腐败变质的冷鲜猪肉，追溯信息资料，笔，纸。

四、实训过程

步骤 1：确认

根据冷鲜猪肉的感官、气味等特征，确认冷鲜猪肉确实已为变质的不合格食品后，立即实施追溯。

步骤 2：封存并记录

根据不合格冷藏食品的名称和生产批号等，封存追溯信息数据；或者根据此不合格食品的供应链信息，通知所有各方封存此批次的不合格冷藏食品追溯信息数据，包括冷链食品生产商、仓储服务提供方和冷链运输配送服务提供方等。

记录不合格冷藏食品的名称、生产批号、封存追溯信息数据的时间（或通知所有各方封存此批次的不合格冷藏食品追溯信息数据的时间），并签字。

步骤 3：检查温度记录

直接调阅封存的追溯信息数据，主要是温度记录；或者向各方索取所有环节的温度记录后，检查各环节的温度记录。

步骤 4：判断温度异常点

依据此冷藏食品的储运条件，判断出现温度异常的环节。

步骤 5：记录

记录产品信息：不合格冷藏食品的名称、数量、生产批号和保质期等信息。

记录出现温度异常环节的信息，包括环节名称、出现温度异常的时间、环境温度、产品温度（采集时间和温度）、运输工具或仓库名称、运输时间或仓储时间等。

步骤6：确定解决方案

根据相关法律法规、商业惯例、合同或协议，追溯实施者与相关食品冷链物流服务提供方共同确定本次追溯的解决方案。

模块小结

冷链运输信息化技术的一些关键信息技术包括电子数据交换、自动识别技术、全球定位系统、地理信息系统、互联网技术，以及各种运输管理信息系统等。

全程冷链监控主要用于监测、控制冷链货物的温度、位置，以及车辆的行驶路线、开门情况等。根据监控对象可将冷链温度监控分为货物温度监控和设备运行监控。

物联网被称为物物相连的互联网，可以广泛地应用于公共管理、企业应用、个人和家庭应用等方面。食品可追溯系统是由法国等部分欧盟国家在CAC生物技术食品政府间特别工作组会议上提出的一种旨在加强食品安全信息传递、控制食源性危害和保障消费者利益的信息记录体系，主要包括记录管理、查询管理、标识管理、责任管理和信用管理五个部分。

思考与练习

一、选择题

1. 全球定位系统（GPS）的接收器通常与（　　）颗卫星进行通信，用信息传输的时间差来计算距离，并进行三角定位。

A. 3　　B. 6　　C. 12　　D. 24

2. 被动射频识别标志的数据传输范围一般可达（　　）m。

A. 3　　B. 8　　C. 15　　D. 20

3. 冷链温度监控设备的数据采集，一般每（　　）min进行一次采样即可。

A. 1　　B. 5　　C. 10　　D. 15

4. 在饲养场、屠宰加工厂，目前冷链追溯系统中针对动物个体常用的标识技术是（　　）技术。

A. RFID　　B. 条码　　C. GPS　　D. GIS

5. 在蔬菜等种植业产品上，目前冷链追溯系统中主要使用的标识技术是（　　）技术。

A. RFID　　B. 条码　　C. GPS　　D. GIS

二、简答题

1. 简述冷链运输信息化所应用的关键技术。
2. 简述智能运输系统的主要功能。
3. 简述地理信息系统（GIS）的含义及其具备的主要功能。
4. 简述地理信息系统（GIS）应用于冷链物流所应解决的主要问题。
5. 简述什么是自动导引运输车。
6. 简述冷链物流仓储管理系统的主要功能。
7. 简述物联网在冷链中的应用。
8. 简述冷链物流中的追溯系统的含义。

模块九 典型食品冷链

学习目标

了解冷鲜猪肉冷链的处理过程。

了解带鱼冷链的处理过程。

了解苹果冷链的处理过程。

学习任务一 冷鲜猪肉

重点及难点

重点：冷鲜猪肉的定义；冷鲜猪肉冷链的处理过程。

难点：冷鲜猪肉冷链的处理过程。

一、冷鲜猪肉的定义

冷鲜猪肉又叫冷却肉、排酸肉，准确地说应该叫“冷却排酸肉”，是指经兽医检验、证实健康无病的活猪，在国家批准的屠宰厂内进行屠宰后，将畜体迅速冷却处理使胴体温度（以后腿中心温度为测量点）在 24h 内降为-1.5~7℃，并在后续加工、流通和销售过程中始终保持在-1.5~7℃的生鲜肉。

在实际生产中，冷鲜猪肉的温度可控制在-1.5~0℃或0~7℃。对于猪肉来说，-1.5~0℃属于冰温带（0℃以下、冰点以上的温度区域），在该温度下，肌肉内部的水分不冻结，但如果肉的表面有多余水分或渗出水分时，会在表面形成一层薄冰，有人将此温度下贮藏的猪肉称为冰鲜猪肉，而将中心温度介于0~7℃的冷却猪肉称为冷鲜猪肉。在超级市场里的冷鲜猪肉大都是精细分割的部位肉，放在覆盖有透明保鲜薄膜的托盘中，在产品的标签上写明部位肉的名称、重量、单价、总价和生产日期等，有着极好的色泽和卫生状况。冷鲜猪肉具有如下的特点：

1. 安全系数高

冷鲜猪肉从动物检疫、屠宰、快冷分割、剔骨、包装、运输、贮藏，到销售的全过程始终处于冷链过程，迅速排除肉体热量、降低深层温度，并在肉的表面形成一层干燥膜，减缓肉体内部水分的蒸发，延长了肉的保藏期限，并阻止了微生物的生长和繁殖，使大多数微生物被抑制。另外，冷鲜猪肉肌糖原酵解生成的乳酸也可抑制或杀死肉中的部分微生物，安全卫生性得到了一定保障，而且延缓了肉体内部水分的蒸发，延长了肉的保藏期限。

2. 感官舒适性高

冷鲜猪肉在规定的保质期内色泽鲜艳，肌红蛋白不会褐变，此与热鲜肉无异，并且肉质更为柔软。因其在低温下逐渐成熟，蛋白质、三磷酸腺苷等正常分解，不仅形成了可溶性肽和氨基酸，而且获得了鲜味核苷酸，使肉的风味明显改善。在成熟阶段，某些化学组分和降解形成的多种小分子化合物的积累，为熟化时肉香的形成打下了基础。另外，冷鲜猪肉食用方便，具有不用解冻即买即食的方便性。

冷鲜猪肉的售价之所以比热鲜肉和冷冻肉高，原因是生产过程中要经过多道严格工序，需要消耗很多的能源，成本较高。

合格与不合格的冷鲜猪肉，单从外表上很难区分，两者仅在颜色、气味、弹性和黏度上有细微差别，只有做成菜后才能明显感觉到不同：合格的冷鲜肉更嫩，熬出的汤清亮醇香。

3. 营养价值高

冷鲜猪肉遵循肉类生物化学基本规律，在适宜温度下，使胴体有序完成了尸僵、解僵、软化和成熟这一过程，肌肉蛋白质正常降解，肌肉排酸软化，嫩度明显提高，非常有利于人体的消化与吸收。并且因其未经冻结，食用前无须解冻，不会产生营养流失，克服了冻结肉的这一营养缺陷。由于冷链的形成，冷鲜猪肉中脂质氧化受到稳定抑制，减少了醛、酮等小分子异味物的生成，并防止了其对人体健康带来的不利影响。

冷鲜猪肉为纯肉，难形成注水肉，营养价值高。由于在肉类冷却过程中天然水分有所散失，使得冷鲜猪肉表面湿润，外加水分很难存留于肌肉，因而不会形成注水肉。冷鲜猪肉经济、实惠、方便，深受广大消费者的欢迎，有放心肉之称，市场反应热烈，发展势头迅猛，成为21世纪我国消费者的主流和必然的发展趋势。

二、冷鲜猪肉的包装

包装是保持冷鲜猪肉贮藏、流通和销售过程中肉品品质的关键环节，主要起着隔离外界微生物污染，抑制冷鲜猪肉表面已有微生物生长，稳定肉色，延长产品货架期等作用。常见冷鲜猪肉包装有以下几种类型：

1. 防护袋包裹

大多数企业在猪胴体冷却或运输过程中不采取防护措施，常导致冷却干耗大、交叉污染严重等问题。为了降低猪白条肉冷却时的干耗，减轻搬运过程中的交叉污染，可采用一次性的无纺布猪肉白条防护袋将半胴体局部包裹。目前，该方法在部分屠宰加工企业专供大型卖场的产品中使用。

2. 真空包装

普通真空包装是将肉块放入真空袋后直接抽真空，封口即可。普通真空包装存在两个缺点：一是肉块易出现“毛细管”现象，导致汁液渗出，影响外观；二是包装袋容易破裂，造成较大的经济损失，尤其不适合带骨产品。

真空热缩包装是将产品抽真空密封后，放入热水（80~82℃）中保持1~2s，使塑料袋收缩紧裹肉块，保持肉块原有的形状，从而消除包装膜出现皱纹或裂隙的情况，避免“毛细管现象”的发生；增厚包装袋也可减少运输过程中出现包装袋破裂的现象。

真空包装所选用的包装材料应具备高阻氧阻水汽性能、高热水收缩率及较强的抗穿刺能

力，并且在封口处有较强的抗油脂能力，可以避免封口污染造成的漏气。所用的材料通常为乙烯/乙烯醇共聚物（EVOH）、聚偏二氯乙烯（PVDC）、聚乙烯（PE）和聚酰胺（PA）等，通过多层共挤加工而成。真空包装冷鲜猪肉的包装效果取决于生产加工的每一个环节，如果屠宰环节卫生控制得好，贮运过程中的温度始终能控制在-1.5℃，冷鲜猪肉的保存期可达到45d；若温度控制不严格，产品货架期也可达到20~30d，也能满足国内市场销售的需求。

3. 气调包装

气调包装是指一种用适合食品保鲜的气体置换包装中气体的包装方法，可以延缓氧化反应、抑制微生物的生长、阻止酶促反应，进而延长产品的货架期。包装时先抽真空，再向包装内充入一定的气体，破坏或改变微生物赖以生存繁殖的条件，以减缓包装内冷鲜肉的腐败。在肉类保鲜中常用的气体主要有氧气、二氧化碳和氮气等。

气调包装材料要求具有高阻隔性、耐油、耐低温、耐酸碱、热封性好等优良性能，同时还具有良好的印刷适性和装饰艺术效果。常用的气调包装材料如下：

（1）阻隔性托盘　阻隔性托盘有两种类型：一种是阻隔性聚苯乙烯泡沫托盘，另一种是硬质阻隔性聚乙烯（PP）和抗冲击性聚苯乙烯（HIPS）托盘。对于中小企业、近距离运输的产品，选择第一种托盘；对于大企业、远距离运输的产品，选择第二种托盘更好。

（2）吸水衬垫　吸水衬垫是一种由吸水颗粒组成的衬垫，可及时吸附肉中渗出的汁液，使托盘包装内始终处于干燥状态，可显著改善产品外观，从而延长产品的货架期。

（3）阻隔性盖膜　阻隔性盖膜主要有普通阻隔盖膜（主要为透明多层收缩膜，具有冷藏过程中保持无雾状态和超强的高速封口性等优点）、可剥离膜（优点是可剥离阻隔部分，与可呼吸层接触，让空气重新进入包装，使肉呈现良好的色泽）、新型即售包装盖膜（由两部分组成，一是内层非阻隔性的收缩膜，可与肉表面直接接触，透氧，可防止肉表面褪色；另一层是阻隔性的收缩膜，可阻止外界空气和包装内气体的交换）。

冷鲜猪肉气调包装的效果取决于生产加工的每一个环节，如果屠宰环节卫生控制得好，贮运过程中的温度始终能控制在-1.5℃左右，气调包装的冷鲜猪肉货架期可达2周，但鉴于国内目前的实际情况，产品货架期一般为6~10d。

总之，冷鲜猪肉的包装材料应符合相关国家标准的规定，不得使用不合格材料。食品标签应符合《预包装食品标签通则》（GB 7718—2011）的规定。包装材料和标签应由专人保管，每批产品标签凭相应的出库证明发放、领用。销毁的包装材料应有记录，在印字或贴签过程中，应随时抽查印字或贴签质量，印字要清晰。成品包装内不得夹放与食品无关的物品。冷鲜猪肉分割产品的包装箱外的两侧应标明肉的名称、质量、企业名称和贮存条件。

三、冷鲜猪肉的冷加工与冷藏

由于冷鲜猪肉在加工、贮运和销售等环节极易受到微生物的污染，因此，在冷鲜猪肉加工、贮藏、物流过程（包括运输、仓储、装卸等环节）中保持冷链不间断尤为重要。

1. 温度要求

屠宰场胴体预冷：预冷间温度为-1.5~0℃。

冷却间的设计温度：0~4℃。如果条件许可，冷却间下限温度可设为-1.5℃左右；

冷却后的胴体：中心温度为-1.5~7℃；出库时中心温度不应高于7℃；

分割间：分割间温度低于12℃。

分割肉：中心温度低于7℃。

冷藏暂存：冷藏间温度为-1.5~7℃。

经检验合格的包装产品应贮存于成品库，其容量与生产能力相适应，要设有温度、湿度监测装置和防鼠、防虫等设施，定期检查和记录。冷鲜猪肉半胴体及其分割产品应在相对湿度为75%~84%、温度为0~1℃的冷却间贮存，并且半胴体需吊挂，胴体间距不得小于5cm。

2. 设施设备要求

胴体冷却间、配送冷却间、分割包装车间及配送冷藏间的设计应符合《冷库设计规范》（GB 50072—2010）的规定。

各类贮藏设备内表面与冷鲜猪肉接触的材料应符合卫生要求，并能满足清洗、消毒的条件。贮藏设备应有降温和（或）保温功能，应能保持-1.5~4℃的温度，冷藏设备应有除霜功能、温度遥测功能和温度自动控制功能。贮藏设备内不能同时贮藏有异味的其他食品或产品。

冷藏库外面应设有预冷间，作为收货和装货时的温度缓冲区。预冷间的卸货平台在装卸货物时应正好封住对外开放的门，从而隔绝外界热量和灰尘。

成品入库应有存量记录，成品出库应有出货记录，内容至少包括批号、出货时间、地点、接货方和数量等，以便发现问题及时回收。

四、冷鲜猪肉的运输

冷鲜猪肉运输设备应是专用设备，每天用毕后应进行清洗、消毒。运输中与冷鲜猪肉接触的器具应符合卫生要求，并且利于清洗、消毒。运输的车辆或集装箱应具有降温和（或）保温功能。运输冷鲜猪肉的厢体内应保持-1.5~7℃的温度。

公路、水路运输应使用符合卫生要求的冷藏车、冷藏船或保温车。铁路运输应按国家有关规定执行。

五、冷鲜猪肉的销售

超市、商场中的陈列柜兼有冷藏和销售的功能。在家庭消费和生产企业的工业消费中，家用冰箱、工厂的冷藏库是消费阶段的主要设备，冷鲜猪肉销售冷藏柜的柜内温度应控制在-1.5~7℃。

在冷鲜猪肉冷链物流作业中，应明确物品在不同物流环节的规定温度要求、可允许的温度偏差范围、温度测量方法、温度测量结果的记录要求和保存方法要求。冷链物流所采用的设施设备应配备连续温度记录器并定期检查和校正，应设置温度异常报警系统，配备不间断电源或应急供电系统。目前，专业化的冷鲜猪肉物流企业常采用物联网温度传感、无线射频识别和移动网络通信等技术，对冷鲜猪肉生产、仓储、运输至销售过程中的温度变化信息进行实时化监控，实现温度信息的可视化管理。该监控系统可与企业的资源计划或资源规划（Enterprise Resource Planning，ERP）系统融合，实现企业的一体化管理。

经验总结

胴体或猪肉接触面的清洁

胴体或猪肉接触面分成直接接触面和间接接触面。直接接触面包括加工设备、器具、操作案板、传送带、内包装材料、加工人员的手或手套及工作服（包括围裙）等；间接接触面包括未经清洗消毒的冷库、车间和卫生间的门把手、操作设备的按钮及车间内的电灯开关等。

1. 清洗、消毒方法

可采用物理方法，如热水、臭氧、紫外灯等。猪肉加工厂应首选 82℃热水清洗、消毒；也可使用含氯消毒剂（如 100~150mg/kg 次氯酸钠）。

2. 清洗、消毒步骤

首先进行彻底清洗，以除去微生物赖以生长的营养物质；然后进行消毒，以确保消毒效果；接着再进行冲洗，去除残留的化学消毒剂，弱碱性清洁剂通常需 10~15min 去污。清洁剂的温度不宜过高或过低，否则会影响清洁效果。

3. 设备和器具等的清洗、消毒及其管理

（1）加工设备和器具　大型设备每班加工结束后清洗、消毒 1 次；清洁区的器具每 2~4h 清洗、消毒 1 次；屠宰线上使用的刀具每用 1 次消毒 1 次（每个岗位至少 2 把刀，交替使用）；加工设备、器具被污染后应立即进行清洗、消毒。器具的清洗、消毒要在固定的场所或区域进行，推荐使用 82℃热水，要根据被洗物的性质选择相应的清洗剂；在使用清洗剂、消毒剂时要考虑接触时间和温度，以求达到最佳效果；冲洗时要用流动水；要注意排水问题，防止清洗剂、消毒剂的残留。

（2）手和手套　工人每次进车间前和加工过程中手被污染时必须洗手消毒。在车间的入口处、车间流水线和操作台附近应设有足够的洗手消毒设施；在清洁区的车间入口处还应派专人检查手的清洗、消毒情况，检查工人是否戴首饰或留长指甲等。一般在 1 个班次结束或中间休息时更换 1 次手套，不得使用线手套，所戴手套应不易破损和脱落。特别是使用刀具的工序，推荐使用不锈钢丝编织的手套。

（3）工作服　应有专用的洗衣房集中清洗和消毒工作服，洗衣设备、能力与实际相适应；不同工作区的工作服分开清洗；工作服每天必须清洗、消毒，一般每个工人至少配备 2 套工作服。工人出车间、去卫生间，必须脱下工作服、帽和工作鞋。更衣室和卫生间的位置应设计合理。

知识拓展

超市鲜肉展示柜的肉食低温保鲜技巧

低温肉类食品肉质鲜嫩，营养丰富，深受消费者喜爱，但受多种因素制约，低温肉类食品的保鲜期较短，成为长期困扰消费者的难题。肉类食品一般分为熟肉制品、腌肉制品和肉干制品。这些制品在生产、贮存及保鲜技术等方面均存在一些常见的卫生问题，如腌肉制品酸价、亚硝酸盐常常超标；熟肉制品变质，或者细菌或致病菌超标，高温灭菌破坏了产品的风味；肉干制品容易长霉和氧化等。如今大大小小的超市、商场和菜市场等有鲜肉存放的地方，都少不了超市鲜肉展示柜。只有在生产、销售和贮运等方面采取综合措施，才能在一定程度上延长其保鲜期，从而提高经济效益。

大型商场的肉类产品都需要保鲜，否则由于商场内的温度较高，容易使肉质品坏掉，这给商场的经营带来了很大的风险。为了保证每天的肉质品新鲜，必须使用超市鲜肉展示柜进行保鲜处理。加强型超市鲜肉展示柜不易变形，适合食品加工作业；数字显示和微机智能控温技术，工作状态及温度一目了然；采用原装进口压缩机，性能稳定，耗电量小；浸塑层架高度可自由调校及整体拉出，弹性规划冷藏空间；冷凝器设有防尘装置，方便清洁，冷凝效果好；自动回归磁吸门使存取物品方便自如；超市鲜肉展示柜的聚氨酯发泡层可有效保温，降低耗能。经运输后的超市鲜肉展示柜应放置 2h，然后再通电 2h 方可放入食品。柜内食品应堆放均匀，食物间要留有冷气流通的空隙。电源必须由专线供电，插座应可靠接地。电源电压波动较大时，应加装整机功率 5 倍以上的稳压器。

超市鲜肉展示柜不使用时应关断电源，拔掉电源插头。不可用水冲洗超市鲜肉展示柜。对无时间耽误器的超市鲜肉展示柜，停机后不能立即开机，务必过约 3min 之后，才可重新开机。

如果存放的物品不多，可以在超市鲜肉展示柜里放置一个稍大的盛有盐水的饮料瓶，这样可以均衡柜子内部温差，从而减少压缩机的开停机次数，延长压缩机的使用寿命。超市鲜肉展示柜如果是开放式的，应避免电风扇、空调直吹。在非营业时间应把夜帘关闭。超市鲜肉展示柜的冷凝器一般都在柜体的钢板下面，所以超市鲜肉展示柜应当放在通风良好的地方，要及时擦去柜体外面的灰尘，这样就可以提高冷凝器的冷凝效果，从而达到提高制冷效果和节能的目的。要经常给超市鲜肉展示柜除霜，从而提高制冷效果。

若超市鲜肉展示柜已经结冰，要及时把冰除掉。除冰时务必先把电源关掉，再把物品取出，多放几杯热水在超市鲜肉展示柜底部，敞开门等一段时间，等冰开化后用铲子铲掉即可。

超市鲜肉展示柜温度宜控制在-18℃以下，肉品的中心温度一旦回升就容易变质，因此处理时要掌握时间，以避免肉品中心温度回升，处理宜迅速，尽量减少其暴露的时间。如因作业安排，有延迟情况，须先将肉品送回冷藏库做降温处理。理论上，在较低的室温下处理是维护肉品鲜度比较好的方法，但以人类的体能及作业效率而论，在低温下都受到相当大的影响，因此操作间的室温宜控制在 12～18℃。如果操作人员能够适应，室温最好能降至 12℃。应以适当的材质覆盖肉品原料及成品，肉品的表面如长时间受冷气吹袭，表面水分便很容易流失、产生褐色肉，会影响口感，因此分装原料肉时需以保鲜纸包装后再予以贮存。而若为保护及固定成品，可以用保鲜膜包装后再予以贮存或销售。

超市鲜肉展示柜使用过程中，其工作时间和耗电受环境温度影响很大，因此不同的季节需要选择不同的档位。夏天调温旋钮一般调到“4”处，冬天调到“1”处，这样可以减少超市鲜肉展示柜压缩机的起动次数，达到省电的目的。这样即节约了电能，又减轻了压缩机磨损，延长了使用寿命。所以夏季高温时就将温控器调到弱档。整机制冷温度控制精确，拥有化霜温度和化霜时间的双重保护，从而确保了柜内肉类食品的展示与保鲜效果。热的食品应让其自然冷却到室温后再放入超市鲜肉展示柜。水分较多的食品应洗净沥干后，用塑料袋包好放入超市鲜肉展示柜，以免水分蒸发加厚霜层，影响超市鲜肉展示柜的制冷效果，增加耗电量。夏季制作冰块和冷饮最好安排在晚间，因为夜间较少开超市鲜肉展示柜的柜门存取食物，压缩机工作时间较短，可节约电能。存放肉类食品要适量，以容积的80%为宜，否则会影响超市鲜肉展示柜内的空气对流，造成食物散热困难，影响保鲜效果，增加压缩机的工作时间和耗电量。

超市鲜肉展示柜只有一个贮存室温控器来控制贮存和冷冻的温度，因此贮存温度要控制在0~10℃，而一般在冬季环境温度比较低，很容易达到设定的贮存温度。如果设定温度过高，容易发生超市鲜肉展示柜开机时间短，致使达不到冷冻效果，故超市鲜肉展示柜在冬季一般档位要调到“4”档以上，以保证冷冻效果。

应经常注意超市鲜肉展示柜的运行情况，需要有专人管理，若发现异常情况应及时检查，重大问题应请专业人员进行检修，并及时与维修部门联系。超市鲜肉展示柜若长期不使用，应切断电源，保持柜内清洁、干燥。要想延长超市鲜肉展示柜的使用寿命，就必须正确地使用和很好地维护。超市鲜肉展示柜的冷凝器应每三个月清洗一次，清洗时应切断电源，然后用压缩空气吹冲。当冷凝器表面积尘较多时，要用清水彻底冲净，用清水冲洗时要注意避免弄湿其他电器部件。千万不可将酒精、轻质汽油及其他挥发性易燃物品存放在超市鲜肉展示柜内，以免电火花引起爆炸事故。

冷藏销售环节的重点在于冷冻贮藏和销售，在这个过程中，最不容易做好的就是温度控制。一旦温度控制不好，就容易导致细菌滋生，所以进行实时温度管理，建立温度记录和跟踪温度控制就显得尤为重要［资料来源：陆定安．肉类食品低温冷链保鲜的锦囊妙计［J］．农村实用技术，2018（3）：49-50］。

学习任务二 苹 果

重点及难点

重点：苹果的贮藏条件及方式；苹果的运输及销售。

难点：苹果的贮藏条件；苹果的运输。

一、苹果的贮藏

苹果是世界上重要的落叶果树，其与柑橘、葡萄和香蕉共同称为世界四大果品。苹果原产于欧洲、中亚和我国新疆，在我国大面积栽植仅有100多年历史。近30年来我国苹果生产发展速度极快，已成为我国第一大果品。苹果的贮藏性比较好，市场需求量大，是以鲜销为主的果品。因此，搞好苹果的贮藏保鲜，对于促进生产发展、繁荣市场及扩大外贸出口具有重要意义。

1. 贮藏条件

大多数品种的苹果贮藏适宜温度为-1~0℃。对低温比较敏感的品种（如红玉等）在0℃贮藏易发生生理失调现象，故推荐贮藏温度为2~4℃，苹果气调贮藏温度应较冷藏温度高 0.5~1℃。苹果在低温下应采用高湿度贮藏方式，库内相对湿度应保持在 90%~95%。如果是在常温库中贮藏或采用 MA 贮藏方式，库内相对湿度可稍降低些，保持在 85%~90%，以降低腐烂损失。苹果气调贮藏时贮藏环境中的氧气、二氧化碳和乙烯含量要加以控制。对于大多数品种的苹果而言，氧气含量控制在 2%~5%、二氧化碳含量控制在 3%~5%是比较适宜的气体组合。部分品种苹果的贮藏条件和贮藏期见表 9-1。

表 9-1 部分品种苹果的贮藏条件和贮藏期

（杜玉宽、杨德兴，2000）

品种	温度/℃	相对湿度（%）	二氧化碳含量（%）	氧气含量（%）	贮藏期/月
元帅	0~1	95	2~4	3~5	3~5
橘苹	3~4	90~95	2~3	1~2	3~5
红星	0~2	95	2~4	3~5	3~5
金冠	0~2	90~95	2~3	1~2	2~4
旭	3.5	90~95	3	2.5	2~4
红玉	2~4	90~95	3	5	2~4
赤龙	0	95	2~3	2~3	4~6
老特兰	3.5	95	3	2~3	4~6
国光	-1~0	95	2~4	3~6	5~7
富士	-1~1	95	3~5	1~2	5~7
青香蕉	0~2	90~95	2~4	3~5	4~6

2. 贮藏方式

苹果的贮藏方式很多，短期贮藏可采用沟藏、窑窖贮藏和通风库贮藏等方式，贮藏期较长的采用机械冷库贮藏、塑料薄膜封闭贮藏（主要有塑料薄膜袋贮藏和塑料薄膜帐贮藏两种方式，在冷藏条件下，此类方式贮藏苹果的效果较常温贮藏更好）和气调库贮藏。

（1）机械冷库贮藏　苹果冷藏的适宜温度因品种而异，大多数品种以库温-1~0℃、空气相对湿度为 90%~95%为宜。苹果采后应尽快入库降温，最好在采后 3d 内入库，入库后 3~5d 降温至贮藏要求的温度。

（2）塑料薄膜封闭贮藏　塑料薄膜封闭贮藏要点如下：

1）塑料薄膜袋贮藏　在苹果箱或苹果筐中衬以塑料薄膜袋，装入苹果，缚紧袋口，每袋构成一个密封的贮藏单位。一般用低密度聚乙烯或聚氯乙烯薄膜袋装，薄膜厚度为 0.02~0.05mm，红富士苹果以 0.02mm 厚的薄膜袋为宜。塑料薄膜袋贮藏，贮藏初期的 2 周内，二氧化碳含量的上限为 7%，较为安全，但富士苹果的二氧化碳含量应不高于 3%。

2）塑料薄膜帐贮藏　在冷库用塑料薄膜帐将果垛封闭起来贮藏苹果，目前在生产上应用很普遍。薄膜帐一般选用 0.1~0.2mm 厚的高压聚氯乙烯薄膜黏合成长方形的帐子，可以装苹果几百到数千千克，有的还可达到上万千克。控制帐内氧气含量可以采用快速降氧、自然降氧和半自然降氧等方法。为了自然调节帐内的气体成分，可在帐壁的中、下部粘贴上硅橡胶扩散窗（简称硅窗），硅窗的面积是根据贮藏量和要求的气体比例，经过实验和计算确定的。例如，贮藏 1t 金冠苹果，为使氧气含量维持在 2%~3%，二氧化碳含量维持在 3%~

5%，在大约5℃的条件下，硅窗面积以0.6m×0.6m=0.36m^2较为适宜。为了减少帐内凝水，果实装袋或罩帐前要充分冷却和保持库内稳定的低温。

（3）气调库贮藏　气调库是密闭条件很好的冷藏库，设有调控气体成分、温度和湿度的机械设备和仪表，管理方便，容易达到贮藏所需的条件。对于大多数品种的苹果而言，氧气含量控制在2%~5%、二氧化碳含量控制在3%~5%比较适宜。苹果气调贮藏的温度可比一般冷藏温度高0.5~1℃，对二氧化碳敏感的品种，贮藏温度还可再高些，因为提高温度即可减轻二氧化碳的伤害，又利于减轻冷害。

二、苹果的包装

包装是使苹果产品标准化和商品化，保证安全运输和贮藏，便于销售的重要措施。良好的包装对生产者、销售者和消费者都是有利的。

1. 包装材料

在苹果包装过程中，经常要逐个用纸或塑料薄膜包裹，或者在包装箱内加填一些衬垫物，以增强包装容器的保护功能。

（1）包裹纸　包裹纸有利于保护苹果质量，提高耐贮性。其主要作用是：抑制苹果采后失水，减少失重和萎蔫；减少苹果在装卸过程中的机械伤；减少苹果体内外气体交换，抑制采后生理活动；隔离病原菌的侵袭，减少腐烂数量；避免苹果在容器内相互摩擦和碰撞，减少机械伤；具有一定的隔热作用，有利于保持苹果温度的稳定。

用于苹果的包裹纸要求质地光滑柔软、卫生、无异味、有韧性，若在包裹纸中加入适当的化学药剂，还有预防某些病害的作用。

（2）衬垫物　使用筐类容器包装苹果时，应在容器内铺设柔软清洁的衬垫物，以防苹果直接与容器接触造成损伤。另外，衬垫物还有防寒、保湿的作用。常用的衬垫物有蒲包、塑料薄膜、碎纸和牛皮纸等。

（3）抗压托盘　抗压托盘作为包装材料的一种，常用于苹果等果实的包装。抗压托盘上具有一定数量的凹坑，凹坑与凹坑之间有时还有美丽图案。凹坑的大小和形状及图案根据包装的苹果来设计，每个凹坑放置一个苹果，苹果的层与层之间由抗压托盘隔开，这样可有效地减少苹果的损坏，同时也起到了美化商品的作用。

2. 包装方法

苹果经过挑选分级后即可进行包装。包装方法可采用定位包装、散装和捆扎包装。不论采取哪种包装方法，都要求苹果的包装容器内要有一定的排列形式，既可防止它们在容器内滚动和互相碰撞，又能使产品通风换气，并充分利用容器的空间。苹果用纸箱包装时，果实的排列方式有直线式和对角式两种。苹果的包装应在冰冷的条件下进行，避免风吹、日晒和雨淋。包装时轻拿轻放，装量要适度，防止装得过满或过少而对苹果造成损害。

三、苹果的运输

1. 运输的基本要求

（1）快装运输　苹果采后仍然是一个活的有机体，新陈代谢旺盛，由于断绝了从母体的营养来源，只能凭借自身采前积累的营养物质的分解来提供生命活动所需要的能量。运输是苹果流通的一种手段，它的最终目的地是销售市场或冷藏库。一般而言，运输过程中的环境条件是难以控制的，特别是气候条件的变化和道路的颠簸，极易对苹果质量造成不良影响。因此，运输中的装卸和行驶等各个环节一定要快，使苹果迅速到达目的地。

（2）轻装轻卸　合理的装卸直接关系到苹果运输的质量。苹果属于鲜嫩易腐产品，如果装卸粗放，产品极易受伤，导致腐烂，这是目前运输中存在的普遍问题，也是引起苹果采后损失的一个主要原因。因此，装卸过程中一定要做到轻装轻卸。

（3）防热防冻　苹果对运输温度有严格的要求，温度过高，会加快其衰老，使品质下降；温度过低，苹果容易遭受冷害或冻害。此外，运输过程中温度波动频繁或过大，都对保证产品质量不利。目前，很多现代交通工具都配备了调温装置，如冷藏货车、铁路的加冰保温车和机械保温车、冷藏轮船及近年发展的冷藏气调集装箱、冷藏减压集装箱等。但我国对这类运输工具的应用还不是很普遍，因此必须重视利用自然条件和人工管理来防热防冻。日晒会使苹果温度升高，提高呼吸强度，加速自然损耗；雨淋则影响产品包装的完美，过多的含水量有利于微生物的生长和繁殖，加速腐烂。遮盖是防热、防冻和防雨淋最常用的保护方式，应根据不同的环境条件采用不同的措施。此外，在温度较高的情况下，还应注意通风散热。

2. 运输工具

目前，苹果短途公路运输所使用的运输工具包括汽车、拖拉机、畜力车和人力拖车等。汽车有普通运货货车、冷藏货车等。水路运输工具用于短途转运或销售的一般为木船、小艇、拖驳和帆船；远途运输则用大型船舶、远洋货船等，并且有普通舱和冷藏舱。铁路运输工具有普通棚车、通风隔热车、加冰冷藏车和冷冻板冷藏车。集装箱有冷藏集装箱和气调集装箱，集装箱也可用于汽车。

根据运输过程中温度的不同，苹果运输可分为常温运输和冷藏运输两类。运输过程中，苹果产品装箱和堆码紧密，热量不易散发，呼吸热的积累常成为影响运输的一个主要因素。在常温运输中，苹果产品的温度很容易受外界气温的影响，如果外界温度高，再加上苹果本身的呼吸热，品温很容易升高。一旦苹果温度升高，就容易使产品大量腐败。但在严寒季节，果蔬紧密堆码使呼吸热积累，则有利于运输防寒。在冷藏运输中，由于堆码紧密，冷空气循环不好，未经冷却的苹果冷却速度通常很慢，而且各部分的冷却速度也不均匀。有研究表明，没有预冷的苹果，在运输的大部分时间中，产品温度都比要求温度高。可见，要达到好的运输质量，在长途运输中预冷是非常重要的。

苹果是适于低温运输的温带水果，最适宜的运输条件为：温度为0℃，相对湿度为90%~95%。

3. 运输的注意事项

为了搞好苹果的商业运输，不论采用何种运输方式和何种运输工具，运输时都应注意以下几点：

1）苹果的质量要符合规定，并且新鲜、清洁，没有伤害。

2）苹果承运部门应尽力组织快装快运，现卸现提，尽量缩短运输和送货时间。

3）装运时堆码要安全稳当，要有支撑与衬垫，应避免撞击、挤压和跌落等现象，尽量做到运行快速平稳。

4）运输时要注意防热防冻，并且注意通风。长距离运输最好用保温车（船）。在夏季或南方运输时要降温，在冬季或北方运输时要保温。用保温车（船）长距离运输苹果时，装载前应进行预冷。

5）在装载苹果之前，应认真清扫车（船），彻底消毒，确保卫生。

四、苹果的销售

随着绿色消费、绿色饮食的提出，人们越来越注重养生之道，苹果以其丰富的营养受到人们的欢迎。虽然目前在苹果贮藏保鲜、销售方面存在着许多亟待解决的问题，但这并不影响人们的消费热情。

苹果是一类特殊的商品，其特殊之处反过来决定了苹果市场营销的特点。这些特殊之处在于：①苹果生产经营活动的不确定性导致了苹果市场营销活动的风险性特别高；②苹果需求价格弹性低且对市场明显滞后；③苹果生产的分散性、地区性、季节性与消费的广泛性、集中性、常年性并存。

苹果的销售有两种情况：一是将收获后的苹果及时卖出；二是将经过贮藏保鲜的苹果进行反季节销售，两种情况的苹果大多数都是在超市等进行销售。超市、商场中的陈列柜兼有冷藏和销售的功能。苹果在家庭消费和生产企业的工业消费中，家用冰箱、工厂的冷藏库是消费阶段的主要设备。苹果最适宜的销售条件为：温度为0℃，相对湿度为90%~95%。

特别注意

苹果贮藏时，应选择商品形状好、耐贮藏的中晚熟品种。贮藏时绝不可只追求品种的贮藏性而轻视其商品性，必须选择贮藏性与商品性兼优的品种，红富士是近20年来最具代表性的品种。

在苹果贮藏中，产地的生态条件、田间农业技术措施及树龄与树势等是不可忽视的采前因素。选择优生区域、田间栽培管理水平高、盛果期果园的苹果，是提高贮藏效果的重要先天性条件。我国陕西、山东、山西、河南、辽宁和甘肃等苹果主产省中都有苹果的优生区域，贮藏时可就近选择产地。就全国而言，西北黄土高原地区具有适宜苹果生长发育的光、热、水和气生态资源，是我国乃至世界上的苹果优生区域，如今已为内销外贸提供了大量的鲜食苹果货源。

知识拓展

鲜切苹果的加工、冷藏与销售

鲜切果蔬是指新鲜的水果和蔬菜原料经整理、清洗、切分、保鲜和包装等处理制成的不影响其鲜活状态的一种制品，是一种新型果蔬加工产品。在国外，鲜切果蔬又被称为微加工或最少（小）加工果蔬、轻（浅）度加工果蔬、部分加工果蔬和切割果蔬等，中文名称还有切分果蔬、截切果蔬、调理果蔬和半加工果蔬等。目前，国外以鲜切果蔬和微加工果蔬名称使用最多。

1. 工艺流程

原料的选择→清洗→分级→去皮、去核→修整→切分→护色→包装→预冷→冷藏或运销

2. 操作要点

1）原料的选择　选择新鲜、大小均匀、无病虫害和机械损伤、质地较硬的苹果品种为原料，要求成熟度为八九成。

2）清洗、分级　用清水洗去附着在果皮上的泥沙和污物等，按果实大小分级。

3）去皮、去核　采用机械去皮、手工去核。

4）修整、切分　根据需要修整或切分。例如，横切成片状或长条状等。

5）护色　把切分后的原料浸入含有0.2%D-异抗坏血酸、0.5%柠檬酸、0.1%氯化钙的溶液中进行护色。

6）包装、预冷　将护色后的果块捞起沥干，用聚乙烯保鲜膜和托盘（13.2cm×13.2cm）包装，然后送预冷装置预冷至0~4℃。

7）冷藏或运销　预冷后的产品用塑料箱包装，送冷库冷藏或运销，温度控制在0~4℃。

鲜切果品销售最好在冷链中进行。低温可抑制果蔬鲜切的呼吸作用和酶的活性，降低各种生理生化反应速度，延缓衰老和抑制褐变；同时也抑制了微生物的活动。鲜切果品包装后，应立即放入冷库中贮存，冷藏温度必须小于或等于5℃（一般控制在0~4℃），以获得足够长的货架期及确保产品食用安全。贮存时，包装小袋要摆放成平板状，否则产品中心不易冷却，特别是放入纸箱中贮存时更要注意。配送时，一方面，可使用冷冻冷藏车或保温车，注意车门不要频繁开关，以免引起品温波动，不利于产品品质保持；另一方面，可采用易回收的隔热容器和蓄冷剂（冰）来解决车门频繁开关造成的品温波动，如车内空隙全部用冰填满。零售时为保持产品品质，应配备冷藏设施（如冷藏柜等），贮藏温度为0~4℃。

学习任务三　冷冻带鱼

重点及难点

重点： 冷冻带鱼冷链处理过程。

难点： 冷冻带鱼冷链处理过程。

一、冷冻带鱼的加工

带鱼属脊索动物门下脊椎动物亚门中的硬骨鱼纲鲈形目带鱼科，又叫刀鱼、裙带、肥带、油带和牙带鱼等，性凶猛，主要分布于西太平洋和印度洋，在我国的黄海、东海、渤海一直到南海都有分布，和大黄鱼、小黄鱼及乌贼并称为中国的四大海产。

带鱼富含脂肪、蛋白质、维生素A、不饱和脂肪酸、磷、钙、铁和碘等多种营养成分。带鱼肉质细腻，没有泥腥味，不论鲜带鱼还是冻带鱼都易于加工并可与多种食材搭配。带鱼肉易于消化，是老少咸宜的家常菜。

（1）对原料带鱼的挑选　作为冷冻水产品的原料，其鲜度一定要好，因为原料最初的质量对冷冻水产品的质量稳定性有很大影响。对带鱼的具体要求是：体形完整，体表有光泽；眼球饱满，角膜透明；肌肉弹性好。按质量要求对原料进行严格挑选，除去变质鱼或杂鱼。应选用新鲜、清洁、经过分等分级的海水鱼为冷冻加工的原料带鱼。原料带鱼应符合《鲜海水鱼》（GB/T 18108—2008）中一、二级品的规定。

（2）对原料带鱼的清洗　因为原料带鱼本身比较清洁，洗涤可以从简，水源要采用清洁的冷水，水温要低，冲洗速度要快，不得浸泡，一般以喷淋冲洗为好，洗好后沥水一段时间。

（3）称量装盘　原料带鱼经过前面一系列处理加工工序后，按照鱼货鲜度和一定的商品规格标准进行分级，然后过秤，过秤时要注意加上适当的让水量，一般为鱼产品重量的2%~5%，目的是保证鱼产品解冻后的净重符合规定的要求。鱼产品过秤后立即摆盘。摆盘是冻结前的最后一道工序，其目的是使冻块平整，外形良好，方便包装和贮运，同时保证每盘中鱼产品的质量和大小均匀一致，摆布整齐均匀，使得鱼产品各部分冻结也均匀，缩短冻结时间，减少损耗。具体操作：每盘装带鱼 15~20kg，加上 0.3~0.5kg 的让水量，以弥补冻结过程中鱼体水分挥发而造成的重量减少。按鱼体大小规格分别装盘，并在摆盘方式上加以区别。在装盘过程中，发现不合规格等级的鱼，以及变质的鱼或杂鱼，必须剔除，同时换取大小相当的新鲜鱼补足，以保证质量。带鱼摆盘时要求平直，使鱼在盘中排列紧密、整齐，鱼头朝向盘的两端。带鱼为长条鱼，做盘圈状摆入鱼盘内，鱼腹一律朝里，即底、面两层的腹部朝里，背部朝外。鱼体较小的鱼，则理直摆平即可。鱼体及头和尾不允许超出盘外。

（4）冷冻加工　装好盘的带鱼要及时冷冻，温度应在-25℃以下，鱼体中心温度在 12h 以内降至-15℃以下。可采用空气冻结法进行冻结。空气冻结法是利用空气作为介质来冻结鱼类的一种方法，其装置有管架式鼓风、隧道式送风和流态床三种。前两种装置用来冻结块冻鱼，后一种装置用来冻结单体产品。

冷冻加工用水应符合《生活饮用水卫生标准》（GB 5749—2006）的要求。速冻过程应能保证使产品迅速通过最大冰晶区，并且中心温度达-18℃后速冻过程才算完成。速冻时间：吹风式冻结不得超过 20h，接触式平板冻结不得超过 8h。

二、带鱼的冻后处理与包装

冻后处理主要是指带鱼冻结后所进行的脱盘、镀冰衣和包装等操作工序。冻后处理也必须在低温、清洁的环境下迅速仔细地进行，它直接影响到冻品的质量。

1. 脱盘

采用盘装的产品在冻结完毕后依次移出冻结室，在冻结准备室中立即进行脱盘。脱盘方式分为两种：手工脱盘和机械脱盘。

（1）手工脱盘　操作工人双手戴棉手套，从鱼车或输送带上取下冻结鱼盘，两手将鱼盘翻转，将冻结鱼盘的一端轻轻地敲击在包有金属板的桌面上，冻鱼块即脱落在桌面上。如果轻敲脱盘不下时，可调换另一端轻敲，或者盘底向上，用自来水（10~20℃）向盘底冲淋一下使其稍解冻，冻鱼块即可脱盘。也可以把冻结鱼盘浮在水槽中，借水温融化冰来脱盘。脱盘时，易碎的冻水产品宜采用水脱盘。此法工人劳动强度大。

（2）机械脱盘　机械脱盘需专用的脱盘机械，冻结好的鱼盘由输送带传送到脱盘机，采用淋水或浸水使接触冻结鱼盘四周和底部的冻鱼块部分融解，然后将冻结鱼盘翻身并用力敲击，使冻鱼块和冻结盘分开，完成脱盘工序。脱盘用水的水温应维持在 10~20℃，水质符合生活饮用水标准，清洁卫生。

2. 镀冰衣

脱盘后紧接着应给冻鱼块镀冰衣。镀冰衣用水必须清洁卫生，水温控制在0~4℃。脱盘后的带鱼要进行两次镀冰衣处理，镀冰衣时冰衣要均匀。用水的温度为3℃左右。

（1）浸渍式镀冰衣　将刚脱盘的冻鱼块浸入低温水中，利用其自身的低温使周边水变成冰层附着在冻鱼块表层而形成冰衣。镀冰衣时浸水时间第一次在8s左右。有时连续进行二次镀冰衣。在第一次镀冰衣后，应将冻鱼块移出水面半分钟等冻鱼体上附着的水冻成冰后，随即进行第二次镀冰衣。第二次镀冰衣的时间在5s左右。浸水时间应适当，时间太长，会使冻品表面轻度解冻；时间太短则冰衣厚度较薄，甚至冰衣不完整，这都会影响冻品的质量。镀冰衣的重量可占冻鱼块净重的5%~12%。

（2）喷淋式镀冰衣　喷淋式镀冰衣一般是连续机械化操作，上下两面喷淋，喷淋时间可以自行调整，以使鱼体镀上一层完整的厚薄均匀的冰衣为原则。镀冰衣的重量可占冻鱼块净重的2%~5%。此法国内较少使用。

3. 包装

水产品包装材料是指用于水产品包装容器、包装印刷、包装运输等满足水产品包装要求所使用的材料，它既包括聚乙烯塑料、纸、泡沫箱、聚氯乙烯贴布革水产袋、玻璃纸和玻璃罐等主要包装材料，也包括胶带、捆扎带和印刷材料等辅助包装材料。

通过对水产品包装，可以达到保护产品质量、延长产品的保存期、方便产品流通、提高产品竞争力及增加销量等目的。

冻鱼制品在镀冰衣后还应进行适当的包装。包装的目的主要是保证产品具有良好的感官品质；不受污染；防止冻结表面干燥和氧化；不使产品感染其他的气味和色泽；维护产品原有的质量；方便贮运等。同时，良好的包装还能提高水产品的商品价值，起到增值作用。冻鱼制品的包装对包装材料和包装技术有一定的要求。

要求清洁、整齐、美观，内包装用高压聚乙烯塑料袋，内衬1~2张瓦楞纸垫。包装后写上品名和规格等参数。

块冻品表层或最内层包装袋上及小包装和单冻品的外包装上应按《预包装食品标签通则》（GB 7718—2011）要求标示品名、生产厂名、地址、规格、生产日期、保存期和净含量等。产品外包装应采用食品用编织袋或纸箱包装。外包装要求强度好，封口（缝口）牢固；内包装采用食品用塑料袋、纸盒和塑料盒等包装；所用包装材料应符合有关卫生标准的要求。

三、冷冻带鱼的贮藏

经过冻结加工后，带鱼死后变化的速度大大减缓，这是冷冻带鱼得以长期贮藏的根本原因。但鱼体的变化没有完全停止，即使将冻鱼贮藏在最适宜的条件下，也不可能完全阻止其死后变化的发生和进行，而且这些变化的量，随着时间的积累而增加。

冻鱼在冻藏期间的变化主要有质量损失（干耗）、冰晶成长及脂肪氧化等。

1. 干耗

鱼类冻藏过程中的干耗，是由于冻藏间中鱼产品表面温度、室内空气温度和盘管表面温度三者之间存在着温差，因而形成了水蒸气压差而出现了表面干燥现象。

鱼类在冻藏中所发生的干耗，除了造成经济上的损失外，更主要的是引起冻鱼的品味和质量下降。一般采用镀冰衣、包装和降低冻藏温度等方法来减少干耗；有的在冻鱼堆垛上盖一层塑料薄膜，再覆帆布，帆布上浇一层水，形成一层冰衣，相对减弱鱼体水分的蒸发（升华）。

2. 冰晶成长

鱼类经过冻结以后，鱼体组织内的水结成冰，体积膨胀。冰晶的大小与冻结速度有关，冻结速度快，冰晶细小，分布也均匀。但在冻藏过程中，往往由于冻藏间的温度波动，使冰晶长大。而冰晶长大往往会挤破细胞原生质膜，解冻时使汁液流失，营养成分下降。要防止冰晶长大，在贮藏过程中要尽量使温度稳定，冻藏间要少开门，进出货要迅速，尽量避免外界热量的传入。

3. 脂肪氧化

鱼类的脂肪酸多为不饱和脂肪酸，即使在很低的温度下，也不会使这些不饱和脂肪酸凝固。同时，在长期冻藏中，脂肪酸往往在冰的压力作用下，由内部转移到表层，因此很容易与空气中的氧气作用，发生酸败。脂肪氧化的产物又往往同蛋白质的分解产物，如氨基酸、盐基氮及冷库中的氨共存，从而加强了酸败作用，此现象称为油烧。油烧反应因反应物质和反应条件不同而异。要防止冷冻带鱼在冻藏过程中发生脂肪氧化，一般可采取以下措施：

1）避免和减少其与氧气的接触。镀冰衣和装箱都是有效方法，也是减弱冷冻带鱼干耗、变色的有效方法。

2）冻藏温度要低，而且要稳定。许多试验证明，即使在-25℃也不能完全防止脂肪氧化，只有在-35℃以下才能有效地防止脂肪氧化。因此库温要稳定，避免冰晶长大产生内压把游离脂肪酸由内向表层转移。

3）使用抗氧化剂，或者抗氧化剂与防腐剂两者并用。

4）防止冻藏间漏氨。

总之，冷冻带鱼在冻藏中，应贮存于库温为-18℃以下的冷库中，库温波动不得高于±1℃。冷库空气相对湿度应不低于90%。转运的中心温度低于-8℃的冷冻带鱼可直接入库，否则必须复冻后入库，并且只能复冻一次。同时不同品种、不同规格及不同等级和批次的冷冻带鱼应分别堆垛，垛底应设垫木。在冷冻带鱼贮藏期间，库温要保持稳定，尽量少开门，进出货要迅速，以免外界热量传入库内。对于散装冷冻带鱼，最好每隔1~2个月镀一次冰衣。

冷冻带鱼的贮藏期：-18℃的环境中为8个月；-25℃的环境中为18个月；-30℃的环境中为24个月。

四、冷冻带鱼的运输

水产品运输工具包括车厢、船舱和各种容器，应符合卫生要求，使用前必须进行清洗消毒。运输工具应根据产品特点，配备防雨、防尘、降温和保温等设施。水产品水运和陆运要配有防雨和防尘设施。冷冻及冷藏食品的运输，要求使用冷藏车、保温车和有降温设施的冷藏船及机舱。

冷冻带鱼在配送过程中应避免震荡、撞击，要轻拿轻放，防止损伤成品外形，并且不得与非食品物质（如农药、化肥、有毒有害及气味浓郁物品）混运。运输中还要严格控制冷冻带鱼的温度，防止产品变质；运输工具应清洁卫生。冷冻带鱼应采用冷藏车、保温车和有降温设施的冷藏船等进行运输。在冷冻带鱼装货时应注意，冷藏车内的温度应保持在与规定温度偏离±2℃的范围内。当外界温度为35℃以上时，要提前开启制冷设备，待车内温度达到要求后再装货，装卸货物时应防止机械损伤。

在运输冷冻带鱼的过程中，为了减少外界侵入热量的影响，要尽量集中码放，但要保证货垛与车厢或集装箱的围护结构之间留有空隙，以提高冷空气的循环。在运输到目的地交接时，产品中心温度应低于-8℃。

五、冷冻带鱼的销售

超市、商场中的陈列柜兼有冷藏和销售的功能。陈列柜内的温度应控制在-18℃以下。

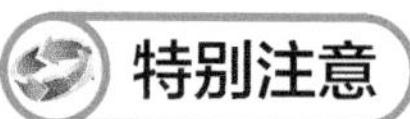

水产品包装中常见的问题

1. 计量不足

在冷冻水产品包装方面存在的问题主要是计量不足。大部分消费者在超市购买的水产品属于镀冰衣、冰被的冷冻水产品，如袋装冰冻带鱼段包装袋上标称的净重为450g，解冻后沥干水分称重为368g，实际净重只有标称的81.8%。

2. 材质不过硬，包装质量差

一些质量较差的水产品包装经不住长途运输和多次搬运，使包装体破碎，损坏了产品的内在质量，造成了严重的损失。

3. 不符合绿色包装的要求

有些包装材料中含有污染环境和影响健康的有毒成分，最终影响了水产品自身的质量。

知识拓展

鲜活水产品的运输

1. 鲜活水产品的几种运输方式

（1）干运　干运也称无水运输法，是将水冷却到一定的温度，此温度是使鱼、虾暂停生命活动的温度，然后脱水运输，到达目的地后，再将鱼、虾放入水中，它们会重新苏醒过来。在脱水状态下，鱼、虾的生命可维持24h以上。这种运输方式不仅使鱼、虾的鲜活度大大提高，而且可以节省运费。因此，干运是一种较理想的运输方法。

（2）淋水运输　淋水运输适用于牡蛎、文蛤、扇贝和青蟹等，在运输途中要定时观察并喷淋海水。

（3）塑料袋包装运输　塑料袋包装运输首选要把活的鱼、虾消毒，在塑料袋中装入配备好的水，再将鱼、虾按不同规格和数量装入，然后挤掉袋中的空气，并灌入适量氧气，用橡皮圈束紧袋口。做好准备工作后，将塑料袋装入纸皮箱中，最好用泡沫箱装。夏天气温高，可在箱内放一小袋冰块降温。

(4) 冷冻运输 活鱼一般采用专用冷冻运输箱运输，运输箱采用200mm厚的聚氨酯板，用不锈钢制成骨架，注入一定比例的海水和淡水，在封闭箱口前，再加入一定量的冰即可。

2. 鲜活水产品的运输实例

(1) 活对虾的运输方法 将池养对虾放入冷却池中，使池水的温度缓慢降至12~14℃，使之只能勉强活动，待体色微红，再把活对虾捞出装箱。采用此法，对虾一般可存活3~5d。

(2) 活甲鱼的运输方法 短途运输可采用蒲包篓装法，用线将1.5尺[㊀]高的篓中隔成两层，并分层用湿蒲包加盖装运，每层可盛活甲鱼7.5~9kg。长途运输可用木桶加盖装运，桶底应铺垫一层含水分的黄沙（禁用水浸泡）。另外，夏天应防蚊虫叮咬，冬天应加稻草保暖。

(3) 活泥鳅的运输方法 数小时的短途运输，可用尼龙编织袋等较严实的袋子装运，但要湿透水，泥鳅叠放厚度不宜超过1尺。长途运输如用桶加盖装运，必须注入高出泥鳅的水，再放入少量姜片和打散的鸡蛋，并适时换水，可保证多天运输。如将其置于5℃的环境中，则更利于远途运输。

(4) 活鳝鱼的运输方法 数小时的短途运输，可用水充分淋湿鳝鱼体后盛入湿蒲包内并扎口，再放入加盖的鱼篓中，每个鱼篓可装10kg。长途运输时应每天换1~2次水，并保持阴凉，再放入少量的泥鳅或生姜，一周仍能保持鲜活。

模块小结

冷鲜猪肉具有安全系数高、感官舒适性高、营养价值高的特点，深受广大消费者的喜爱，销售量也逐年上升。带鱼、苹果是人们生活中的常见食品，与人民的生活息息相关，了解并掌握这些食品的冷链处理过程，有助于加工出品质更好、质量更高、更加安全的食品。

思考与练习

一、填空题

1. 冷鲜肉又叫________、________。
2. 冷鲜猪肉具有________、________和________特点。
3. 冷冻带鱼在冻藏期间的质量变化主要有________、________及冰晶成长等。
4. 冷冻带鱼脱盘方式主要有两种：________和________。
5. 根据运输过程中温度的不同，苹果运输可分为________和________两类。

二、选择题

1. 冷鲜猪肉运输设备应是专用设备，(　　) 用毕后应进行清洗、消毒。

A. 每天　　B. 每周　　C. 每月　　D. 每年

㊀ 1尺≈0.33m。

2. 冷鲜猪肉销售冷藏柜的柜内温度应控制在（　　）℃。

A. −4~10　　B. −1.5~7　　C. 5~10　　D. 10~20

3. 带鱼的冻后处理包括（　　）及包装处理。

A. 镀冰衣、冻结　　B. 脱盘、升温处理　　C. 脱盘、镀冰衣　　D. 脱盘、销售

三、判断题

1. 苹果经过挑选分级后即可进行包装。包装方法可采用定位包装、散装和捆扎包装。（　　）

2. 对于大多数品种的苹果而言，气体贮藏时氧气含量控制在2%~5%、二氧化碳含量控制在5%~8%比较适宜。（　　）

3. 冷冻带鱼脱盘后紧接着应给冻鱼块镀冰衣。镀冰衣用水必须清洁卫生，符合饮用水标准，可以是淡水也可以是海水。（　　）

四、简答题

1. 简述冷鲜猪肉的包装方式。

2. 简述苹果的贮藏方式。

3. 冷冻带鱼运输过程中要注意哪些问题？

4. 冷冻带鱼镀冰衣时对水温有哪些要求？

附录　水产品冷链物流服务规范
（GB/T 31080—2014）

（该标准于 2014 年 12 月 22 日发布，于 2015 年 7 月 1 日起正式实施）

1 范围

本标准规定了水产品冷链物流服务的基本要求，接收地作业、运输、仓储作业、加工与配送、装卸与搬运、货物交接、包装与标志、风险控制、投诉处理的要求和服务质量的主要评价指标。

2 规范性引用文件

下列文件对于本文件的应用是必不可少的。凡是注日期的引用文件，所注日期的版本适用于本文件。凡是不注日期的引用文件，其最新版本（包括所有的修改单）适用于本文件。

GB 2733 鲜、冻动物性水产品卫生标准

GB 2893—2008 安全色

GB 2894 安全标志及其使用导则

GB 7718 食品安全国家标准 预包装食品标签通则

GB 13495 消防安全标志

GB 28009 冷库安全规程

GB/T 19012 质量管理 顾客满意 组织处理投诉指南

GB/T 20941 水产食品加工企业良好操作规范

GB/T 23871 水产品加工企业卫生管理规范

GB/T 24616—2009 冷藏食品物流包装、标志、运输和储存

GB/T 24617—2009 冷冻食品物流包装、标志、运输和储存

GB/T 24861 水产品流通管理技术规范

GB/T 27304 食品安全管理体系 水产品加工企业要求

GB/T 27638—2011 活鱼运输技术规范

GB/T 28577 冷链物流分类与基本要求

GB/T 28843 食品冷链物流追溯管理要求

GB/T 29568—2013 农产品追溯要求水产品

SC/T 6041 水产品保鲜储运设备安全技术要求

SC/T 9020 水产品冷藏设备和低温运输设备技术条件

3 术语和定义

GB/T 24861 和 GB/T 28577 界定的以及下列术语和定义适用于本文件。

3.1 水产品冷链物流（cold chain logistics for aquatic products）

水产品从供应地向接收地有低温控制的实体流动过程。

注：根据实际需要，可将运输、储存、装卸、搬运、包装、流通加工、配送、信息处理

等基本功能实施有机结合。

4 基本要求

4.1 管理

4.1.1 应具备和具有与所从事的水产品冷链物流相适应的组织机构。

4.1.2 应有与经营能力相适应的水产品冷链物流服务流程管理和作业规程。

4.1.3 水产品冷链物流服务单位应符合 GB/T 23871 的规定，应有低温环境下的作业安全防护措施。

4.1.4 流通管理技术应符合 GB/T 24861 的规定。活鱼运输应符合 GB/T 27638 的规定。

4.1.5 应具有消防、防盗、交通和预防灾害性天气等安全管理制度。

4.2 人员

4.2.1 应具有与所从事的水产品冷链物流相适应的岗位人员。

4.2.2 水产品冷链物流人员应持职业培训合格证上岗服务。每年至少进行一次健康体检，持有卫生部门健康合格证。

4.3 设施设备

4.3.1 应具有与水产品冷链物流服务相适应的运输、储存、配送、流通加工等设施设备。

4.3.2 应具有与水产品装卸运输相适宜的水产品堆栈空间、供用电系统和装卸实施能力。

4.3.3 冷库安全应符合 GB 28009 的规定，冷藏库宜0~4℃，冷冻库应≤-18℃，速冻库应≤-28℃。

4.3.4 运输设备安全技术要求应符合 SC/T 6041 的规定，超低温水产品运输设备应符合 SC/T 9020 的规定。

4.3.5 水产品储存周围环境应清洁和卫生，并远离污染源。仓储作业区与办公生活区应分开或隔离，室外装卸、搬运、发运水产品时应有预防天气影响的措施。

4.3.6 应有消除自身运行而产生的热源、废气和其他污染或影响水产品质量的装置。应符合国家食品卫生规定，满足节能、环保的要求。

4.3.7 应定期根据不同材质、不同配置方式以及环境温度进行保温性能验证，并在验证结果支持的温度范围内运行。

4.3.8 应有自动监测、自动调控、自动记录及报警装置。计量器具应定期校验。温度自动检测布点应经过验证，符合水产品储存和运输要求。冷库温度记录间隔时间不应超过30min/次，冷藏车的温度记录间隔时间不应超过 10min/次。

4.4 信息服务

4.4.1 单据信息审核

应对委托方提供的单据信息，审核其合法合规性、有效性及内容的准确性、完整性，确认无误后执行。

4.4.2 单据信息传输与管理

4.4.2.1 根据委托方要求，应准确、完整地向委托方提供水产品冷链物流过程及交易等数据，并及时通报各种意外事件的相关信息。

4.4.2.2 单据应填写规范、完整、准确、清晰，按时汇总、存档，并保证单据、信息资料的保密与安全。

4.4.3 信息追溯

4.4.3.1 水产品冷链物流服务过程中采集、处理、存储、交换的信息，应符合 GB/T 29568—2013 中的 5.3 的规定，并应能满足监管要求。

4.4.3.2 水产品冷链物流单据和监控温（湿）度等各类记录应至少保留两年。

5 接收地作业

5.1 装卸条件

5.1.1 装卸水产品的设备应性能完好、清洁，每次作业后应清洗并消毒备用。

5.1.2 散装水产品应有专用保温车堆放箱，装卸场地应地面平整，不透水积水，内墙、室内柱子下部应有 1.5m 高的墙裙。

5.1.3 装卸中遇到有毒水产品时，应分拣，统一进行无毒害处理。水产品不应与有毒、有害、有异味或影响水产品质量的物品同处储存。

5.1.4 装卸水产品前，冷藏车或冷藏（保温）箱应清洁、消毒并预冷至符合水产品储存运输温度。应在规定时间内完成装卸。与冷藏（保温）箱配套的蓄能剂应满足保持水产品温度的要求。

5.1.5 应控制冰鲜品卸货时间，冰鲜品中心温度应始终保持在 0~4℃。

5.1.6 小型冰鲜品，如冷藏虾体等应保证其处于不脱冰状态，冰鲜品中心温度应≤4℃。湿度应满足产品特性需要。

5.1.7 应严格控制装卸作业环境和时间。冷冻品装卸时升温（厢）箱体应≤-15℃，并在装卸后尽快降至≤-18℃。装卸过程中的水产品中心温度不应>-12℃。

5.1.8 在环境无控温条件下，作业场地应在庇荫处或遮阳处，避免水产品较长时间暴露在高温环境下。

5.2 收货与发货

5.2.1 需要预冷的水产品应尽量缩短前处理作业时间，冷藏品、冷冻品应满足相应温度。

5.2.2 散装水产品装箱时，应避免高温及机械损伤。

5.2.3 卸载的水产品应及时进入冷藏库或冷藏车暂存，并按品种、等级、质量分拣堆放。

5.2.4 冷藏集装箱作业应保证种冷媒、供电量和供应点位置，减少提货和装卸时间。

5.3 中转与转运

5.3.1 应及时掌握水产品中转或转运信息，做好配备准备工作。

5.3.2 在转运地交接水产品时，应核对相关单证、货物的温（湿）度、水产品质量检查并核对数量，做好记录明细。在转运过程中出现意外事故，应及时通知委托方。

6 运输

6.1 活体品运输作业管理应符合 GB/T 24861—2010 中 4.1 的规定，其中活鱼运输中采用的充氧水运输、保湿无水运输和活水舱运输作业管理应符合 GB/T 27638—2011 中 5.2、6.3、7.2 的规定。

6.2 冷藏品运输作业应符合 GB/T 24616—2009 中 6.2 的规定，冷冻品和超低温品运输作业应符合 GB/T 24617—2009 中 6.2 的规定，冷藏品管理应符合 GB/T 24861—2010 中 4.2 的规定。冷冻品和超低温品运输管理应符合 GB/T 24861—2010 中 4.3 的规定。

6.3 冷冻品运输期间的厢（箱）体内温度应≤-18℃，运输过程中允许升温，但应≤-15℃。水产品中心温度为-18℃的送到目的地时，其产品中心温度应≤-12℃。

6.4 超低温水产品的运输温度要求和其他有特殊温度要求的水产品按合同要求执行。

7 仓储作业

7.1 收货验货

7.1.1 经检验合格并在质量保证有效期内的水产品才能入库储存。应依据进货信息和随货清单，对水产品逐批验收，做好记录。在-15～-18℃冷库储存的冷冻品，其储存期应≤9个月。在<-18℃贮存条件下，可根据贮存条件和产品特性适当延长储存期。

7.1.2 温控的水产品到货时，应对其运输方式及运输过程的温（湿）度记录、运输时间等质量控制状况进行重点检查记录；不符合温（湿）度要求的应拒收。

7.2 在库储存与管理

7.2.1 堆垛码放

7.2.1.1 应按规定温度和质量保证有效期的时间段堆垛，同一品种的水产品宜以原料品、半成品、成品分开垛放，标识清晰。垫板应与地面距离>10cm，应与库墙距离>30cm，与风道距离>30cm，距离库体顶板距离>20cm，堆放高度以纸箱受压不变形为宜。散装货物堆放高度不宜高于冷风机下端部位。

7.2.1.2 库内搬运、装卸水产品应轻取轻码，叉车等运输器具应按照操作规程作业，严格按照外包装图示标志的要求码放和采取防护措施。

7.2.1.3 水产品堆码应按照分区、分类、按生产批次和温度货位管理。温度高的水产品不应存放到温度低的水产品冷藏库内，应经速冻降到规定温度后才能入库存放。

7.2.1.4 在库水产品应按 GB 2893—2008 中 5.1 的规定，对产品质量状态实施色标管理。待验品库（区）、退货品库（区）为黄色；合格品库（区）、待发品库（区）为绿色；不合格品库（区）为红色。

7.2.2 暂养与储存

7.2.2.1 活体品暂养应符合 GB/T 24861—2010 中 5.1 的规定，暂养储存的温度应满足其要求。冷藏品作业应符合 GB/T 24616—2009 中 7.2 的规定，管理应符合 GB/T 24861—2010 中 5.2 的规定。

7.2.2.2 冷冻品和超低温品储存作业应符合 GB/T 24617—2009 中 7.2 的规定，管理应符合 GB/T 24861—2010 中 5.3 的规定。

7.2.2.3 需 6 个月以上储存期的超低温品应在≤-50℃库温储存。

7.2.3 温（湿）度控制

7.2.3.1 冷藏库温度波动幅度不应超过±2℃；在冰鲜品出入库时，库房温度升高不应超过 3℃。湿度应满足冰鲜品储存要求。

7.2.3.2 应控制水产品中心温度。冰鲜品应控制在 0～4℃，深海冰鲜品宜控制在-1～1℃。

7.2.4 对确认的温（湿）度不合格水产品，应移至不合格品库暂存，建立不合格记录，同时报告委托方确认。

7.3 出库

7.3.1 需温控的水产品出库应按照 GB/T 24861 的温度要求执行，超低温水产品按合同

规定温度要求执行。

7.3.2 水产品出库时应对实物进行复核，加盖水产品供应方的出库专用章、原印章的随货同行单（票）、质量管理专用章原印章的水产品检验检疫报告或复印件。

7.4 发货与记录

发货时应检查水产品、装载环境和运输设备温度并做好记录。

7.5 售后退回处理

7.5.1 需温控的水产品温度监测方法和退货处理应符合 GB/T 28843 的规定。

7.5.2 售后退回水产品应凭退货凭证核对实物，货单相符方可收货并放置于退货区。

7.5.3 验收人员应对售后退回水产品进行逐批逐项验收，并建立售后退回水产品收货验收记录。

8 加工与配送

8.1 加工

8.1.1 水产品加工应符合 GB/T 27304 的规定，操作规程应符合 GB/T 20941 的规定。

8.1.2 水产品流通加工时间和卫生管理应符合 GB/T 23871 的规定。

8.2 配送

8.2.1 配送过程中应采取温（湿）度控制措施，定期检查车（船、厢、箱）内温（湿）度并记录存档，以满足保持水产品的品质所适宜的温（湿）度。

8.2.2 配送冰鲜品、冷冻品分别符合 GB/T 24861—2010 中 4.2、4.3 的规定。

8.2.3 配送水产品应做好不同品温的隔离和不同货物合理混装，减少运输工具开启门的次数。

9 装卸与搬运

9.1 应按水产品包装标志要求进行装卸与搬运作业，不应损坏其外包装。

9.2 应选择合理的装载、卸载的流程及加固措施，防止水产品污损。

10 货物交接

10.1 水产品的提货接收和发货放行应与单证交接同时进行。

10.2 应按合同约定进行交接。交接内容包括，但不限于：水产品进、出库时间、品种、数量、等级、质量、包装、温（湿）度、生产日期、质量保证期和检验检疫证明等。

10.3 检查委托方的单证是否注明对水产品的储存、防护和运输的特殊要求，做好单证交接和温（湿）度记录明细。

10.4 水产品到达收货方时，应在收货方指定地点卸货，双方当场清点确认，由收货方签证回单。如发生水产品破损、货差等纠纷，应当场与收货方分清责任，并在回单上批注清楚。

10.5 有温控要求的水产品应符合 GB/T 24861 和 GB/T 28577 的温度要求相关规定。水产品温度检测方法应符合 GB/T 28843 的规定。散装水产品还应符合 GB 2733 的规定。

10.6 应有防止温度变化影响水产品质量和避免水产品与其他物品混装形成污染的措施。

10.7 及时递交委托方签字确认的单证及相关记录。

11 包装与标志

11.1 冷藏品运输包装与标志应符合 GB/T 24616—2009 中第 4 章和第 5 章的规定。

11.2 冷冻品运输包装与标志应符合 GB/T 24617—2009 中第 4 章和第 5 章的规定。

11.3 储存库及货位标志应规范、清晰、准确、易辨，符合 GB 2894、GB 13495 的规定。

11.4 预包装水产品标志

预包装水产品应符合 GB 7718 的规定并有“QS”标识，还应满足以下规定：

a）标志上注明水产品品种的常用名以及水产品的形态。

b）标志上应注明水产品是养殖或野生的，以及水产品产地的说明。

c）水产品混合品应符合水产品加工品和水产食品的要求。

11.5 非零售包装的标志

应标明水产品名称、批号、制造或分装厂名、地址以及储存条件。

12 风险控制

12.1 存放水产品的每个容器应有明显标识，以识别确认加工或委托人或货物批次。用于流通最终消费或再加工的包装应标识生产批次。

12.2 应具有保障水产品储存、配送、运输各环节温（湿）度或通风控制的应急预案。

12.3 宜采取存货保险、财产保险、运输保险等有效控制风险的措施。

13 投诉处理

13.1 应主动联系委托方需求，在沟通方法、沟通内容、沟通频率、沟通态度和客户满意度测量方面提出要求。

13.2 投诉处理应符合 GB/T 19012 的规定。

14 服务质量的主要评价指标

14.1 水产品验收准确率

考核期内水产品准确验收批次数占水产品验收总批次数的比率。按式（1）计算：

$$\text{水产品验收准确率} = \frac{\text{水产品准确验收批次数}}{\text{验收水产品总批次}} \times 100\% \tag{1}$$

14.2 水产品发货差错率

考核期内水产品发货累计差错笔数占水产品发货总笔数的比率。按式（2）计算。

$$\text{水产品发货差错率} = \frac{\text{水产品发货累计差错笔数}}{\text{水产品发货总笔数}} \times 100\% \tag{2}$$

14.3 水产品准时送达率

考核期将水产品准时送达目的地的水产品订单数量占水产品订单总数量的比率。按公式（3）计算：

$$\text{水产品准时送达率} = \frac{\text{水产品准时送达的订单数}}{\text{水产品订单总数}} \times 100\% \tag{3}$$

14.4 水产品残损率

考核期内水产品残损金额（或件数）占期内水产品总金额（或件数）的比率。按式（4）计算：

$$\text{水产品残损率} = \frac{\text{水产品残损金额(或件数)}}{\text{期内水产品总金额(或件数)}} \times 100\% \tag{4}$$

14.5 水产品运输订单完成率

考核期内完成水产品运输订单数占水产品运输订单总数的比率。按式（5）计算：

$$\text{水产品运输订单完成率} = \frac{\text{水产品运输完成订单数}}{\text{水产品运输订单总数}} \times 100\% \tag{5}$$

参考文献

[1] 李春保，张万刚．冷却猪肉加工技术［M］. 北京：中国农业出版社，2014.

[2] 林洪．水产品的商品化处理与配送［M］. 北京：中国劳动社会保障出版社，2012.

[3] 白世贞，曲志华．冷链物流［M］. 北京：中国物资出版社，2014.

[4] 秦玉鸣．中国冷链物流发展报告（2015）［M］. 北京：中国财富出版社，2015.

[5] 戴定一．中国冷链物流发展报告（2010）［M］. 北京：中国财富出版社，2010.

[6] 周宏光．冷却禽肉加工技术［M］. 北京：中国农业出版社，2014.

[7] 鲍琳．食品冷冻冷藏技术［M］. 北京：中国轻工业出版社，2016.

[8] 刘学浩，张培正．食品冷冻学［M］. 北京：中国商业出版社，2002.

[9] 徐幸莲．冷却禽肉加工技术［M］. 北京：中国农业出版社，2014.

[10] 袁仲．速冻食品加工技术［M］. 北京：中国轻工业出版社，2015.

[11] 田国庆．食品冷加工工艺［M］. 2 版．北京：机械工业出版社，2008.

[12] 李勇．食品冷冻加工技术［M］. 北京：化学工业出版社，2005.

[13] 孙桂初，刘东岭．铁路冷藏运输［M］. 北京：中国铁道出版社，1994.

[14] 朱兴旺，时阳，白宝安，等．冷藏陈列柜多机并联压缩机组节能的实验研究［J］. 流体机械，2005，33（7）：1-4.

[15] 刘群生，张冰，马越峰，等．制冷并联机组压缩机台数的方案设计［J］. 低温与超导，2016，44（7）：67-73.

[16] 刘群生，陈宇慧，马越峰．制冷并联机组压缩机油平衡的方案设计［J］. 低温与超导，2016，44（8）：84-88.

[17] 邓咏梅，徐正本，陈蕴光，等．确定陈列柜热负荷新方法的研究［J］. 制冷空调，2003，24（5）：7-13.

[18] RAMIN FARMRZI P E. Efficient display case refrigeration［J］. ASHRAE Journal，1999（11）：46-54.

[19] HOWELL R H. Effects of store relative humidity on refrigerated display case performance［J］. ASHRAE Trans，1993（1）：667-678.

[20] 武俊梅，黄翔，颜苏芊，等．敞开式陈列柜的主要节能措施［J］. 西北纺织工学院学报，2001，15（4）：74-79.

[21] 刘俊华．ISO 22000 标准在我国应用的适应性分析［C］//全球食品安全（北京）论坛论文集．北京：国务院发展研究中心，中华人民共和国科学技术部，中华人民共和国商务部．2004：243-250.

[22] 史小卫．中国食品企业对 HACCP 体系的应用与认证［C］//全球食品安全（北京）论坛论文集．北京：国务院发展研究中心，中华人民共和国科学技术部，中华人民共和国商务部．2004：652-662.

[23] 刘群生，程花蕊，隋继学，等．食品冷链中常见断链问题的技术对策探讨［J］. 冷藏技术，2013，（4）：31-34.

[24] 谢如鹤，邹毅峰，刘广海．冷链运输原理与方法［M］. 北京：化学工业出版社，2013.

[25] 刘芳，CLARK S D，周水洪，等．易腐品冷链百科全书［M］. 2 版．上海：东华大学出版社，2011.

[26] 谢如鹤，邹毅峰，刘广海．冷链运输原理与方法［M］. 北京：化学工业出版社，2013.

[27] 刘佳霓．冷链物流系统化管理研究［M］. 武汉：湖北教育出版社，2011.

[28] 叶健恒．冷链物流管理［M］. 北京：北京师范大学出版社，2011.

[29] 中国物流与采购联合会冷链物流专业委员会，全国物流标准化技术委员会冷链物流分技术委员会，中国物流技术协会. 中国冷链物流发展报告（2010）[M]. 北京：中国物资出版社，2010.
[30] 刘京. 中国冷链年鉴（2010）[M]. 北京：航空工业出版社，2011.
[31] 洪涛. 我国农产品冷链物流模式创新 [J]. 中国市场，2018（9）：3-4.
[32] 杨少华. 中国冷链物流存在问题与对策 [J]. 全国流通经济，2018（2）：18-19.
[33] 班娟娟. 冷链物流发展亟待补齐多重短板 [N]. 经济参考报，2018-8-7（7）.
[34] 陆定安. 肉类食品低温冷链保鲜的锦囊妙计 [J]. 农村实用技术，2018（3）：49-50.